中等职业教育改革发展示范校建设规划教材

编 委 会

中等职业教育改革发展示范校建设规划教材

金属加工实训

JINSHU JIAGONG SHIXUN

● 王清晋　王　静　主编 ● 孟笑红　主审

化学工业出版社

·北京·

本书是根据国家机械职业教育加工类专业教学指导委员会制定的中等职业学校机械技工专业教学计划和“金属加工实训”课程教学大纲编写的教材，共分为五个模块，主要包括：钳工基本技能训练，焊工基本技能训练，车工基本技能训练，冷作工基本技能训练，维修电工基本技能训练。在编写过程中紧密结合现场的实用技术，特别强调具体应用的讲述，内容深入浅出，通俗易懂，以培养学生达到机械加工生产岗位群所需的知识、能力和素质要求。

本书是中等职业教育机械类相关专业的主干教材，同时还可作为有关人员焊接培训的参考书。

图书在版编目（CIP）数据

金属加工实训/王清晋，王静主编. —北京：化学工业出版社，2015.5

中等职业教育改革发展示范校建设规划教材

ISBN 978-7-122-23422-3

Ⅰ.①金… Ⅱ.①王… ②王… Ⅲ.①金属加工-中等专业学校-教材 Ⅳ.①TG

中国版本图书馆 CIP 数据核字（2015）第 059496 号

责任编辑：高　钰　　文字编辑：陈　喆

责任校对：宋　玮　　装帧设计：刘丽华

出版发行：化学工业出版社（北京市东城区青年湖南街 13 号　邮政编码 100011）

印　　装：三河市延风印装有限公司

787mm×1092mm　1/16　印张 12½　字数 304 千字　2015 年 7 月北京第 1 版第 1 次印刷

购书咨询：010-64518888（传真：010-64519686）　售后服务：010-64518899

网　　址：http://www.cip.com.cn

凡购买本书，如有缺损质量问题，本社销售中心负责调换。

定　　价：25.00 元

前言

中等职业教育正在经历课程改革的重要阶段，教材是课程的重要构成要素，是综合体现各种课程要素的教学工具，职业教育的教材更应体现学与教的过程。

为了实现以项目教材开发内容的突破，把现实中非常实用的工作知识和操作本领有机地组织编辑到教材中，本书在编写过程中突出了项目载体的选择和课程内容的重构，曾多次组织企业专家和相关专业资深教师进行座谈，对相应职业岗位上的工作任务与职业能力进行了细致而有逻辑的分析研究，使项目载体的选择具有典型性，符合课程目标需求。

本书共分为五个单元模块：钳工基本技能训练，焊工基本技能训练，车工基本技能训练，冷作工基本技能训练，维修电工基本技能训练。

本书的编写以突出应用性、实践性的原则重组课程结构，课程内容紧紧扣住培养学生现场工艺实施的职业能力来阐述，将必需的理论知识点融于能力培养过程中，注重实践教学，注重操作技能培养。本书深度适宜，文字简洁、流畅，深入浅出，非常适合中职学生学习，同时还可作为有关人员焊接培训的参考书。

为了保证本书的编写质量，突出能力目标、技能训练的方法和手段，邀请了有丰富的企业生产经验的工程技术人员共同完成编写工作。本书由锦西工业学校王清晋、王静主编，王承辉、王莉、杨赛赛、孟庆元、杨秀忠、锦西天然气化工有限责任公司李天牧、瑞木镍钴管理（中冶）有限公司谷廷宝、葫芦岛锌业股份有限公司于桂秋参与编写。本书在编写和审稿过程中，得到了多家企业技术人员和许多兄弟院校领导及同仁的大力支持与热情帮助，参阅了相关文献资料，在此一并表示衷心的感谢。

由于编者水平有限，书中不足之处在所难免，恳请广大读者批评指正。

编者

目录

模块一

钳工基本技能训练

项目一　钳工的常用设备和安全文明生产

任务一　钳工常用设备及安全注意事项

【任务描述】

通过学习，使学生熟悉钳工常用设备及安全注意事项。

【任务分析】

在钳加工过程中，安全正确使用钳工常用的设备是钳工操作最基本的一项技能，最常见的设备是砂轮机、台虎钳与台式钻床。砂轮机与钻床是电动设备，因其转速很高，所以安全使用非常重要。台虎钳是最常用的设备，正确认识台虎钳能够为以后的钳加工打下基础。

【相关知识】

一、钳工的概念及工作任务

钳工是使用钳工工具或设备，主要从事工件的划线与加工、机器的装配与调试、设备的安装与维修及工具的制造与修理等工作的工种，应用在以机械加工方法不方便或难以解决的场合。其特点是：以手工操作为主、灵活性强、工作范围广、技术要求高，操作者的技能水平直接影响产品质量。因此，钳工是机械制造业中不可缺少的工种。

目前，我国《国家职业标准》将钳工划分为装配钳工、机修钳工和工具钳工三类。

1. 装配钳工

主要从事工件加工、机器设备的装配、调整工作。

2. 机修钳工

主要从事机器设备的安装、调试和维修工作。

3. 工具钳工

主要从事工具、夹具、量具、辅具、模具、刀具的制造和修理工作。

尽管分工不同，但无论哪类钳工，都应当掌握扎实的专业理论知识，具备精湛的操作技艺。如划线、錾削、锯削、锉削、钻孔、扩孔、锪孔、铰孔、攻螺纹、套螺纹、矫正、弯形、铆接、刮削、研磨以及机器装配调试、设备维修、基本测量和简单的热处理等。

二、钳工常用设备及安全使用

1. 钳台

钳台是钳工专用的工作台，台面上装有台虎钳和安全网。钳台多为铁木结构，高度为800～900mm，长、宽根据需要而定，如图1-1(a)所示，确定钳台适宜高度的方法如图1-1(b)所示。

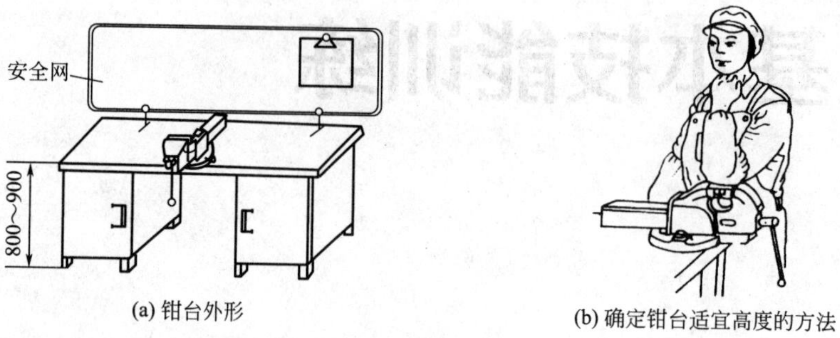

图1-1 钳台

2. 台虎钳

台虎钳简称虎钳，是用来夹持工件的一种常用设备，有固定式和回转式两种，其构造如图1-2所示。台虎钳的规格用钳口的长度表示，常用的有125mm、150mm、200mm等。

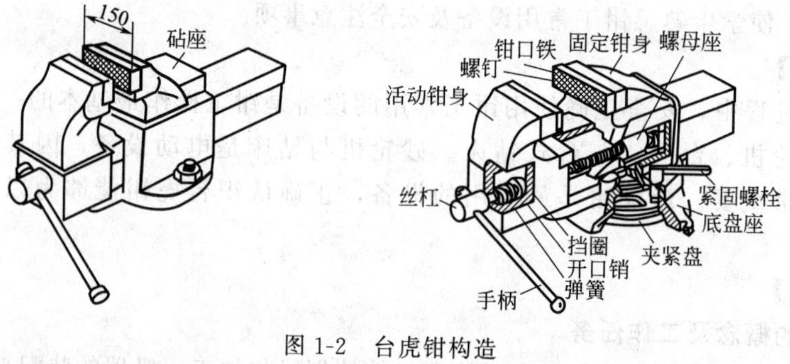

图1-2 台虎钳构造

台虎钳的使用和保养应注意下列问题。

① 台虎钳必须牢固地固定在钳台上，工作时不能松动，以免损坏台虎钳或影响加工质量。

② 夹紧或松卸工件时，严禁用手锤敲击或套上管子转动手柄，以免损坏丝杠和螺母，如图1-3所示。

③ 不允许用大锤在台虎钳上锤击工件。带砧座的台虎钳，只允许在砧座上用手锤轻击工件，如图1-4所示。

④ 用手锤进行强力作业时，锤击力应朝向固定钳身，见图1-5。否则，易损坏丝杠和螺母。

⑤ 螺母、丝杠及滑动表面应经常加润滑油，保证台虎钳使用灵活，如图1-6所示。

⑥ 台虎钳必须牢固地固定在钳台上，且必须使固定钳身的钳口工作面处于钳台边缘之外，以保证夹持长条形工件时，工件的下端不受钳台边缘的阻碍。

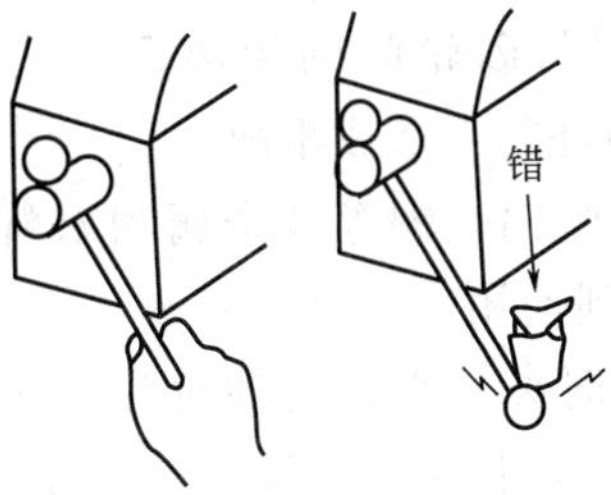

图 1-3　台虎钳的锁紧

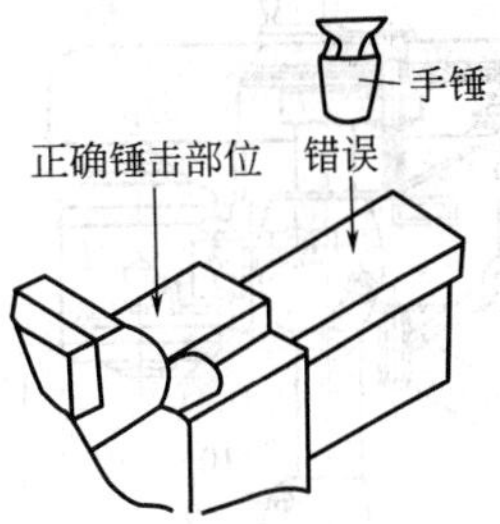

图 1-4　带砧座的台虎钳敲击部位

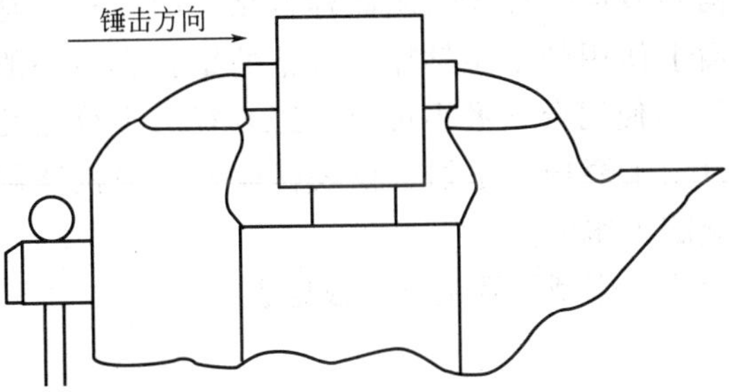

图 1-5　台虎钳锤击部位

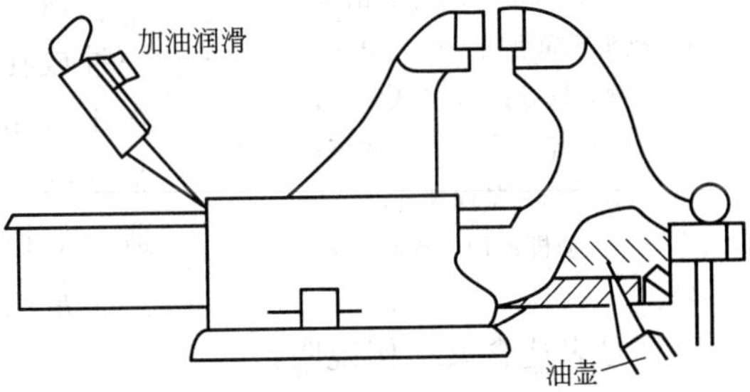

图 1-6　台虎钳的润滑

3．砂轮机

砂轮机是主要用来磨削各种刀具和工具的设备，如修磨钻头、錾子、刮刀、划规、划针和样冲等，有普通式和吸尘式两种，如图 1-7 所示。

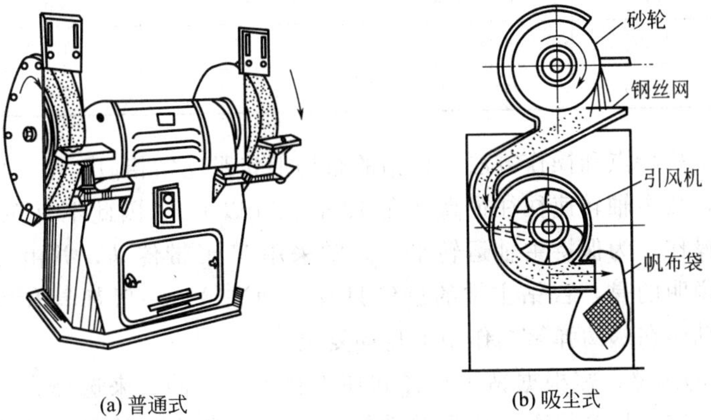

(a) 普通式　(b) 吸尘式

图 1-7　砂轮机

砂轮机使用安全常识：

① 启动前，应检查安全托板装置是否固定可靠和完好，并注意观察砂轮表面有无裂缝。砂轮的旋转方向要正确，使磨屑向下方飞离砂轮，戴好防护眼镜。

② 砂轮启动后先观察运转情况，转速正常后再进行磨削，砂轮的旋转方向要正确，使磨屑向下方飞离砂轮。

③ 磨削时，操作者应站在砂轮的侧面或斜侧面，不要站在砂轮的对面。

④ 磨削过程中，不要对砂轮施加过大的压力，防止刀具或工件与砂轮发生激烈的撞击，

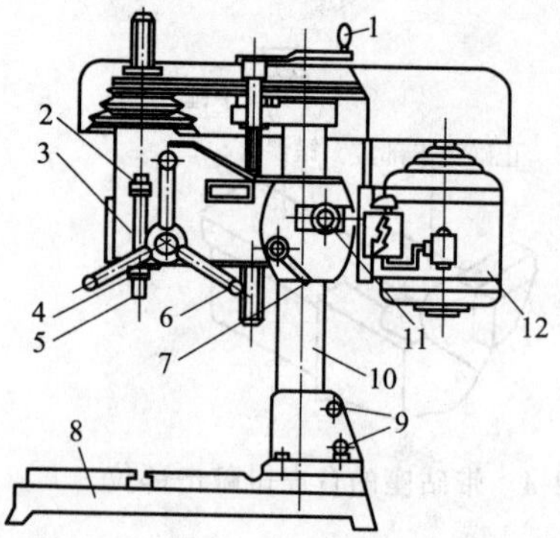

图 1-8 Z4012 钻床

1—机头升降手柄；2—主轴；3—机头；4—锁紧螺母；5—莫氏短锥；6—进给手柄；7—手柄；8—底座；9—立柱；10—紧固螺钉；11—电动机；12—转换开关

砂轮应经常用修整器修整，保持砂轮表面的平整。

⑤ 经常调整搁架与砂轮间的距离，一般应保持在3mm以内，防止磨削件扎人造成事故。

⑥ 忌在砂轮机上磨铝、铜等软金属和木料。砂轮磨损超极限时，禁止磨削使用。

⑦ 忌安装砂轮片时夹板直接与砂轮片接触，两夹板与砂轮片间应加纸垫板，且不应失圆，转动要平稳。

⑧ 使用完毕应随即切断电源。

4. 台式钻床

(1) 结构和型号　台式钻床简称台钻（图 1-8），是一种放在台面上使用的小型钻床。台钻的钻孔直径一般在15mm以下，使用台钻最小可以加工直径为十分之几毫米的孔。台钻主要用于电器、仪表行业及一般机器制造业的钳工装配工作中。

常用的台式钻床型号及主要参数见表 1-1。

型号表达含义举例说明：

Z4012 的意义是：Z 表示钻床；4 表示台钻组；12 表示最大钻孔直径为 12mm。

表 1-1　常用的台式钻床型号及主要参数

型　号	最大钻孔直径/mm	主轴转速		主轴最大行程/mm	电动机功率/kW
		范围/(r/min)	级数		
Z4002	$\phi2$	3000～8700	3	20	0.1
Z4006	$\phi6$	1450～5800	3	60	0.25
Z4012	$\phi12$	480～4100	5	100	0.6
ZQ4015	$\phi15$	480～4100	5	100	0.6

(2) 台钻的结构特点和操作方法　台钻的布局形状跟立钻相似，但结构较简单。因台钻的加工孔径很小，故主轴转速往往很高（在 400r/min 以上），因此不宜在台钻上进行锪孔、铰孔和攻螺纹等操作。为保持主轴运转平稳，常采用 V 形带传动，并由五级塔形带轮来进行速度变换。需说明的是，台钻主轴的进给只有手动进给，一般都具有控制钻孔深度的装置。钻孔后，主轴能在蜗圈弹簧的作用下自动复位。

① 主轴转速的调整。需根据钻头直径和加工材料的不同，来选择合适的转速。调整时应先停止主轴的运转，打开罩壳，用手转动带轮，并将 V 形带挂在小带轮上，然后再挂在大带轮上，直至将 V 形带挂到适当的带轮上为止。

② 工作台上下、左右位置的调整。先用左手托住工作台，再用右手松开锁紧手柄，并摆动工作台，使其向下或向上移动到所需位置，然后再将锁紧手柄锁紧。

③ 主轴进给位置的调整。主轴的进给是靠转动进给手柄来实现的。钻孔前应先将主轴升降一下，以检查工件放置高度是否合适。

(3) 台钻的使用维护注意事项

① 用压板压紧工件后再进行钻孔，当孔将钻透时，要减少进给量，以防工件甩出。

② 钻孔时工作台面上不准放置刀具、量具等物品。

③ 钻通孔时必须使钻头能通过工作台面上的让刀孔，或在工件下面垫上垫铁，以免钻坏工作台面。

④ 台钻的工作台面要经常保持清洁，使用完毕须将台钻外露的滑动面和工作台面擦干净，并加注适量润滑油。

5. 工作场地的合理布置

合理组织钳工的工作场地，是提高劳动生产率，保证产品质量和安全生产的一项重要措施。钳工的工作场地一般应当具备以下要求：常用设备布局安全、合理，光线充足，远离震源，道路畅通，起重、运输设施安全可靠等。

① 钳工设备的布局。如图 1-9 所示，钳台要放在便于工作和光线适宜的地方，钻床和砂轮机一般应安装在工场的边沿，以保证安全。

图 1-9　钳工设备的布局

② 使用的机床、工具（如钻床、砂轮机、手电钻等）要经常检查，发现损坏应及时上报，在未修复前不得使用。

③ 使用电动工具时，要戴好绝缘防护用品。使用砂轮时，要戴好防护眼镜。在钳台上进行凿削时，要有防护网。清除切屑要用刷子，不要直接用手清除或用嘴吹。

④ 毛坯和加工零件应放置在规定位置，排列整齐平稳，要保证安全，便于取放，避免已加工表面可能的碰伤。

【技能训练】台虎钳的操作

一、目的

熟悉台虎钳的使用方法、工件的夹持方法。

二、准备工作

① 工件、量具及辅具。

② 方铁：80mm×65mm×30mm 一块。

③ 扁铁：400mm×40mm×4mm 一块。

④ 圆料：ϕ35mm×65mm。

⑤ 普通台虎钳、垫铁等。

三、标准作业表

台虎钳操作标准作业如表 1-2 所示。

表 1-2 标准作业表（台虎钳）

训练内容	训练要点及要求	图示
准备工作	① 检查虎钳是否紧固在钳台上 ② 用棉纱将钳柄和钳口上的油污擦拭干净 ③ 将工件和垫铁放在台虎钳左侧	
打开台虎钳	用右手握住手柄下端逆时针旋转，钳口开度 100mm 左右 注意：防止夹伤手指	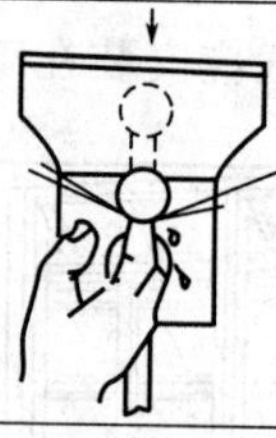
夹紧工件	左手配合，右手握住手柄下端顺时针旋转，轻轻夹住工件	
取下工件	右手逆时针扳动手柄，左手配合取下工件，将工件放在原来位置	
闭合台虎钳	右手顺时针旋转手柄，闭合钳口，两钳口保留 5～8mm 间隙，手柄垂直向下	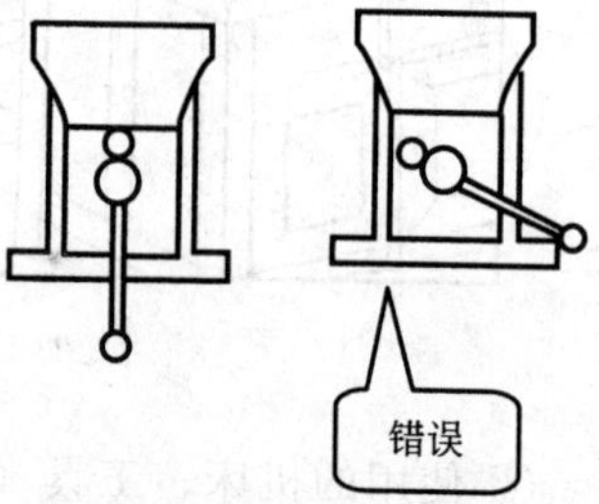
重复练习	按照上述顺序重复练习	
不同形状工件的夹持训练	长形工件的夹持方法	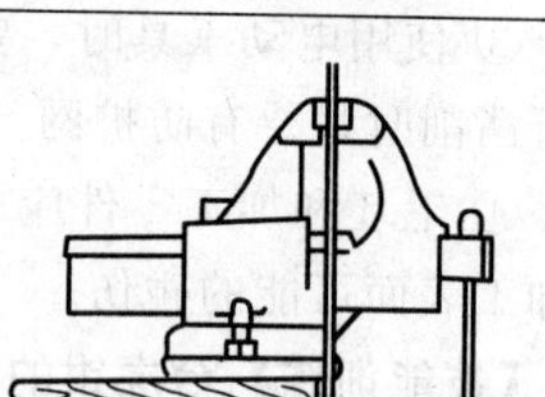
	窄形工件的夹持方法	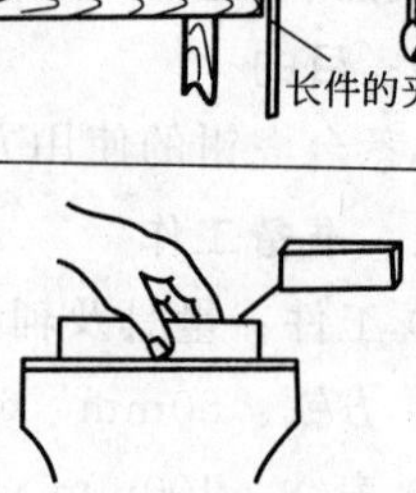

【操作评价】

完成表 1-3 所示能力评价。

表 1-3 能力评价（台虎钳）

内容		小组评价	教师评价
学习目标	评价项目		
应知应会	了解台虎钳结构与保养		
	正确进行工件夹持		
专业能力	基本技能掌握程度		
素质能力	学习认真，态度端正		
	能相互指导帮助		
	服从与创新意识		
	实施过程中的问题及解决情况		

任务二 钳工现场 6S 管理

【任务描述】

通过学习，学生能对工作现场的整理、整顿、清扫、清洁、安全、素养有一定的认识，并能在实训中贯彻执行。

【任务分析】

6S 是通过对现场科学合理管理，使师生具有踏实的工作作风，遵守工艺纪律的能力，良好的道德品质，养成遵守规章制度的习惯，文明礼貌的习惯和凡事认真的习惯。为全体师生创造一个安全、文明、整洁、高效、温馨、明快的工作环境，唤醒每位师生心底的对真、善、美的追求，激发师生高昂的士气和责任感，塑造学校良好的形象，形成优秀的学校文化，提高学校的美誉度，实现共同的理想。

【相关知识】

一、钳工工作的科学组织

1. 加工开始前

① 对毛坯、工具和量具划分区域，并进行准确标识，如图 1-10(a) 所示。

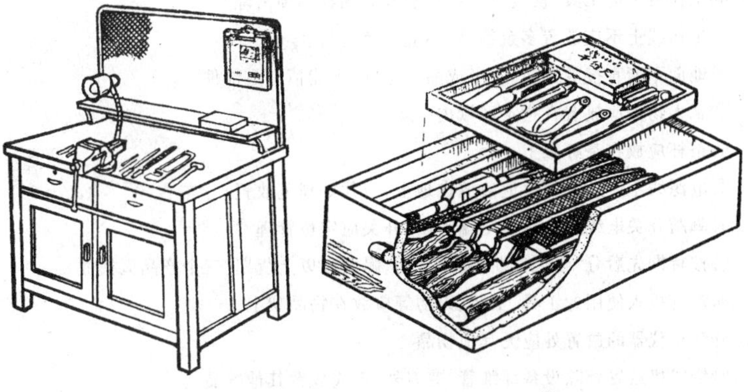

(a) (b)

图 1-10 合理放置工、量具

② 根据身高和虎钳高度，准备好脚踏板。

③ 将标准作业书夹持好挂在指定的位置，如图 1-10(a) 所示。

2. 加工过程中

① 量具不能同工具混放［图 1-10(b)］，精密量具应轻拿轻放，使用后放在盒内。

② 经常清扫铁屑，保持工作台面的整洁。

③ 将加工的零件有规则地放在指定的工件区域。

④ 严格按照标准作业书进行加工操作。

3. 加工结束后

① 用棉纱将量具擦拭干净。

② 将工件和工具、量具整齐地摆放在工具柜内。

③ 清扫擦拭台虎钳，两钳口保持一定间隙（5～10mm），手柄垂直向下。

④ 工作场地应清扫干净，铁屑、垃圾倒在分类垃圾箱中。

二、钳工工作条件

工作现场应宽敞，钳台的安放应考虑采光和光源布置。工作现场应划分教学区、作业区、休息区和设备区，并进行正确标识。

砂轮机和钻床设备应安装在专用房间内或工作场地的边沿处，并划分区域，贴上定置标签。

钳工工具手柄的形状应合理，如锉刀柄、刮刀柄和手锤柄等。

三、生产区域 6S 活动标准

生产区域 6S 活动标准见表 1-4。

表 1-4 生产区域 6S 活动标准

6S	活动标准
整理	①工作区域物品摆放应有整体感 ②物料按使用频率分类存放 ③三天及三天以上使用的物品在未操作时，不应摆在工作台上 ④设备、工作台、清洁用具及垃圾桶、工具柜应在指定的场所，按水平直角放置 ⑤良品、不良品，半成品、成品要规划区域摆放与操作，并标识清楚(良品区用黄色，不良品区用红色) ⑥周转车要扶手朝外整齐摆放 ⑦呆滞物品要定期清除 ⑧工作台上的工具、模具、设备、仪器等无用物品须清除 ⑨生产线上不应放置多余物品，不应掉落物料、零料 ⑩地面不能直接放置成品(半成品)、零件，不能掉有零部件 ⑪私人物品应放置在指定区域内 ⑫茶杯应放在茶杯架上 ⑬电源线不应杂乱无章地散放在地上，应扎好规范放置 ⑭脚踏开关电线应从机器尾端引出，开关应定位管理 ⑮按货期先后分“当天货期、隔天货期、隔两天以上货期”三个产品区摆放 ⑯没有投入使用的工具、工装、刃物等应放在物品架上 ⑰测量仪器的放置处应无其他物品 ⑱绕线机放置处除设备纤维管、剪刀外，不应放置其他物品 ⑲包带机放置处除设备、剪刀、润滑油外，不应放置其他物品

续表

6S	活动标准
整顿	①各区域要做区域标识画线(线宽:主通道 12cm,其他 8cm) ②各种筐、架的放置处要有明确标识(标识为黄白色,统一外印) ③所有物品、产品要有标识,做到一目了然 ④各区域要制定定位管理总图并注明责任人 ⑤不良品放置场地应用红色予以区分 ⑥消防器材前应用红色斑马线予以标识区分 ⑦卫生间应配以图像标识 ⑧物品摆放应整齐、垂直放置,且须与定位图吻合 ⑨标识牌、作业指导书应统一纸张及高度,水平直角粘贴 ⑩宣传白板、公布栏内容应适时更新 ⑪下班后,椅子应归到工作台下与台面水平直角放置 ⑫清洁用具用完后,应放入指定场所 ⑬不允许放置物品的地方(通道除外)要有标识 ⑭产品、零件不得直接放置在地面 ⑮固定资产应有资产标识、编号及台账管理 ⑯物品应按使用频率放置,使用频率越高的放置越近 ⑰工装、夹具应按类别成套放置 ⑱成品摆放高度为:普通包装方式 1.3m,安全包装方式 1.5m ⑲橡胶筐纸板应按规定区域摆放,定时处理 ⑳设备、机器、仪表、仪器要按要求定期保养维护、标识清楚,且有记录 ㉑图纸、作业指导书、标语、标识应保持最新状态的有效版本 ㉒易燃易爆危险品要在专用地点存放并标识,旁边需设有灭火器
清扫	①地面应保持无碎屑、废包装带、废聚酯膜等其他杂物 ②地面应每天打扫并在 6S 日进行大扫除 ③墙壁应保持干净,不应有胡乱贴纸、刻画等现象 ④机器设备、工具、电脑、风扇、灯管、排气扇、办公桌、周转车等应经常擦拭,保持清洁 ⑤浸烘、环氧地面应定期清理 ⑥饭堂、物料库屋顶应定期清理 ⑦花草要定期修剪、施肥
清洁	①垃圾筐内垃圾应保持在垃圾筐容量的 3/4 以下 ②有价废料应每天回收 ③工作台、文件夹、工具柜、货架、门窗应保持无损坏、无油污 ④地面应定时清扫,保持无油渍 ⑤清洁用具应保持干净 ⑥卫生间应定时刷洗 ⑦共同餐具应定时消毒
安全	①不应乱搭线路 ②特殊岗位应持上岗证操作 ③电源开关及线路应保证无破损 ④灭火器要保持在有效期内,且方便易取
素养	①坚持开班前会,学习礼貌用语,并做好记录 ②每天坚持做 6S 工作,作内部 6S 不定状况诊断 ③注意仪容、仪表,穿着制服、佩戴工牌上班 ④遵守厂规厂纪,不做与工作无关的事 ⑤按时上下班、不迟到、不早退、不旷工 ⑥到规定场所吸烟,不在作业区吸烟 ⑦打卡、吃饭自觉排队,不插队 ⑧不随地吐痰,不随便乱抛垃圾,看见垃圾立即拾起放好 ⑨上班不闲聊、呆坐、吃东西,离开工作岗位时佩戴离岗证 ⑩保持良好的个人卫生 ⑪按作业指导书操作,避免质量差错

温馨提示

6S管理由日本企业的5S扩展而来，它通过规范生产现场的人员、机器、材料、方法等，营造一目了然的生产环境，它是现代企事业单位行之有效的管理理念和方法。其作用是：提高效率，保证质量，使工作环境整洁有序，预防为主，保证安全。

整理：区分必需品与非必需品。

整顿：将必需品有序有章放置。

清扫：将不需要的东西清除掉，保持工作现场无垃圾，无污秽状态。

清洁：将整理、整顿、清扫进行到底，并且标准化、制度化。

素养：通过对前4S的坚持，形成习惯，提升员工的素养。

安全：清除隐患、排除险情、预防事故发生。

四、工具柜管理标准

① 各部门必须按规定流程申请工具柜的制作（购买），充分利用工具柜的空间，现场不得摆放多余的工具柜和利用率低的工具柜，否则，6S管理委员会会将其强制收回。

② 工具柜必须定置摆放，工具柜内的物品也必须分类并定置摆放。

③ 做好工具柜的标识。

a. 工具柜表面应贴标签，标签一律贴在门的左上角。

b. 工具柜内贴有“物品清单”，一律贴在门背面的左上角。

④ 工具柜内物品必须按“物品清单”摆放整齐，不允许混乱摆放。

⑤ 工具柜内工具必须进行“行迹管理”。

⑥ 工具柜表面及柜内应保持干净，无油污、无脏物、无垃圾等。

⑦ 工位器具组在制作新工具柜时，柜门应运用“透明化”管理，未实行“透明化”管理的工具柜，各使用部门应对其进行改造。

⑧ 工具柜损坏，或钥匙丢失，按规定程序申报维修，不得擅自撬工具柜；故意损坏的，按价赔偿。

⑨ 各部门必须对工具柜编号，并建立工具柜管理台账。

⑩ 各部门必须每月月末组织对工具柜进行自查，将自查结果报6S管理委员会。

⑪ 6S管理委员会不定期抽查，并每季度组织一次专项检查。

五、垃圾管理标准

① 根据垃圾的性质，将垃圾分为工业垃圾和生活垃圾。各部门可依具体情况划分。

② 工业垃圾用黄色料箱（桶）摆放，生活垃圾用蓝色料箱（桶）摆放，并且料箱（桶）上必须印上“工业垃圾”和“生活垃圾”字样。

③ 严禁工业垃圾和生活垃圾混放，应将工业垃圾和生活垃圾放入相应颜色的料箱（桶）内。

④ 对垃圾箱实行定置管理，并制定垃圾箱定置图。

⑤ 各部门必须保持垃圾箱及其周围环境卫生、整洁。

⑥ 垃圾箱实行专人管理、专人清倒、专人检查，严禁垃圾超高摆放和外溢。

⑦ 垃圾在清运过程中不得洒落，应运到公司指定地点清倒。

⑧ 垃圾箱渗漏的应及时维修。

⑨ 垃圾箱损坏的，需及时维修。故意损坏的，按价赔偿。

⑩ 后勤部也必须按垃圾分类清运，严禁将分类后的垃圾混合清运。

⑪ 各部门（单位）必须对垃圾箱进行编号，并建立垃圾箱台账。

项目二　钳工常用量具

任务一　游标卡尺

【任务描述】

通过学习使学生掌握游标卡尺的读数原理和方法。

【任务分析】

游标卡尺的精度可以达到 0.02mm，是钳工最常用的一种量具，加工精度的保证要通过尺的测量来实现。

【相关知识】

游标卡尺是一种中等精度的量具，它可以直接量出工件的内径、外径、长度、宽度、深度等。钳工常用的游标卡尺测量范围有 0～125mm、0～200mm、0～300mm 等几种。

一、游标卡尺的结构

游标卡尺由尺身、游标、内量爪、外量爪、深度尺和锁紧螺钉等部分组成，如图 1-11 所示。

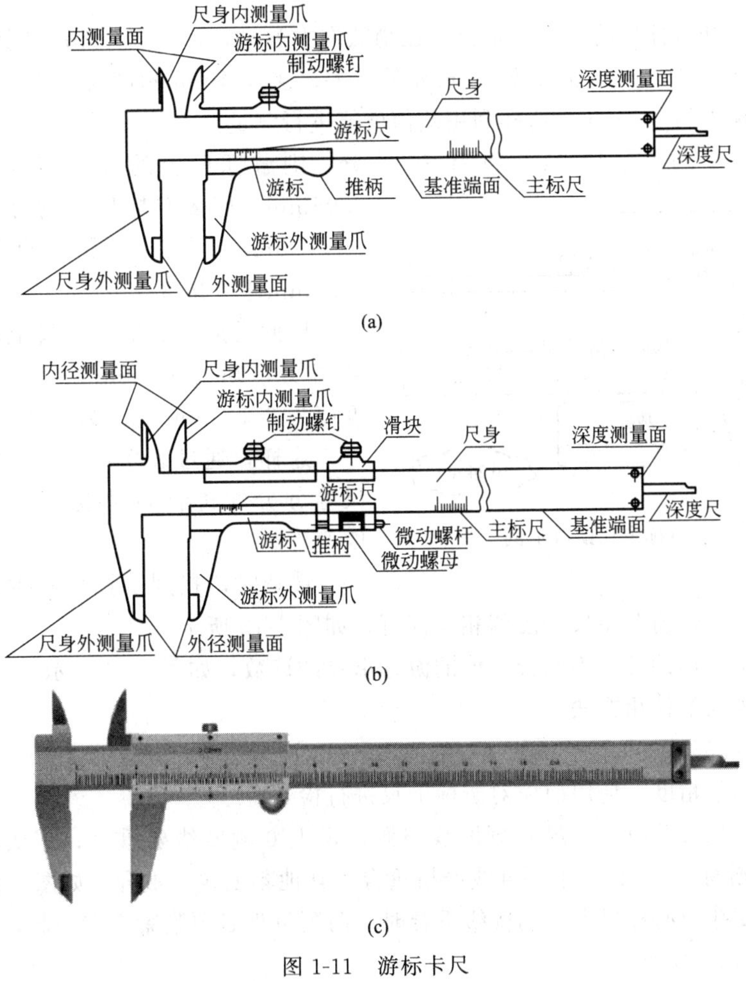

图 1-11　游标卡尺

二、游标卡尺的刻线原理与读数方法

游标卡尺是利用主尺和游标共同来读数的，如图 1-12 所示。将主尺上的 9mm 进行 10 等分，这样游标上的分度就是 0.9mm，主尺分度和游标尺分度相差 0.1mm（1mm－0.9mm＝0.1mm）。

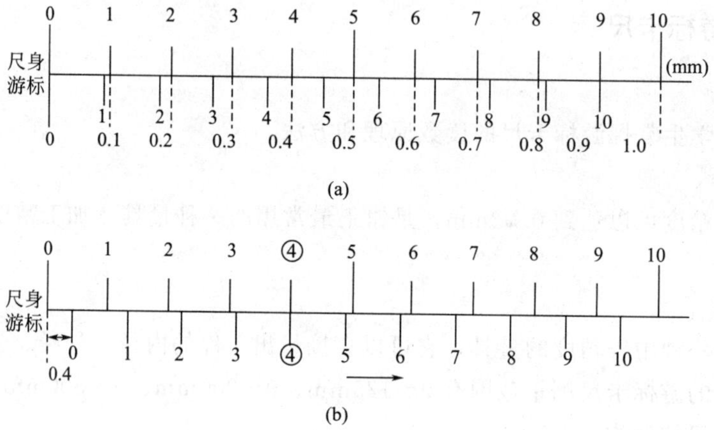

图 1-12 游标卡尺的刻线原理与读数方法

首先把主尺和游标尺的 0 标记重合，在稍微向右移动，使主尺 1mm 刻度线与游标尺上的第一个刻度线重合，这样就出现 0.1mm 的偏差。主尺 4mm 刻度线和游标尺上第 5 个刻度线对齐时，偏差为 0.4mm。这样利用差值就能进行测量。

如果把 19 个刻度（19mm）进行 20 等分，则游标尺上的分度值为：19/20mm＝0.95mm，那么游标尺上的分度值为：1mm－0.95mm＝0.05mm。游标尺上刻的 1/20mm即为此值。

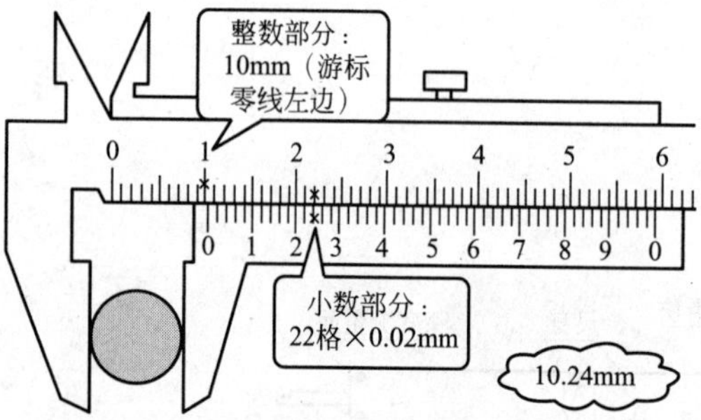

图 1-13 游标卡尺读数示例

以此类推，如果把主尺上的 49mm 进行 50 等分，则为 1/50mm＝0.02mm，得到分度值为 2/100mm 的游标卡尺。

这样，通过改变主尺的长度，利用游标尺等分分配进行各种变化，就可以改变分度值。

读数时，找到游标尺和主尺的标记对齐处，然后把游标尺数值和主尺刻度值相加即可，如图 1-13 所示。

下面列举了常用的几种不同分度值的游标卡尺的读数，如图 1-14 所示。

三、游标卡尺的使用方法

1. 测量前检查

为了保证测量精度，使用前应对游标卡尺进行检查。

首先，测量爪合并时，主尺 0 刻度线与游标尺上 0 刻度线要重合；其次，主标尺上第 19 个刻度线与游标尺上第 10 个刻度线严格重合，其他刻度线不重合，如图 1-15 所示。

主尺 0 刻度线与游标尺上 0 刻度线重合时，两测量爪必须紧紧靠在一起，保证接触紧密不透光，如图 1-16 所示。

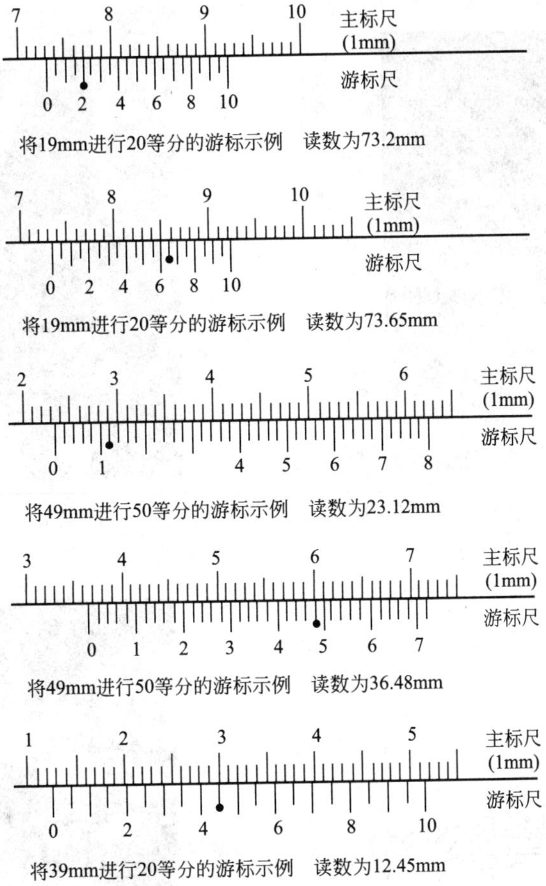

图 1-14 不同分度值的游标卡尺

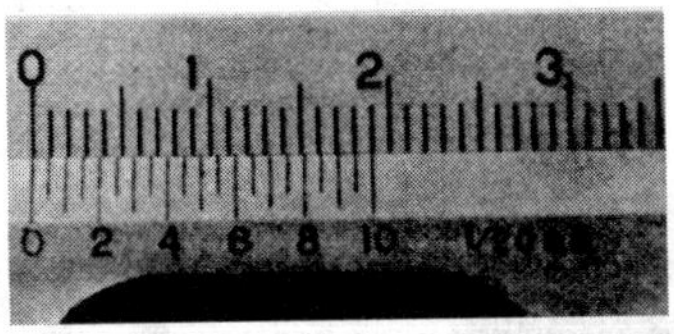

图 1-15 游标卡尺读数精度的检查

内测量爪不能重叠。如图 1-17 所示。内测量爪紧闭时，仅仅能看到透过极微小的光为宜，不透光或透光较多都不是正确的。

2. 测量方法

首先应按工件的尺寸及精度要求选用合适的游标卡尺，不能用游标卡尺测量铸锻件的毛坯尺寸。也不能用游标卡尺测量精度要求过高的工件。

测量外尺寸时，量爪应张开到略大于被测尺寸，以固定量爪贴住工件，用轻微压力把活动量爪推向工件，卡尺测量面的连线应垂直于被测量表面，不能偏斜，如图 1-18 所示。

测量外径时，把游标卡尺对准被测量物，与其成直角方向测量，如图 1-19 所示。

倾斜会造成测量结果不准确，如图 1-20 所示。

斜，造成测量误差，如图 1-21 所示。

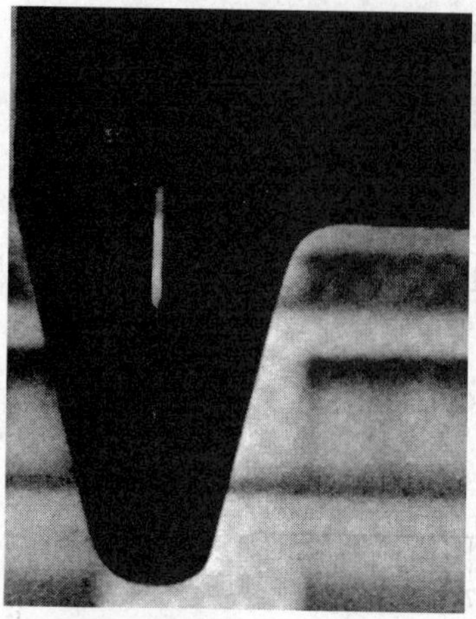

图 1-16 游标卡尺两外测量卡爪的检查

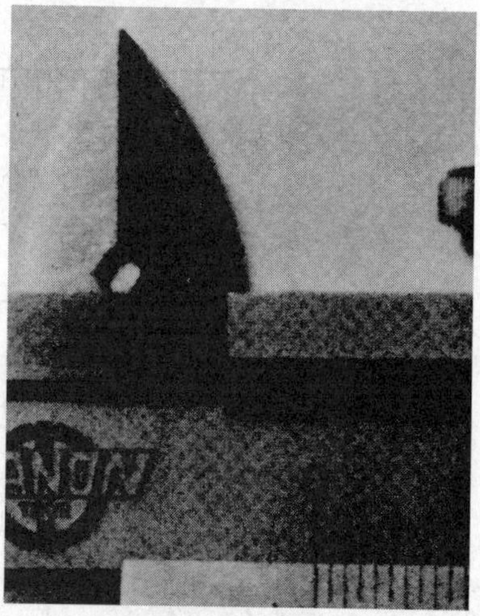

图 1-17 游标卡尺两内测量卡爪的检查

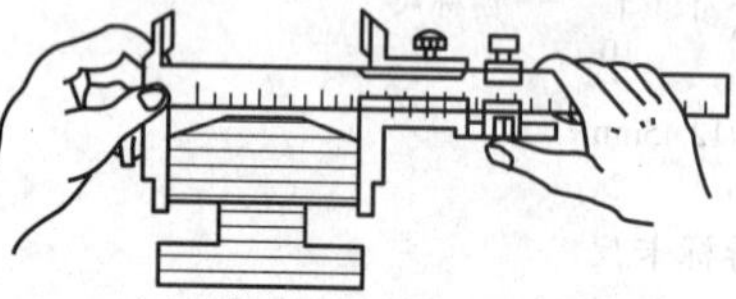

图 1-18 外尺寸的测量

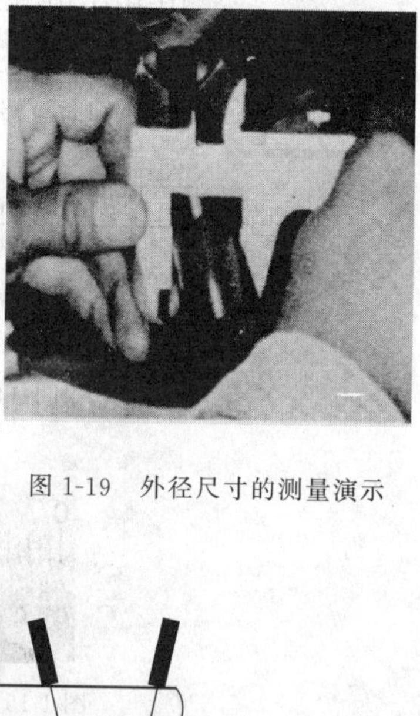

图 1-19 外径尺寸的测量演示

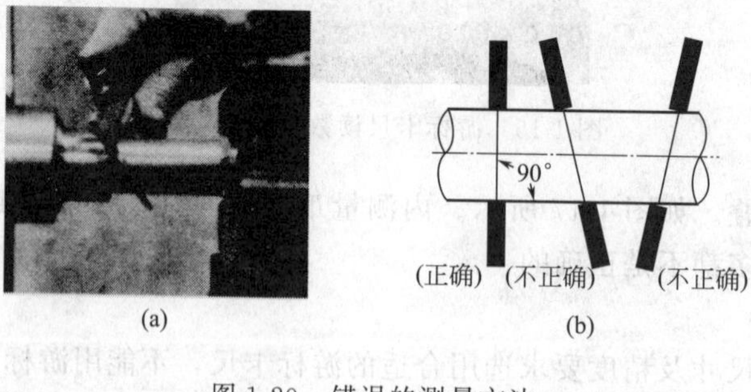

图 1-20 错误的测量方法

用小游标卡尺测量大圆柱直径时，测量爪的尖部勉强达到圆柱中心，推推柄时会发生倾斜，造成测量误差，如图 1-21 所示。

如果把尺身的基准面紧贴圆柱端面测量，就能得到正确结果，如图 1-22 所示。

测量时，尽量用卡尺根部测量，避免薄的尖端部磨损，如图 1-23 所示。

尖部可用来测量窄槽直径和圆筒的厚度，如图 1-24 所示。

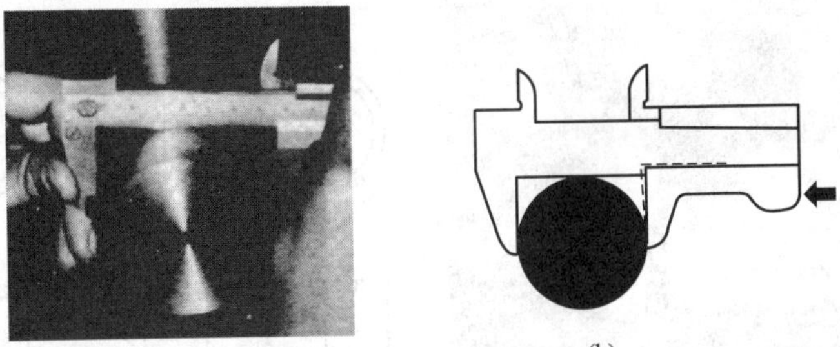

(a)　　(b)

图 1-21　用游标卡尺测量大圆柱直径的错误方法

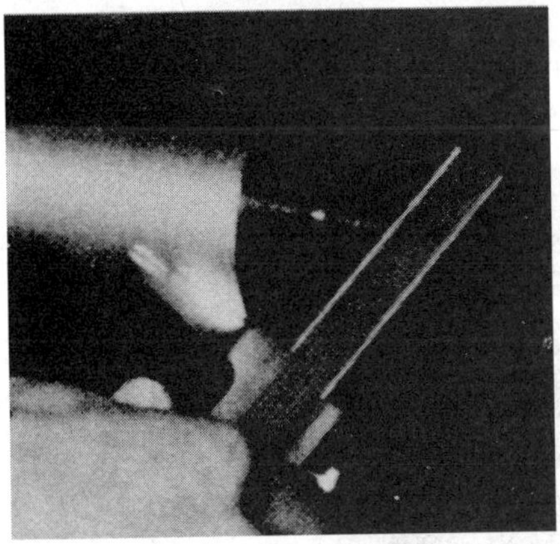

图 1-22　用游标卡尺测量大圆柱直径的正确方法

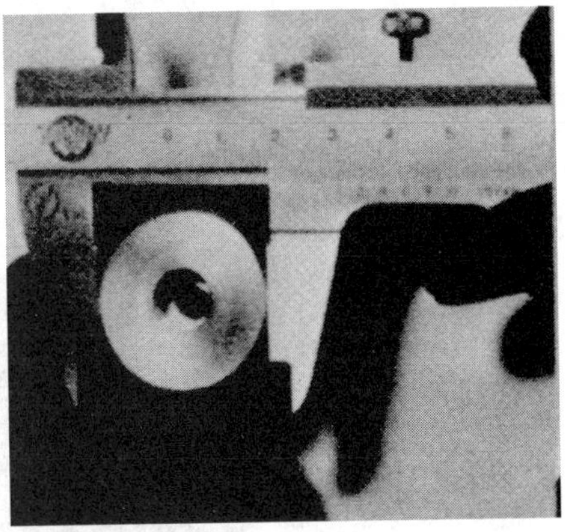

图 1-23　测量外圆正确方法

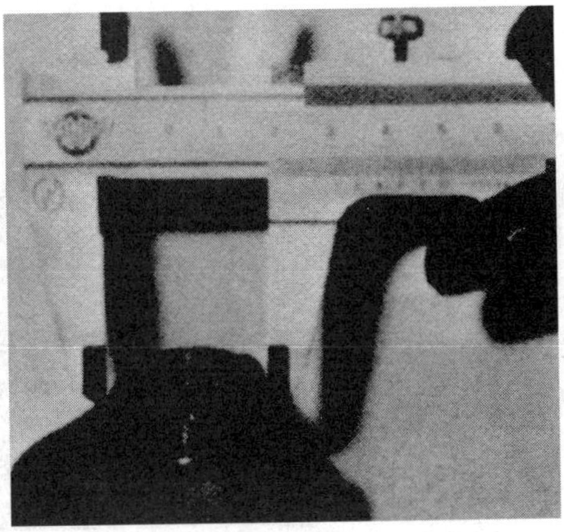

图 1-24　测量卡爪尖部的使用

测量内尺寸时，量爪开度应略小于被测尺寸。测量时两量爪应在孔的直径上不得倾斜，如图 1-25 所示。

测量孔深或高度时，应使深度尺自测量面紧贴孔底，游标卡尺的端面与被测件的表面接触，要使带圆角的面与侧面紧贴一起，如图 1-26 所示。

如图 1-27 所示两种方式是错误的。

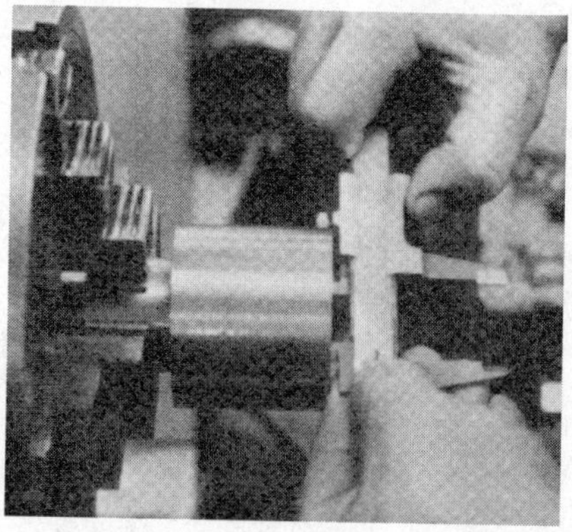

(a)

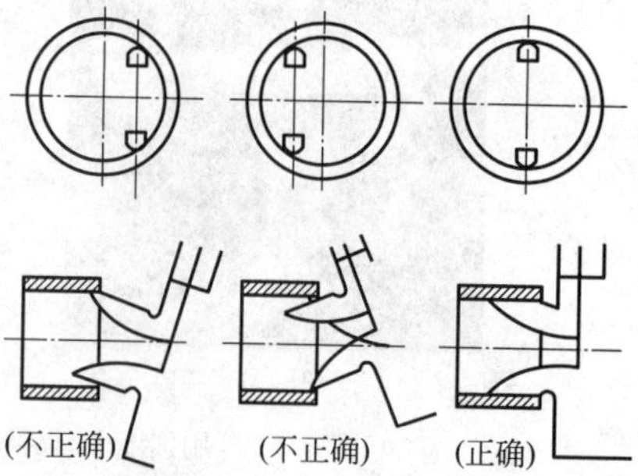

(b)

图 1-25　内尺寸的测量

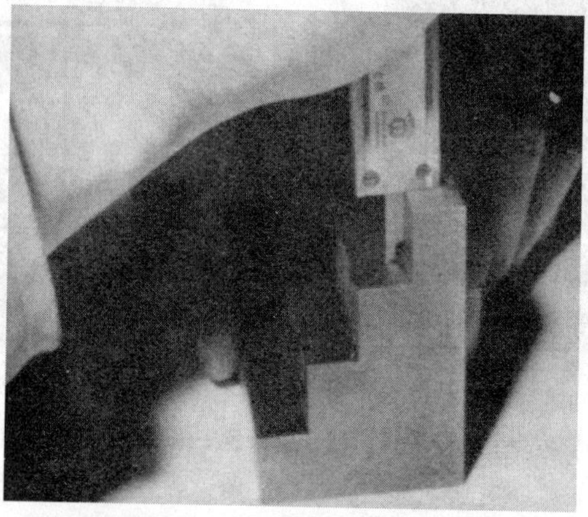

图 1-26　游标卡尺测量孔

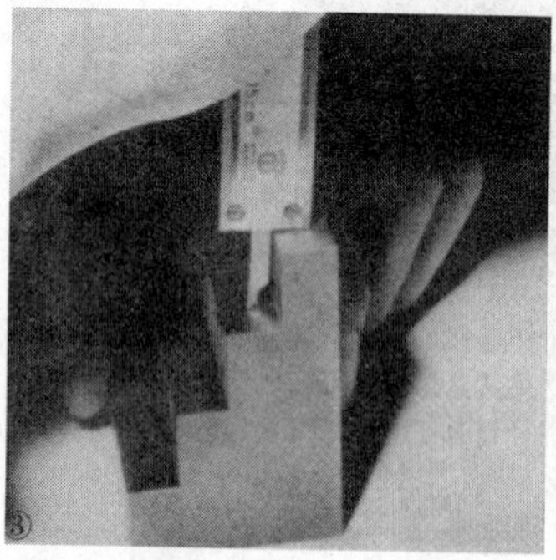

(a)

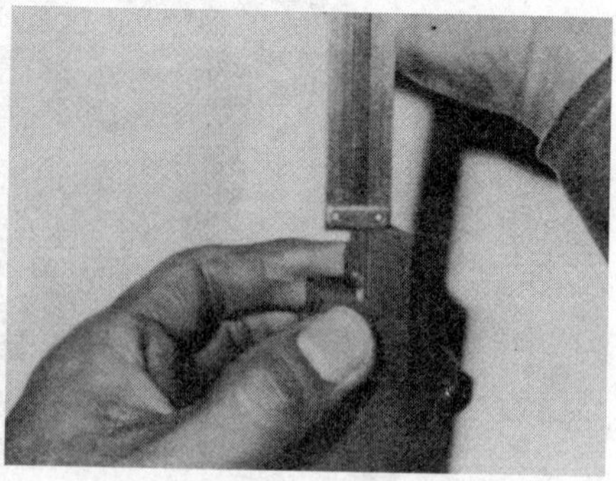

(b)

图 1-27　错误的测量孔的方法

任务二　千分尺

【任务描述】

通过学习使学生掌握千分尺的读数原理和方法。

【任务分析】

千分尺的精度可以达到0.01mm，是钳工最常用的一种量具，加工精度的保证要通过尺的测量来实现。

【相关知识】

一、结构

千分尺是精密量具，用来测量加工精度要求较高的零件。外径千分尺是常用的一种千分尺，包括0～25mm、25～50mm、50～75mm、75～100mm、100～125mm等规格。

外径千分尺的结构如图1-28所示。主要由尺架、砧座、固定套管、测微螺杆、微分筒、测力装置和锁紧装置等组成。

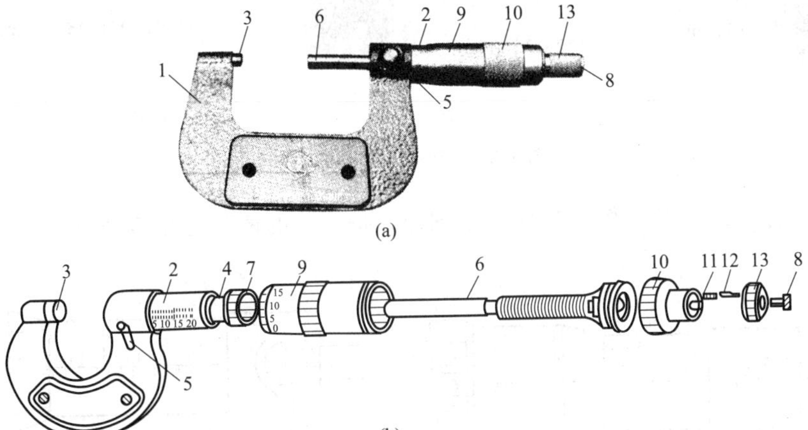

图1-28 外径千分尺

1—尺架；2—固定套管；3—砧座；4—轴套；5—锁紧手柄；6—测微螺杆；7—衬套；8—螺钉；9—微分筒；10—罩壳；11—弹簧；12—棘轮销；13—棘轮

二、刻线原理及读法

固定套管上每相邻两刻线代表轴向长度为0.5mm，测微螺杆的螺距为0.5mm，当微分筒转一周时，测微螺杆就移动0.5mm。微分筒圆锥面上共刻有50格，因此微分筒每转一格，测微螺杆就移动0.5mm÷50＝0.01mm，所以千分尺的测量精度为0.01mm，如图1-29所示。

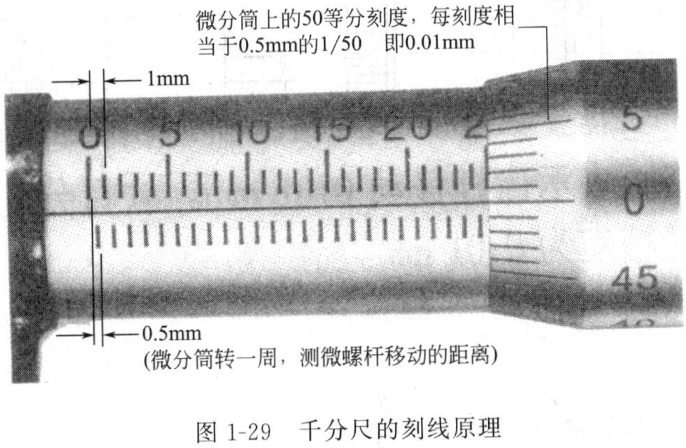

图1-29 千分尺的刻线原理

千分尺的读数方法分为 3 步（图 1-30）。

① 读出微分筒边缘在固定套管主尺上的毫米和半毫米数。

② 看微分筒上哪一格与固定套管上基准线对齐，并读出不足半毫米的数。

③ 把两个读数相加即是实测尺寸。

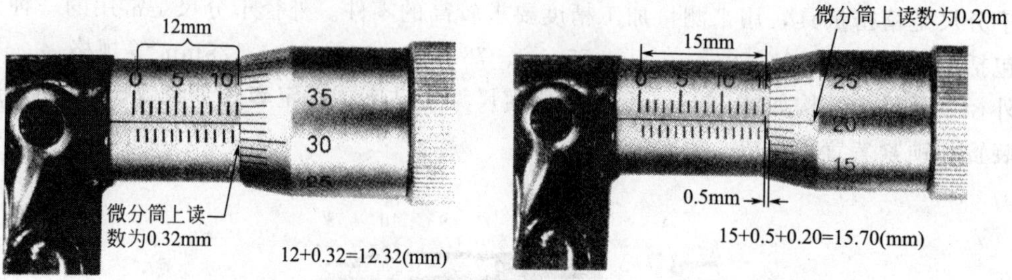

(a) (b)

图 1-30　千分尺的读数方法

观察与解答一：仔细观察图 1-31 所示图形，把正确的读数写在括号内。

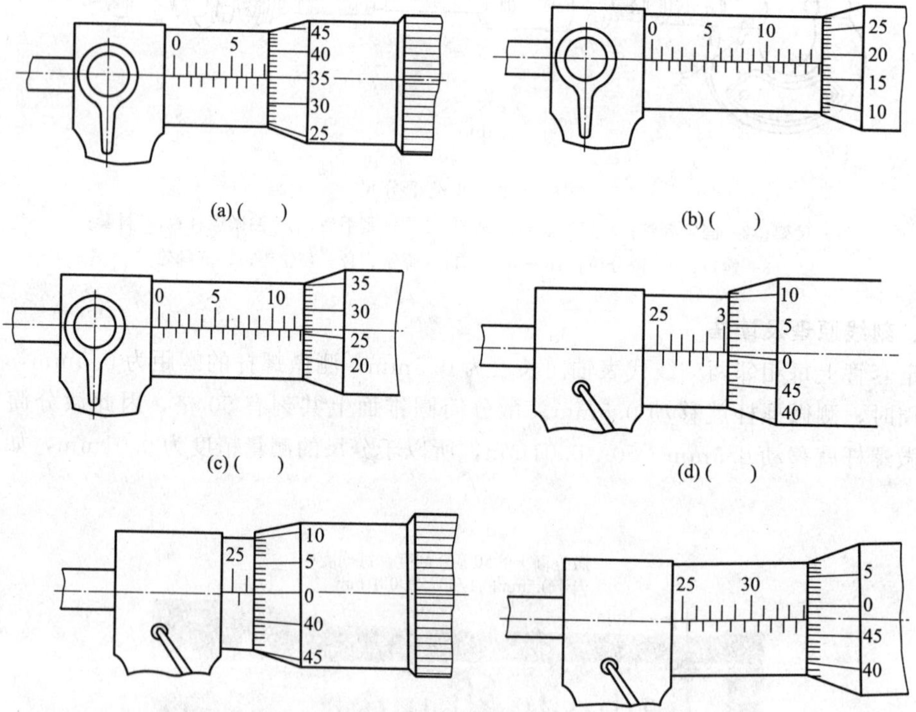

(a) (　)　(b) (　)

(c) (　)　(d) (　)

(e) (　)　(f) (　)

图 1-31　千分尺读数

注：(a)～(c) 为 0～25mm 规格，(d)～(f) 为 25～50mm 规格。

温馨提示

使用千分尺忌多读或少读半毫米。

千分尺测微螺杆螺纹的螺距为 0.5 mm，当微分筒转一周时，螺杆轴向位移 0.5mm。即主尺上必须刻有相对应的 0.5mm 线。读数时，首先读出微分筒边缘在固定套管的主尺上的毫米和半毫米数，然后读出微分筒上刻线与固定套管上基准线对齐的不足半毫米的小数，最后两数相加就是测得的实际尺寸。由于结构所限，微分筒边缘压在固定套管上的刻线不准确，读数时有没有半毫米较难判断，所以测量者不易读准确。如果加工或制作轴类工件，操作者多读（或少读）半毫米，那么就会加工成大于（或小于）要求尺寸而导致废品。因此，用千分尺测量工件时，一定要读准半毫米数。也可用游标卡尺或其他量具校准半毫米数，然后再用千分尺测量该件不足半毫米的小数，这样就不会出现上述错误了。

三、千分尺的使用方法

（1）使用前的检验　使用前必须检查和校准千分尺，其方法如图 1-32 所示，千分尺可用校验棒或块规校对。

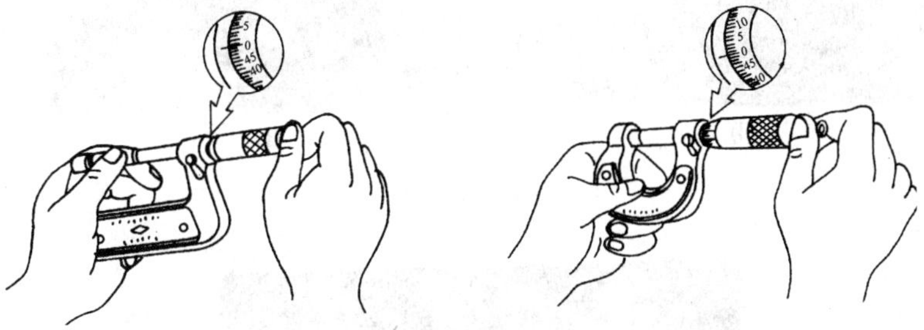

(a) 校验方法

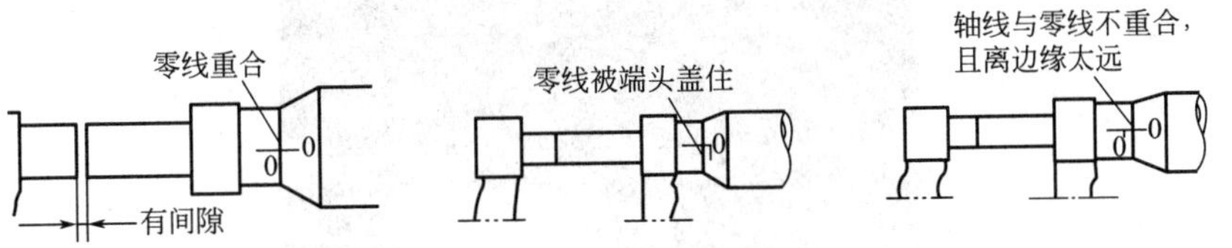

(b) 主要缺陷形式

图 1-32　千分尺校对检验方法

（2）握持方法　用千分尺测量一般工件尺寸，工件较小时，可用单手握持测量；工件较大时，可用双手握持测量。图 1-33 列举了几种测量方法，注意右手握法。

（3）使用要点及注意事项

① 先调整千分尺的开度，使其稍大于被测尺寸。

② 旋拧棘轮（测力装置），并轻轻晃动尺架，使测量面与工件表面正确接触。

③ 正确使用测力装置，保持测量力度恒定。

④ 必须在静止状态下测量工件尺寸，不允许在工件转动或加工中进行测量。

⑤ 读数时，要特别注意固定套筒上半毫米线，初学者常发生多读或少读 0.5mm 的差错。

⑥ 当尺子不用存放时，一定要注意使两测量面稍稍分开，如图 1-34 所示。

⑦ 如要测量较大长度，可用手掌滚动微分筒，如图 1-35 所示。图 1-36 的方式是绝对不行的。

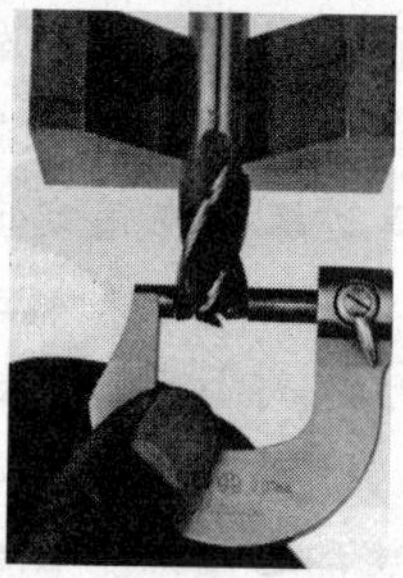
(a)

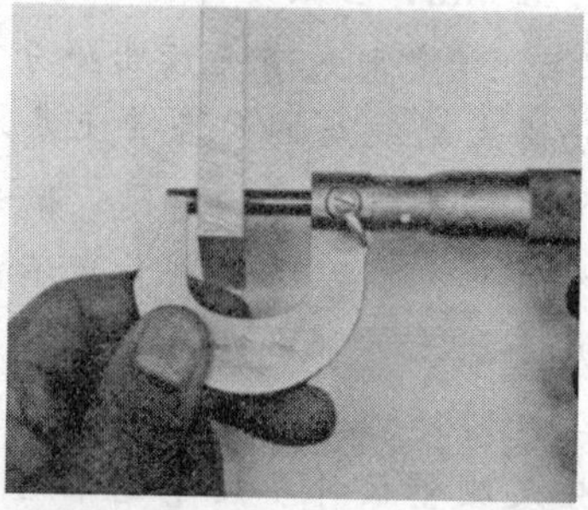
(b)

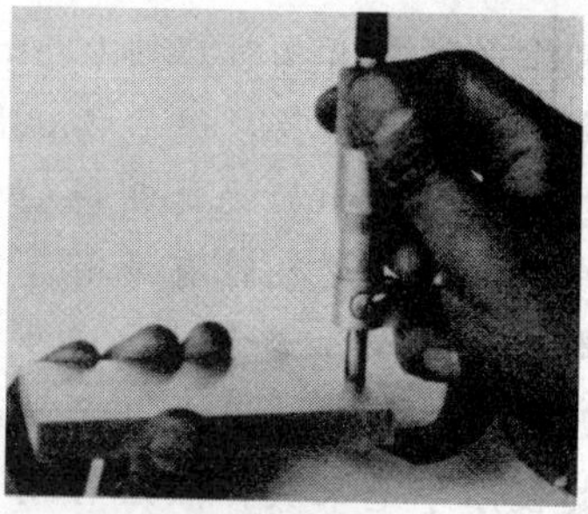
(c)

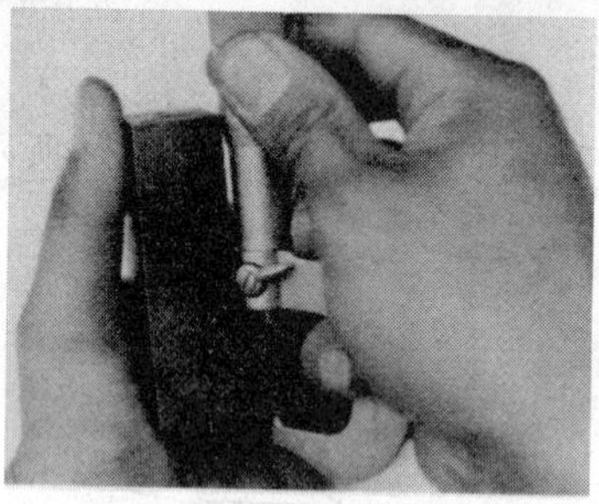
(d)

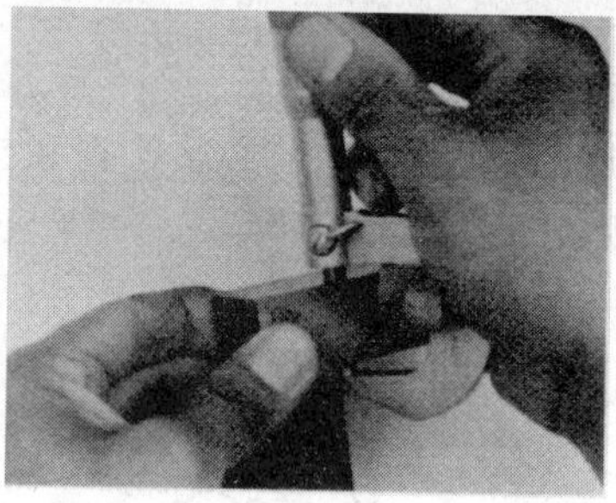
(e)

图 1-33 错误的握持方法

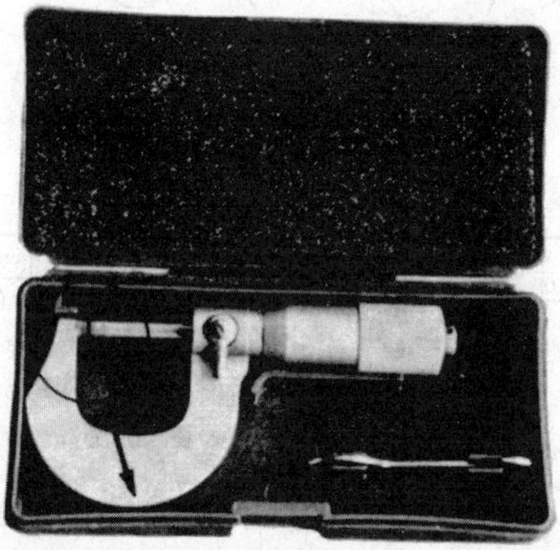

▲保管时两测量面稍稍分开

图 1-34 千分尺的保存方法

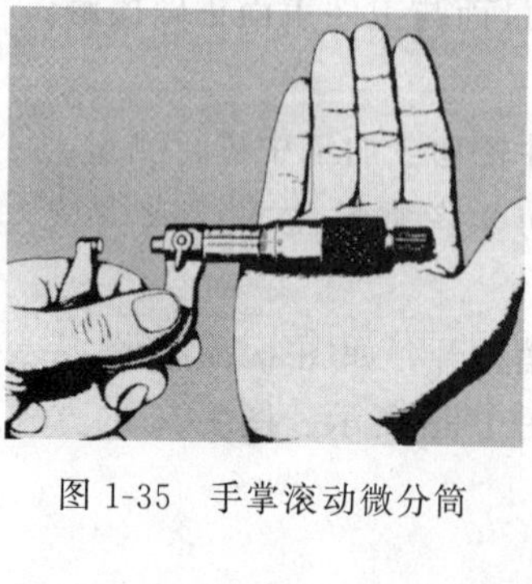

图 1-35 手掌滚动微分筒

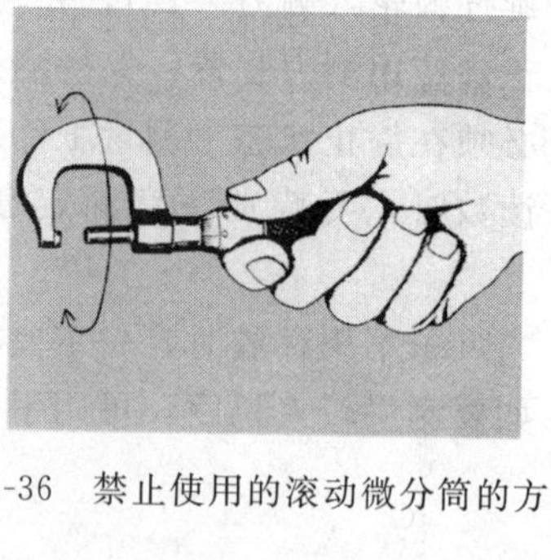

图 1-36 禁止使用的滚动微分筒的方法

项目三　划线的基础知识

任务一　划线工具及使用方法

【任务描述】

通过学习使学生掌握最基本的划线工具的基本知识，并能正确使用划线工具。

【任务分析】

利用划针和钢板尺能够划出直线线条。划规是划圆和圆弧的工具。利用样冲进行冲点能够使加工界限清晰永久。

【相关知识】

一、划线涂料

为了使划出的线条清晰可靠，划线前需在划线部位涂上一层薄而均匀的涂料。常用的涂料配方及用途如表 1-5 所示。

表 1-5　划线涂料

名称	配制比例	应用场合
石灰水	稀糊状熟石灰加适量骨胶或桃胶	铸件、锻件毛坯
蓝油	2%～4%龙胆紫加 3%～5%虫胶漆和 91%～95%酒精混合而成	已加工表面
硫酸铜溶液	100g 水中加 1～5g 硫酸铜和少许硫酸溶液	形状复杂的工件

涂蓝油时用毛刷蘸好蓝油后涂抹，注意要涂得薄而均匀，蓝油一旦弄到嘴里或眼睛里，应及时清洗。

二、划线平板（平台）

划线平台是一块铸铁平板，上平面经精刨或刮削而成。中、小件半成品划线，一般在刮过的平板（如 400mm×600mm 平板）上进行，如图 1-37 所示。

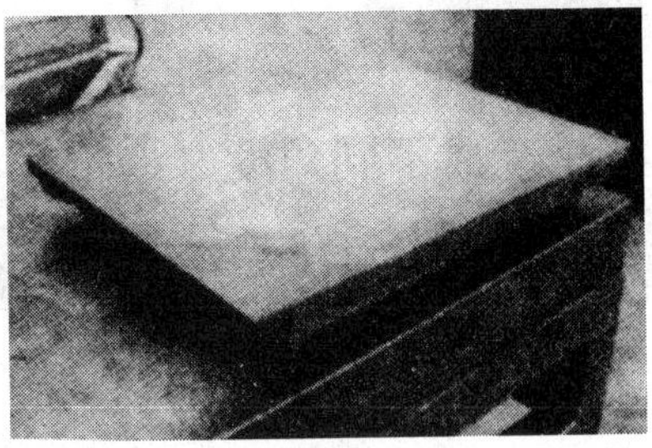

图 1-37　划线平台

使用注意事项如下。

① 安装时必须使工作平面保持水平位置。

② 在使用过程中要保持清洁，防止铁屑、灰砂等在划线工具或工件移动时划伤平板表面。

③ 划线时工件和工具在平板上要轻放，防止台面受到撞击。

④ 划线平板要各处均匀使用，避免局部地方起凹，影响平板的平整性。

⑤ 平板使用后应擦净，涂油防锈。

三、样冲

样冲是在划好的线上冲眼用的工具，如图 1-38 所示。样冲用工具钢制成，冲尖磨成 45°～60°，并淬火硬化。

1. 样冲使用方法

冲眼的目的是使划出来的线条具有永久性的标记，也可用划规划圆作为圆心，钻孔时打上样冲眼作为钻孔中心。冲眼时样冲斜着放上去，冲尖对准线，手要搁稳（图 1-39），然后

图 1-38 样冲

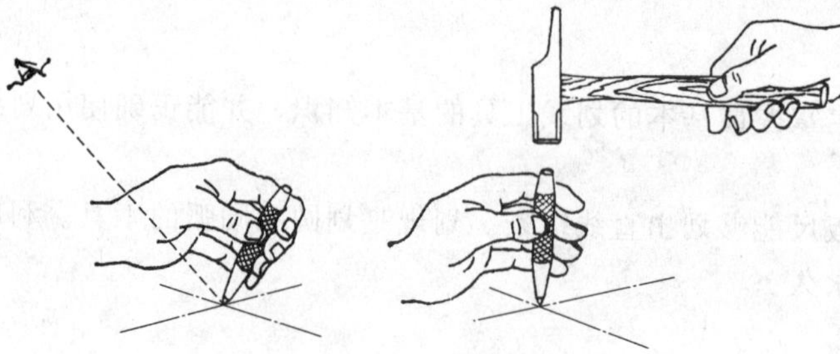

图 1-39 冲点方法

将样冲扶直，用手锤锤击。打样冲用 0.5 磅的手锤。

图 1-40 展示了样冲的两种打法，都是正确的，可以采用适合自己的方法。

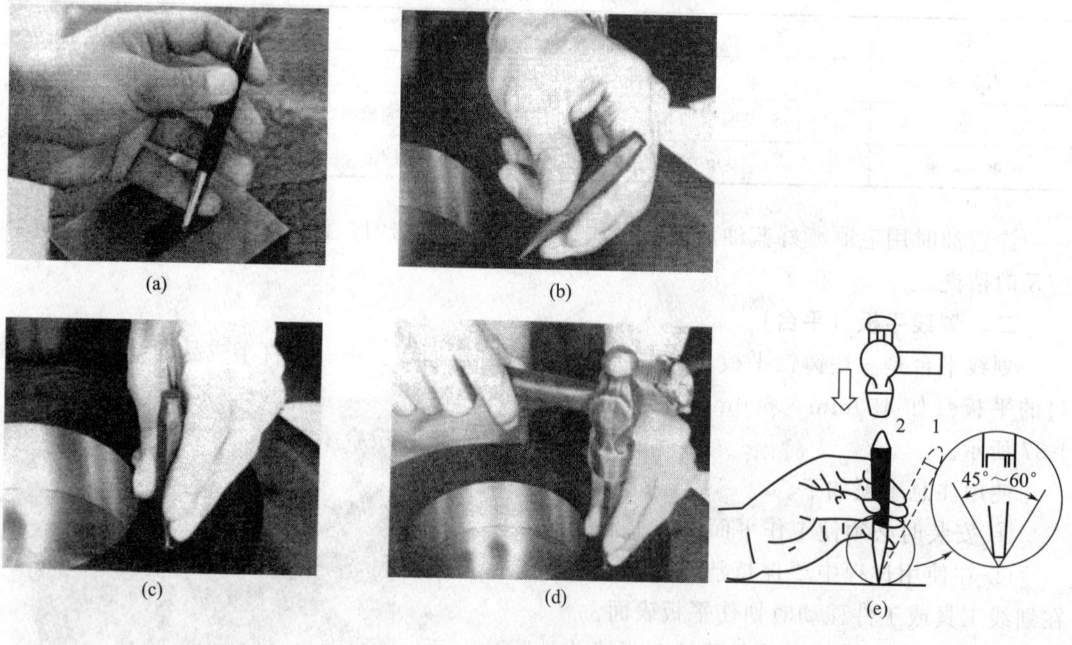

图 1-40 打击样冲的方法

样冲眼分布要均匀，位置要准确，冲点不可偏离线条（图 1-41）。

2. 直线冲点方法

在直线上样冲眼宜打得稀些，短线段要有 3 个样冲带点。样冲眼不能偏离线条，如图 1-42所示。

3. 曲线冲点方法

在曲线上宜打得密些，线条交点上也要打样冲眼。如果在曲线上打得太稀，则会给加工后的检查带来困难。直径小于 20mm 的圆 4 个点，大于 20mm 的圆至少 8 个点，交叉点和拐点必冲点，辅助线和圆的交点处要冲点。根据以上原则，判断图 1-43 中打样冲眼的对错，

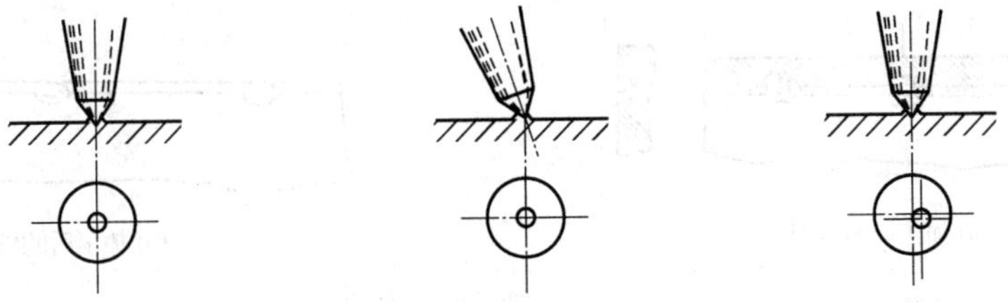

图 1-41 冲点的位置

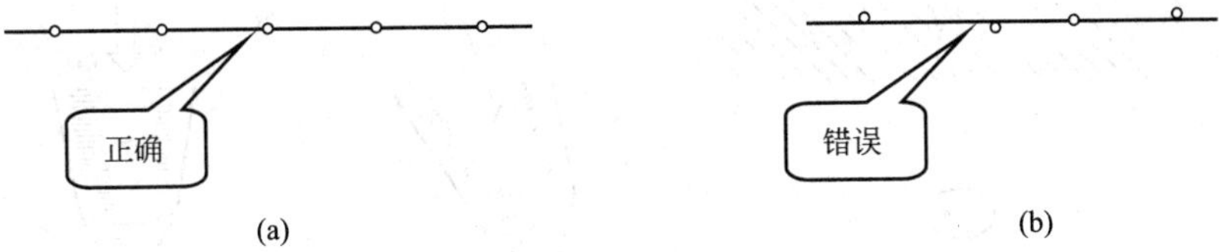

图 1-42 样冲眼的位置

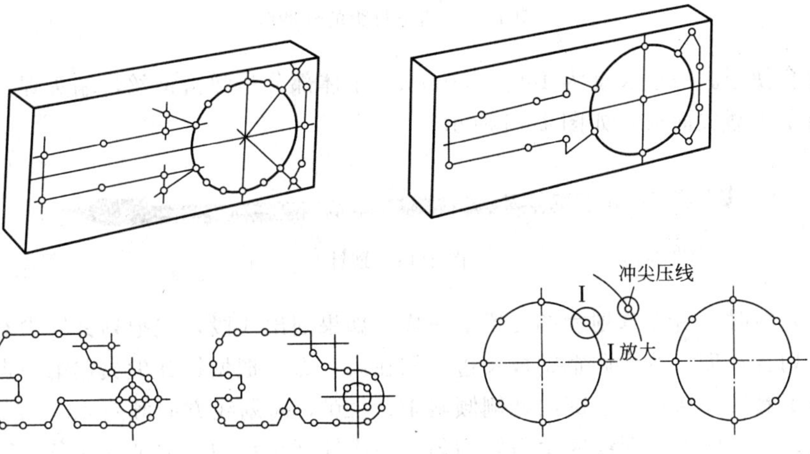

图 1-43 样冲眼

把错误原因说清。

4. *加工界线冲点方法*

在加工界限上，样冲眼宜打大些，以备加工后检查时能看清所剩样冲眼的痕迹，准确按划线加工时，加工后应留下半个样冲眼，如图 1-44 所示。在中心线、辅助线（用于检查划线是否正确和加工时矫正工件位置的线）上打样冲眼宜打得小些，以区别于加工界限线。圆中心处样冲眼在圆划好后最好再打大些，以便将来钻孔时便于对准钻头。如一开始就把圆心处的样冲眼打得很大，划圆时划规中心定不稳，划出的圆不理想。

样冲眼的深浅根据零件表面质量情况而定，粗糙毛坯表面应深些，光滑表面或薄壁工件可浅些，精加工表面禁止冲眼。

对打歪的样冲眼［图 1-45(a)］，应先将样冲斜放着向划线的交点方向轻轻敲打［图 1-45(b)］，当样冲眼的位置矫正到已对准划好的线之后，把样冲竖直了再打一下。

四、划针

划针是划线时用来在工件上划线条的工具，划线时一般要与钢直尺、90°角尺或样板等

(a) 加工前的情况　(b) 加工后的情况

图 1-44　加工前后对比

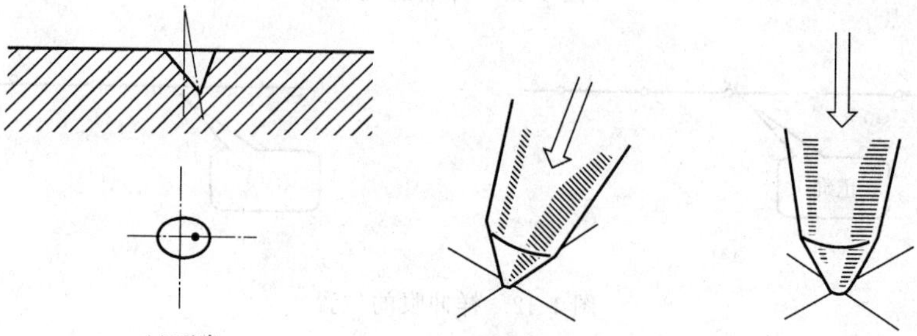

(a) 正确　(b) 不垂直　(c) 偏心

图 1-45　纠正打歪的样冲眼

导向工具配合使用。一般长度为 100～200mm，主体部分是弹簧钢丝，端头焊上硬质合金窄条，再经过手工磨尖而成，如图 1-46 所示。

图 1-46　划针

用划针划线时，右手拿划针如握铅笔一样，如果划出线段，先把划针针尖对准末点，使钢板尺紧靠划针针尖，然后调整钢板尺边缘靠在第一点，把划针针尖放在第一点上，划针针尖紧贴导向工具边缘移动。上部向外侧倾斜 15°～20°，向划线方向倾斜 45°～75°，划线方向应自左向右，自上向下。划线时用力要均匀，一次性划出均匀、清晰的线条（图 1-47）。

划针使用注意事项如下。

① 避免重复划线，那样线条会重叠，划线精度得不到保证。

② 用钝了的划针，可在砂轮或油石上磨锐后再使用（图 1-48），否则划出的线条过粗，不精确。

③ 划针很尖，使用时要小心。划针千万不能插在胸袋中。划针不用时最好在针尖部位套上细的塑料软管，不使针尖露出。

五、划规

划规一般用工具钢制成，脚尖经淬火，有的划规还在脚尖上加焊硬质合金，如图 1-49 所示。

用划规划圆步骤如下。

① 检查划规。如果圆规的脚尖有磨损，应用油石磨尖，方法如图 1-50 所示。

② 在找到的圆心处打样冲眼。

③ 将圆规张到所需尺寸。一只手握住钢尺，一只手拉开圆规脚，对准尺寸刻度，如图 1-51 所示。

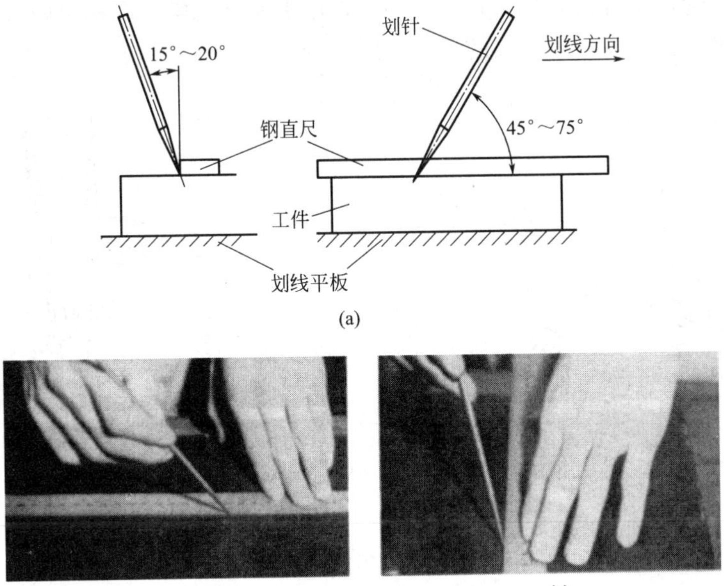

图 1-47　划线的方法

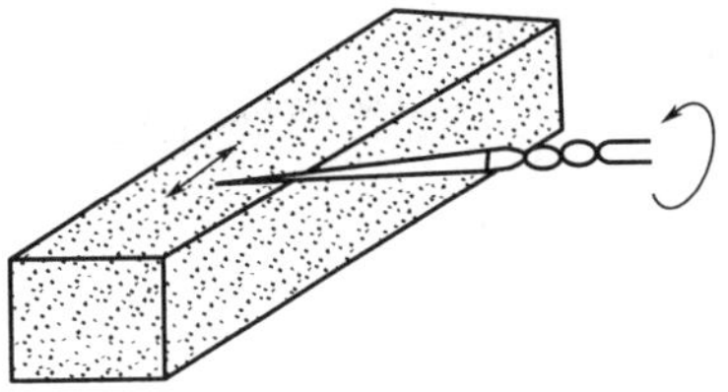

图 1-48　划针的修磨

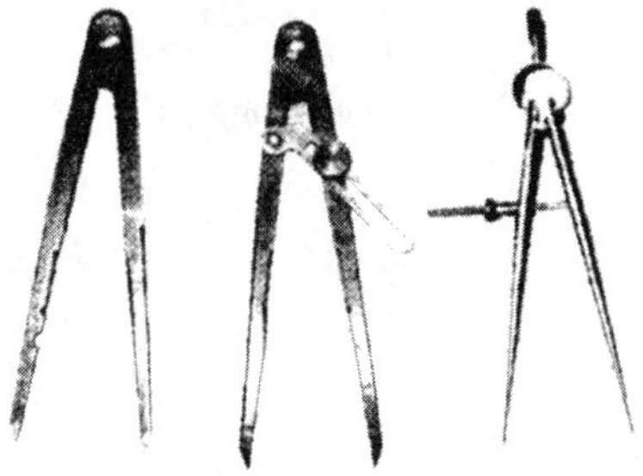

图 1-49　划规

图 1-50　划规的修磨

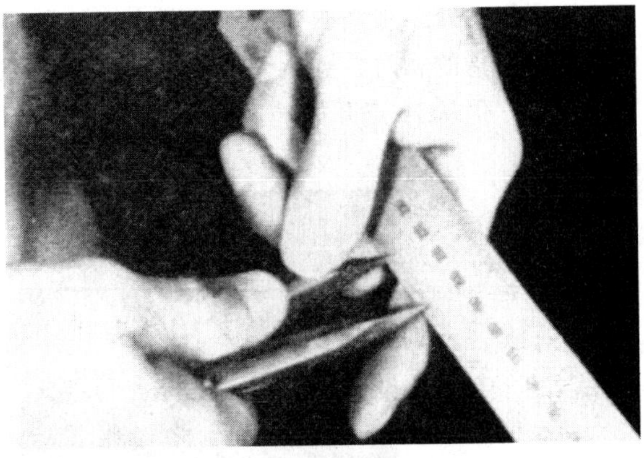

图 1-51　划规尺寸的确定

划较大的圆时，将钢尺放在工作台上，用两只手张开圆规，再将圆规脚对准钢尺的尺寸。

划较小的圆时，先将圆规脚张开稍大些，再用手使圆规脚对准钢尺的尺寸；微调时，可轻轻敲击圆规脚，使两脚对准钢尺的尺寸（图 1-52）。

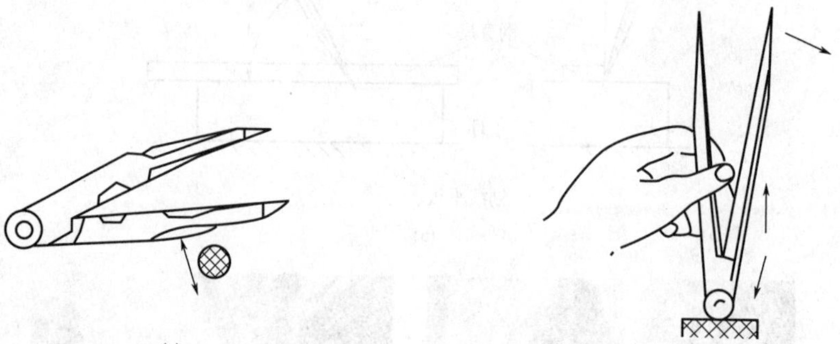

(a) (b)

图 1-52　划规的微调

④ 划规的握法如图 1-53 所示。

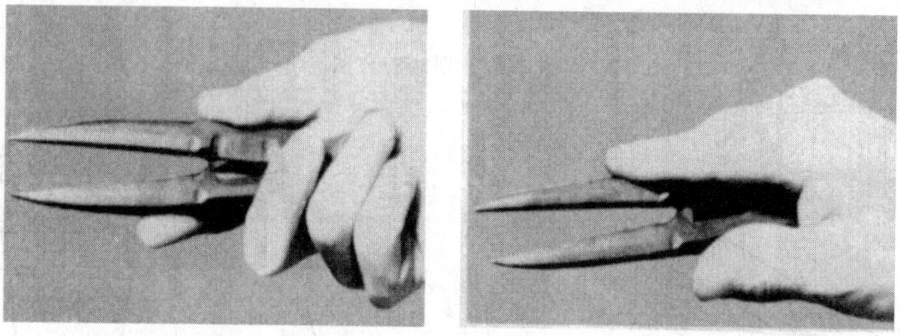

(a) (b)

图 1-53　划规的握法

⑤ 划圆的动作要领。图 1-54 是划圆时候的动作，将圆规脚尖对准样冲眼，用一只手握住圆规的铰接部分。划圆周时，要用顺划、反划两个半圆弧合并而成。顺划半圆弧时，先使一只规脚尖处于工件的中心样冲眼内，再用拇指压住另一只规尖，然后食指弯曲，用第 2 指节抵住拇指的相对位置，大拇指用力旋转规尖从 A 点位置顺时针划半圆弧线，然后改变手持方法，仍从 A 点开始，逆时针划半圆弧线，从而合并成整圆。

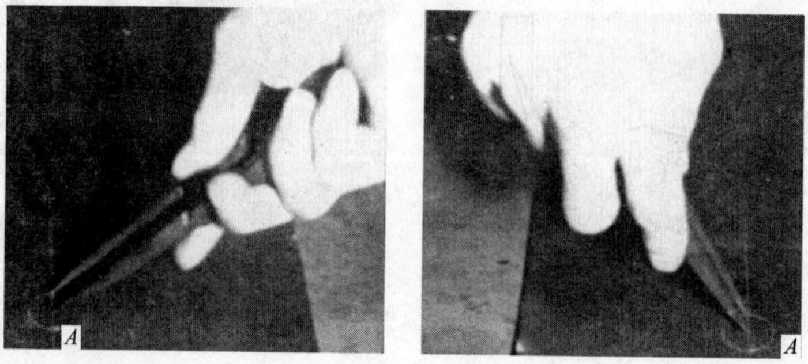

(a) (b)

图 1-54　划规划圆

任务二 划线基准选择

【任务描述】

划线应从划线基准开始，划线基准的正确选择对后续的划线工作至关重要。

【任务分析】

基准是指图样（或工件）上用来确定其他点、线、面位置的依据。设计时，在图样上所选定的用来确定其他点、线、面位置的基准，称为设计基准。划线时，在工件上所选定的用来确定其他点、线、面位置的基准，称为划线基准。

划线基准选择的基本原则是：应尽可能使划线基准与设计基准相一致。

【相关知识】

一、划线的地位和作用

① 划线是机械加工中的首道工序，用来确定工件的加工余量，作为机械加工的尺寸界线，划线的准确与否将直接影响产品的质量。划线精度一般为0.25～0.5mm，因此，在加工过程中，必须通过测量来保证尺寸的精度。

② 能通过划线对工件进行找正定位。

③ 能够及时发现和处理不合格的毛坯，避免加工后造成损失。

④ 通过借料划线可使误差不大的毛坯得到补救，提高毛坯的利用率。

二、划线的种类

划线分平面划线和立体划线两种。

1. 平面划线

平面划线是在工件的一个表面上划线，即明确反映出加工界线，如图1-55所示。

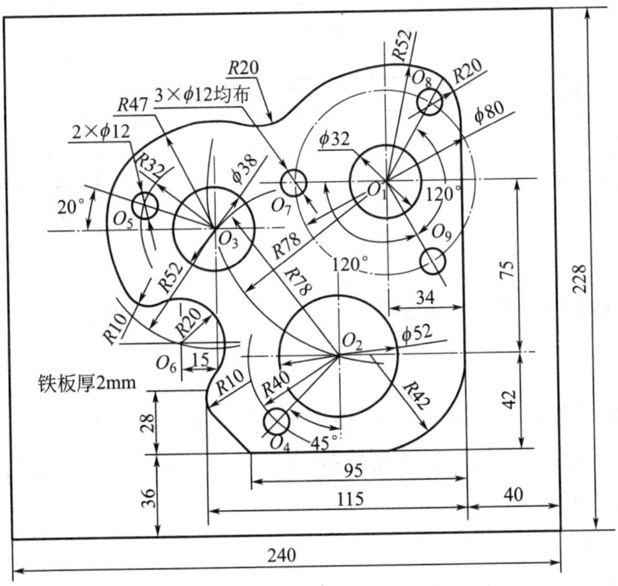

图1-55 平面划线

2. 立体划线

同时要在工件几个不同表面（通常是互相垂直，反映工件三个方向尺寸的表面）上都划线才能反映出加工界线，这种划线称为立体划线，如图1-56所示。

三、划线基准的选择

1. 划线基准的类型

划线基准一般有以下 3 种选择类型。

① 以两个互相垂直的平面（或直线）为基准，如图 1-57 所示。

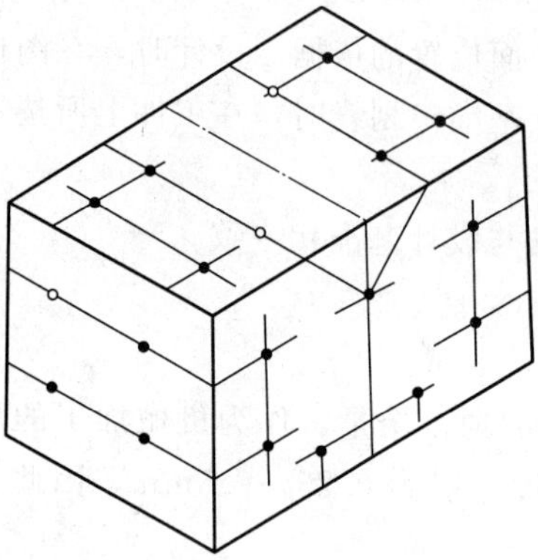

图 1-56 立体划线

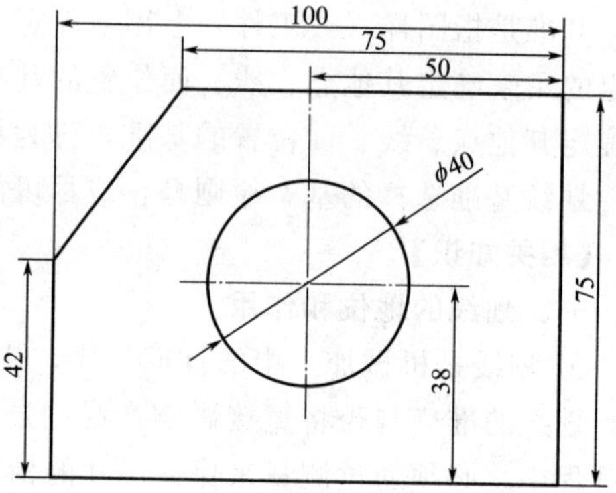

图 1-57 两个平面（或直线）为基准划线

② 以两条互相垂直的中心线为基准，如图 1-58 所示。

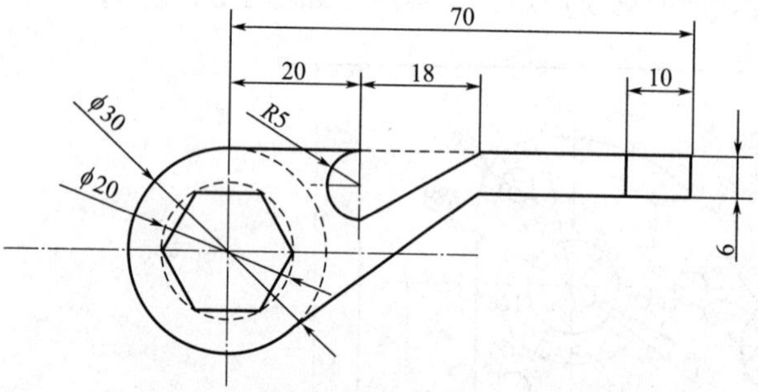

图 1-58 两条中心线为基准划线

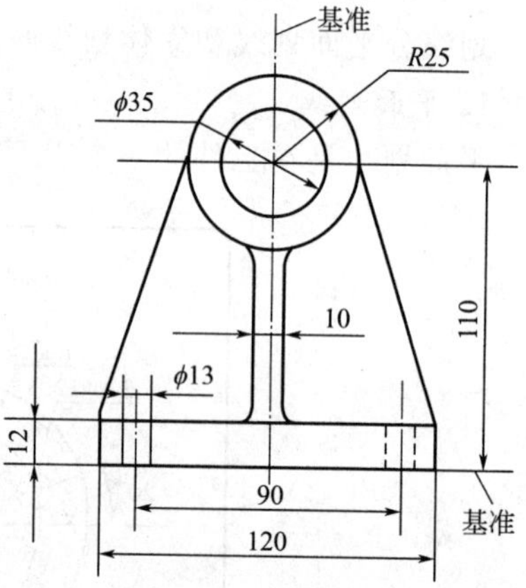

图 1-59 一个平面和一条中心线为基准划线

③ 以一个平面和一条中心线为基准，如图 1-59 所示。

划线时，在工件的每一个方向都需要选择一个划线基准。因此，平面划线一般选择 2 个划线基准；立体划线一般选择 3 个划线基准。

2. 划线基准的选择原则

① 划线基准应尽量与设计基准重合。

② 对称形状的工件，应以对称中心线为基准。

③ 有孔的工件，应以主要的孔中心线为基准。

④ 在未加工的毛坯上划线，应以主要不加工面为基准。

⑤ 在加工过的工件上划线，应以加工过的表面为基准。

【技能训练】

根据表1-6，练习平面划线。

表1-6 平面划线

<table>
<tr><td>技能训练名称</td><td>平面划线</td></tr>
<tr><td>操作技能要求</td><td>掌握平面划线基本操作方法;正确使用平面划线工具</td></tr>
<tr><td>工具、量具、刃具</td><td>钢直尺、划规、锤子、划针、样冲、90°角尺、划线平板、铜锤</td></tr>
<tr><td>材料</td><td>薄钢板,规格240mm×228mm×2mm</td></tr>
<tr><td>技能训练图</td><td>
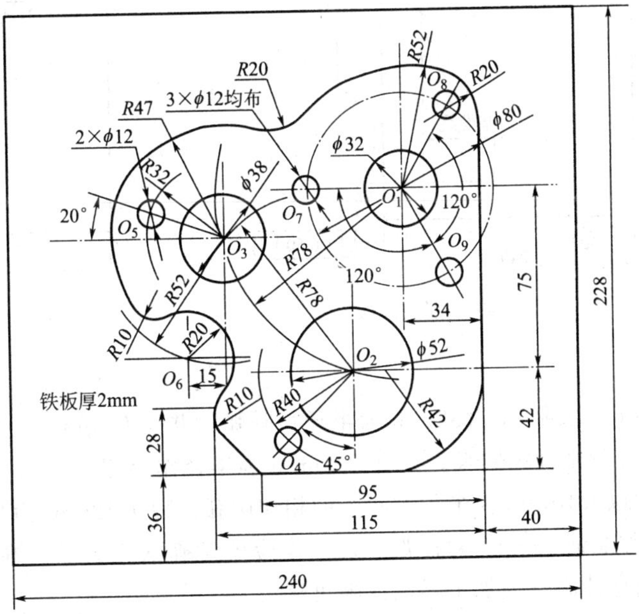

技术要求：
1. 线条清晰、冲眼正确;圆弧连接圆滑,公差0.1mm。
2. 各尺寸线条位置公差±0.5mm。
</td></tr>
</table>

一、准备工作

① 检查薄钢板的尺寸，并用锤子矫正其变形，保证工件平面度误差不大于0.45mm。

② 去除薄板料上的边缘毛刺，并涂上蓝油。

③ 看清图样，了解所需划线的部位和有关加工工艺。

④ 选定划线基准薄板料底边，向上划距离36mm尺寸线，从右侧边向左划距离40mm的尺寸线，以这两条垂直线作为划线基准（图1-60）。

二、划线

划尺寸42mm、75mm水平线和尺寸34mm垂直线，得圆心O_1。以O_1为圆心，$R78$mm为半径划圆弧，相交于尺寸42mm水平线得O_2点，通过O_2点作垂直线；分别以O_1、O_2点为圆心，$R78$mm为半径划圆弧相交得O_3点，通过O_3点作水平线和垂直线。通过O_2点作45°线，并以$R40$mm为半径截得小圆心O_4点，通过O_3点作20°线，并以$R32$mm为半径截得小圆心O_5点。作与O_3点垂直线距离为15mm的平行线，并以O_3点为圆心，以$R52$mm为半径划圆弧截得O_6点。按图1-61所示，将$\phi80$mm圆周三等分，得到圆心O_7、O_8、O_9。注意，所有圆心都必须打上正样冲眼，以便划圆弧。分别以O_1、O_2、O_3为圆心，

划 $\phi 32$mm、$\phi 52$mm 和 $\phi 38$mm 圆周线，以 O_4、O_5、O_7、O_8、O_9 为圆心，划 5 个 $\phi 12$mm 圆周线，划与底面基准线平行的水平尺寸线 28mm，按 95mm 和 115mm 尺寸划出左下方的斜线。

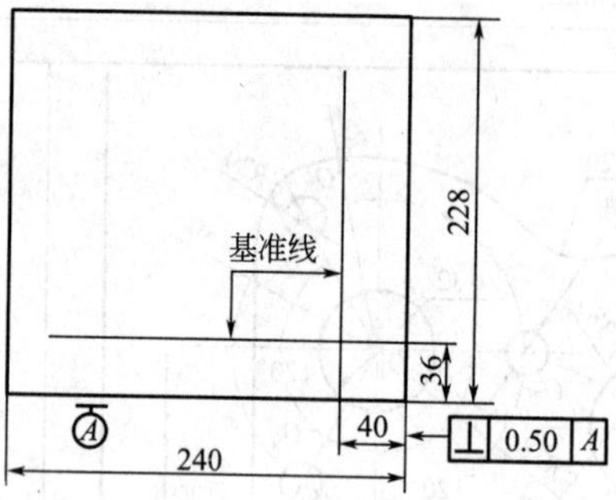

图 1-60　划基准线

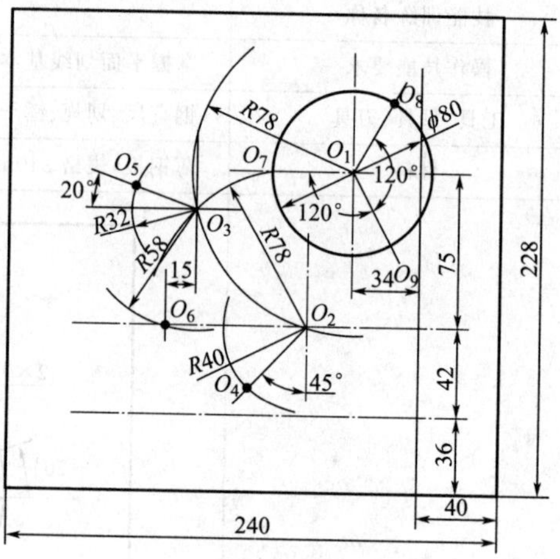

图 1-61　划 O_1、O_2、O_3、O_4、O_5、O_6、O_7、O_8、O_9 圆心

以 O_1 为圆心，$R52$mm 为半径划圆弧，并以 $R20$mm 为半径作相切圆弧；以 O_3 为圆心，$R47$mm 为半径划圆弧，并以 $R20$mm 为半径作相切圆；以 O_6 为圆心，$R20$mm 为半径划圆弧，并以 $R10$mm 为半径作两处的相切圆弧；以 $R42$mm 为半径作右下方的相切圆弧（见表 1-6 中技能训练图）。对图形、尺寸复检校对确认无误后，在划线交点及所划线上按一定间隔打出样冲眼，使加工界线清晰可靠。

三、注意事项

① 为熟悉作图方法，训练前可在绘图纸上进行一次练习。

② 划线工具使用正确。

③ 划出线条细而清晰且样冲眼准确。

④ 划线后，复检校对，避免差错。

【操作评价】

完成表 1-6 所示技能训练图后，进行质量检测和成绩评定（表 1-7）。

表 1-7　成绩评定（平面划线）

成绩评定						
工件号		工位号	姓名		总得分	
项目	质量检测内容		配分/分	评分标准	实测结果	得分
线条	清晰		10	不符合要求不得分		
	均匀		5	不符合要求不得分		
允差	尺寸误差不大 0.50mm		30	超差不得分		
	角度误差不大于 1°		10	超差不得分		
冲眼	冲眼落点的分布		5	不符合要求不得分		
	冲眼大小及均匀性		5	不符合要求不得分		

续表

成绩评定							
工件号		工位号		姓名		总得分	
项目	质量检测内容			配分/分	评分标准	实测结果	得分
曲线	与直线过渡圆滑			6	不符合要求不得分		
	与圆弧过渡圆滑			9	不符合要求不得分		
	基准选择正确			10	不符合要求不得分		
安全文明生产				10	违者不得分		
现场记录							

项目四 錾削

任务一 錾削工具及其使用

【任务描述】

用锤子打击錾子对金属工件进行切削的加工方法称为錾削。錾削是一种粗加工，一般按所划线进行加工，平面度可控制在0.5mm之内。目前，錾削工作主要用于不便于机械加工的场合，如清除毛坯上的多余金属、分割材料、錾削平面及沟槽等。

【任务分析】

錾子的刃磨是钳工的一项基本功，正确的热处理是保证錾子的性能的重要手段。

【相关知识】

一、錾子的种类及结构

錾子是錾削用的工具，一般由碳素工具钢（T7A）锻成，结构如图1-62所示。经热处理后硬度达到56～62HRC。

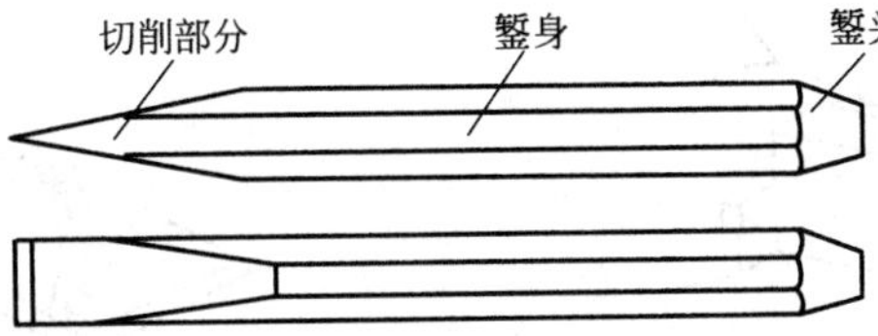

图1-62 錾子

1. *扁錾*

扁錾（阔錾）见图1-63，切削部分扁平，刃口略带弧形。常用于錾削平面、分割材料及去毛边等，用途最为广泛（图1-64）。

2. 尖錾（狭錾）

切削刃比较短，切削部分的两侧面从切削刃到錾身是逐渐狭小，如图1-65所示。主要用来錾削沟槽及分割曲线形板料，如图1-66所示。

3. 油槽錾

油槽錾切削刃很短，并呈圆弧形，其切削部分常做成弯曲形状。主要用来錾削润滑油槽，如图1-67、图1-68所示。

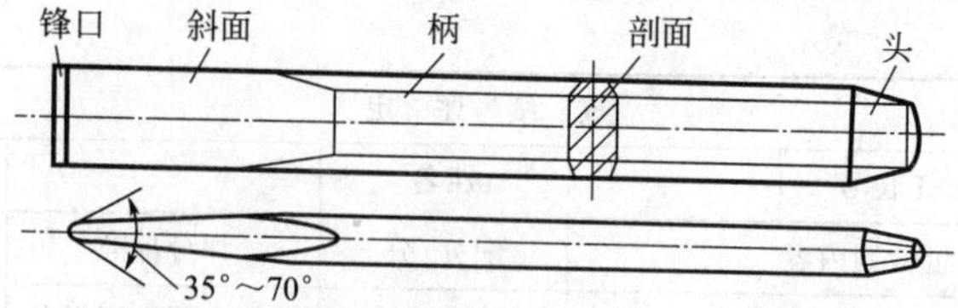

(a)

(b)

图 1-63 扁錾

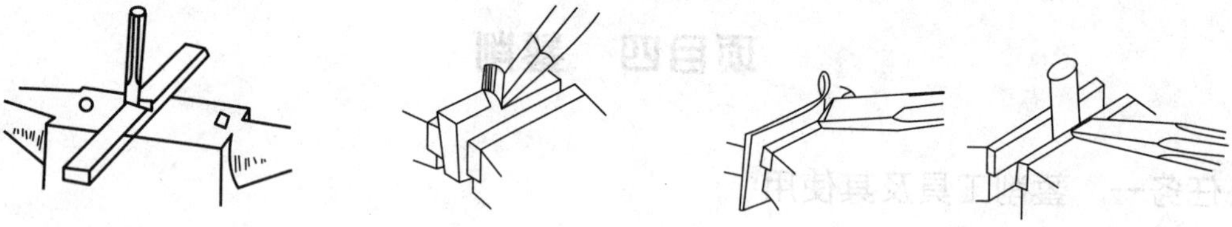

(a) 板料、棒料錾削　　(b) 錾切窄平面　　(c) 錾段条料

图 1-64 扁錾的应用

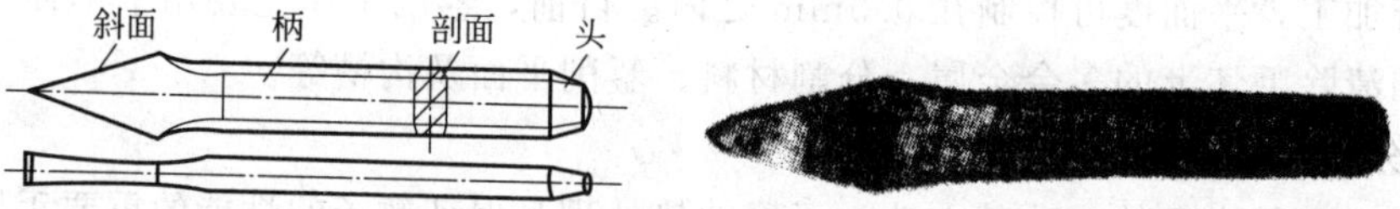

(a)　　(b)

图 1-65 尖錾

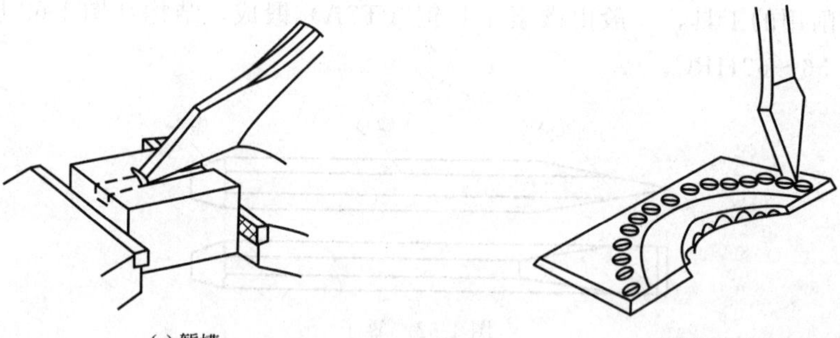

(a) 錾槽　　(b) 分割曲线形板料

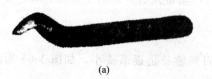

图 1-66 尖錾的应用

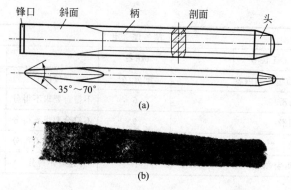

(a)　　(b)

图 1-67 油槽錾

二、錾子的几何角度

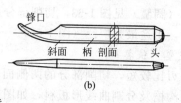

图 1-69 所示为錾削平面时的角度情况。

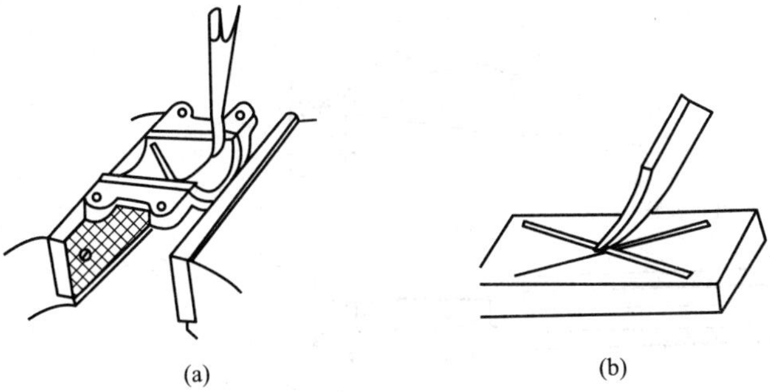

图 1-68　油槽錾的应用

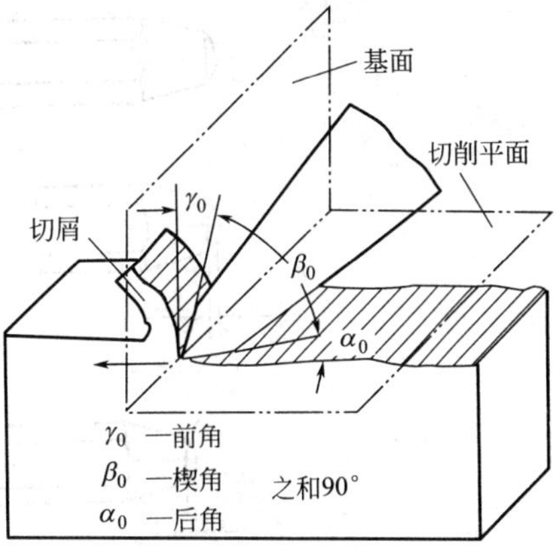

图 1-69　錾子的几何角度

錾子角度的定义、作用及大小选择分别见表 1-8、表 1-9。

表 1-8　錾子角度的定义

錾削角度	作　用	定　义
楔角	楔角小，錾削省力，但刃口薄弱，容易崩损；楔角大，錾切费力，錾切表面不易平整。通常根据工件材料软硬，选取楔角适当的錾子	錾子前刀面与后刀面之间的夹角
后角	减少錾子后刀面与切削表面摩擦，使錾子容易切入材料。后角大小取决于錾子被掌握的方向	錾子后刀面与切削平面之间的夹角
前角	减小切屑变形，使切削轻快。前角越大，切削越省力	錾子前刀面与基面之间的夹角

表 1-9　錾子角度大小选择

工件材料	楔角 β_0	后角 α_0	前角 γ_0
工具钢、铸铁等硬材料	60°～70°	5°～8°	$\gamma_0=90°-(\beta_0+\alpha_0)$
结构钢等中等硬度材料	50°～60°		
铜、铝、锡等软材料	30°～50°		

三、錾子的刃磨和热处理

1. 扁錾的刃磨要求

錾子的两刀面与切削刃是在砂轮机上刃磨出来的，其要求如下［图 1-70(a)］。

① 切削刃与錾子的中心线垂直。

② 两刀面平整且对称。

③ 楔角大小适宜。

2. 尖錾的刃磨要求

刃磨扁錾的要求同样适用于尖錾，但因尖錾的结构及用途不同于扁錾，故尖錾有以下特殊要求［图 1-70(b)］。

① 尖錾的切削刃的宽度 B 按槽宽尺寸要求刃磨。

② 两侧面的宽度应从切削刃起向柄部变窄，形成 1°～3°的副偏角，避免錾槽时被卡住。

3. 錾子的刃磨方法和注意事项

① 刃磨时的站立位置及握錾方法。操作者应站在砂轮机的侧面（砂轮机运行平稳才能进行刃磨操作），用右手大拇指和食指捏住錾子的前端，左手捏住錾身。若站在砂轮机的右

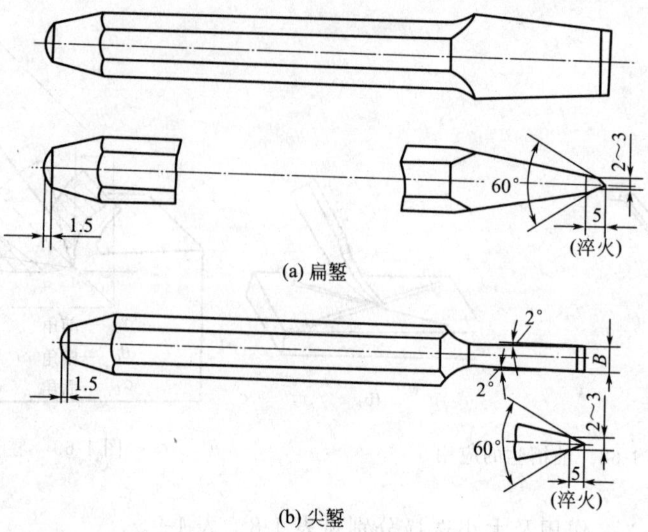

图 1-70 錾子的刃磨要求

侧，两手应交换位置。

② 刃磨方法。如图 1-71(a) 所示，刃磨錾子的两刀面和切削刃时，应将錾子平放在高于砂轮中心的位置上轻加压力，左右平行移动，移动时要稳。并且要控制住錾子的磨削位置和方向。錾子的楔角大小可用角度样板检查，如图 1-71(b) 所示。

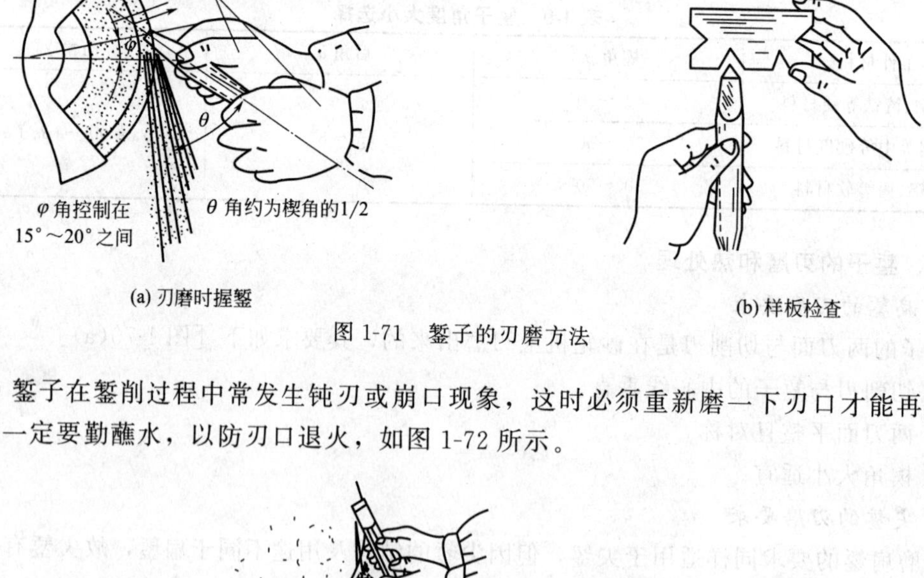

图 1-71 錾子的刃磨方法

③ 錾子在錾削过程中常发生钝刃或崩口现象，这时必须重新磨一下刃口才能再用，但刃磨时一定要勤蘸水，以防刃口退火，如图 1-72 所示。

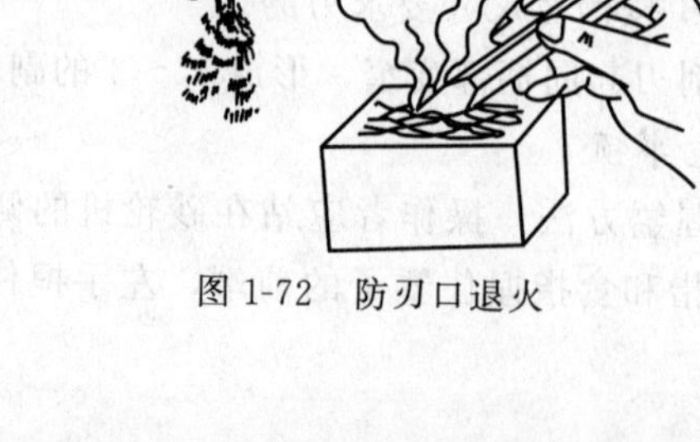

图 1-72 防刃口退火

④ 刃磨时，两刀面与切削刃常出现的缺陷，如图 1-73 所示。

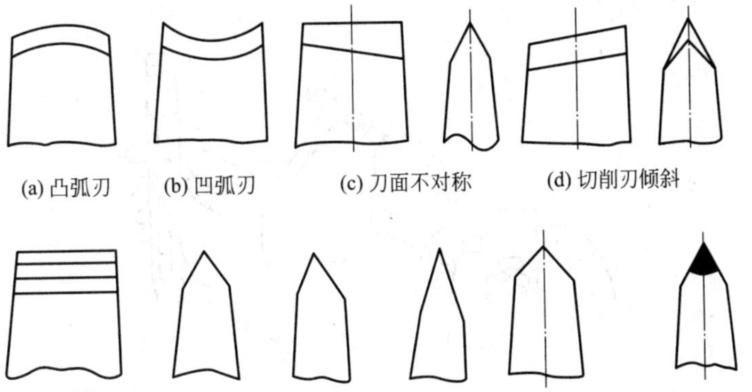

(a) 凸弧刃 (b) 凹弧刃 (c) 刀面不对称 (d) 切削刃倾斜

(e) 刀面成多层面 (f) 中心偏斜 (g) 楔角过小或过大 (h) 錾尖退火

图 1-73 切削刃常出现的缺陷

4. 錾子的热处理

錾子热处理的目的有两点：一是为了提高切削部分的硬度和强度；二是提高其冲击韧性。热处理过程包括淬火和回火两个工艺。

(1) 准备工作 首先要确定錾子的钢号；然后刃磨錾子，使其符合要求；最后准备足够、洁净的冷却液。

(2) 操作方法和步骤 操作方法和步骤如表 1-10 所示。

表 1-10 操作方法和步骤

序号	项目	说明	图示
1	淬火	①加热。在锻造炉中(或用氧乙炔焰)加热时，烧红部位的长度为 20～40mm。当加热温度为 750～780℃(錾子呈樱桃红色)时，将錾子从炉中取出 ②冷却。錾子取出后，立即将其垂直插入水中(入水深度约为 5mm)，并在水中缓慢地移动和轻微地上下窜动	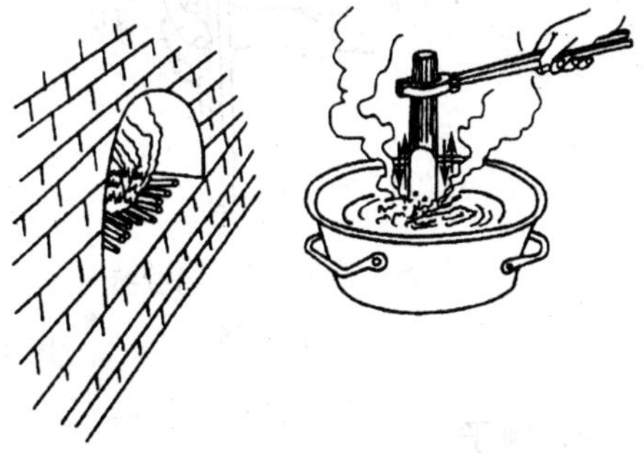 炉中加热 炉中取出浸入水中
2	回火	①回火。待錾子刃部冷却后(錾子在水面上部的红色退去时)，将其从水中取出，并立即去除氧化皮，利用錾子上部的余热对冷却的刃口进行回火。回火时，錾子刃部逐渐变色，由白而黄，由黄而紫，由紫而蓝 ②第二次冷却。当錾子刃部变化到某一颜色(温度)时，急速将其加热部分全部浸入水中冷却，使它的颜色不再变化。回火颜色变化以錾刃为黄色时，投入水中所得的硬度较大，紫色次之，蓝色更小。回火的颜色应根据錾子的材料和需要的硬度确定。一般用碳素工具钢制作的錾子，回火颜色为紫色或暗蓝色时，錾削中等硬度的材料较适宜	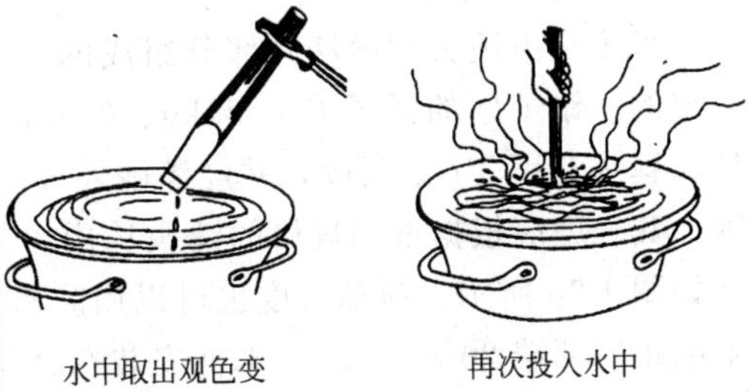 水中取出观色变 再次投入水中

（3）錾子的试錾 錾子全冷取出后，可在台虎钳上夹持试錾，质量好坏的确定方法为不卷不崩正适中，如图 1-74 所示。

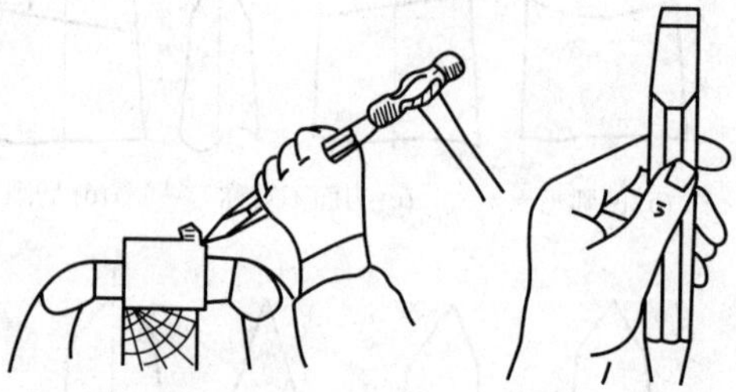

图 1-74 錾子的试錾

（4）錾子的握法 錾子的握法有正握、反握和立握三种方法，如图 1-75 所示。

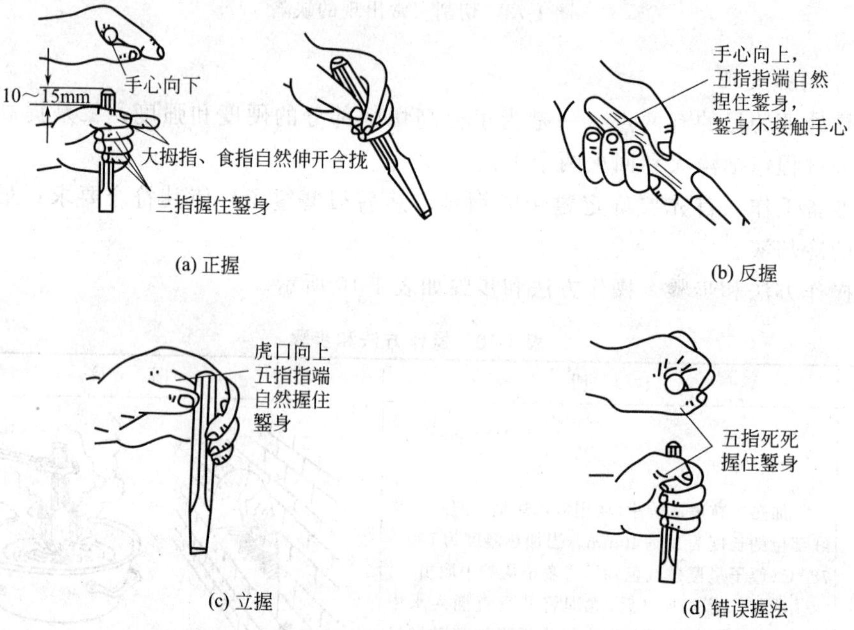

(a) 正握 (b) 反握 (c) 立握 (d) 错误握法

图 1-75 錾子的握法

四、锤子

錾削是利用锤子的锤击力而使錾子切入金属的，锤子是錾削工作中不可缺少的工具，而且也是钳工在装拆零件时的重要工具。

1. 锤子的构造

锤子是由锤头和锤柄两部分组成的，如图 1-76 所示。锤子的规格是根据锤头的质量来决定的。钳工用的锤子有 0.25kg、0.5kg、1kg 等几种；英制有 1/2 磅、1 磅、1½磅等几种。锤头是用 T7 钢制成，并经淬硬处理。锤柄的材料选用坚硬的木材，如用胡桃木、檀木等，其长度应根据不同规格的锤头选用，如 0.5kg 的锤子柄一般长 350mm。各部分具体尺寸如图 1-76 所示。锤柄长度也可以用简易方法确定，如图 1-77 所示。一般锤柄齐肘或锤柄末端距肘部端 20～30mm。木柄安装在锤头孔中必须牢固可靠，要防止锤头脱落造成事故。为此装锤柄的孔做成椭圆形，且两端大中间小，木柄敲紧后，端部再打入楔子就不易松动了，如图 1-78 所示。

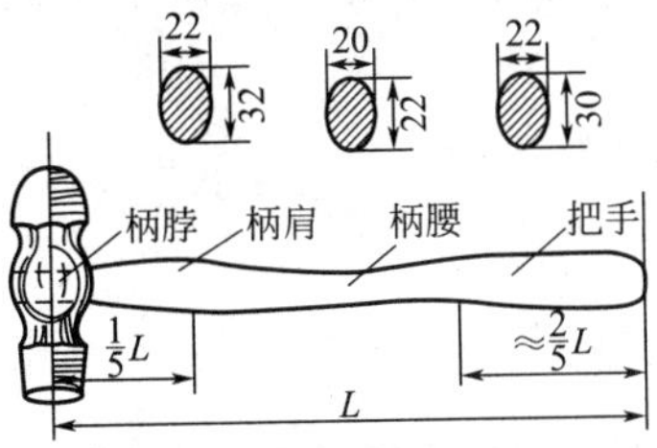

图 1-76　锤子的构造

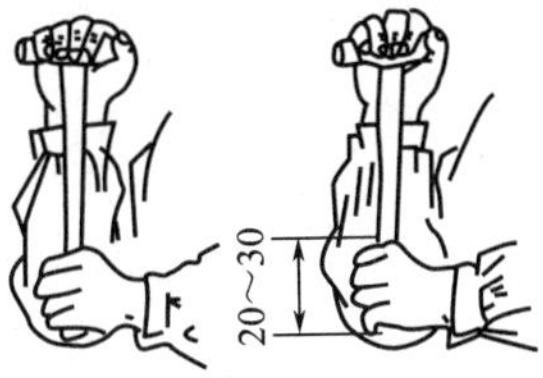

图 1-77　简易方法确定长度

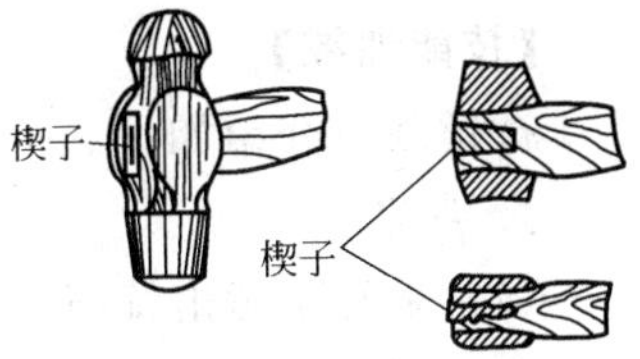

图 1-78　防止锤头脱落

2. 手锤的使用

(1) 手锤的握法　手锤有紧握法和松握法两种，见图 1-79。

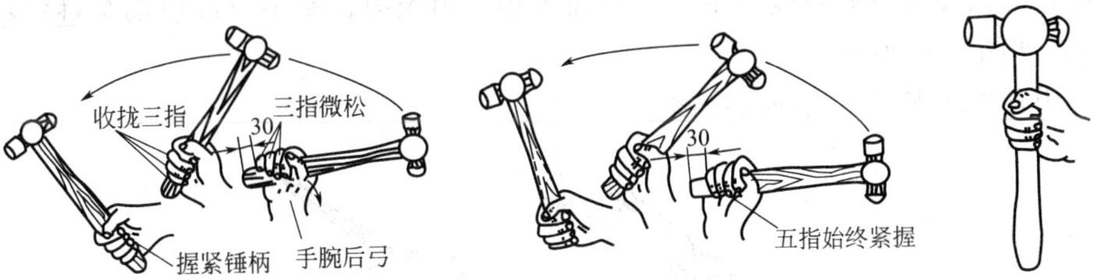

(a) 松握法　(b) 紧握法　(c) 错误握法

图 1-79　手锤的握法

想一想：松握法有什么好处？

(2) 挥锤方法　常见的挥锤方法有三种，即腕挥、肘挥和臂挥。

① 腕挥。腕挥主要靠手腕动作挥锤、敲击，如图 1-80(a) 所示。锤击力较小，适用于錾削量较小时或錾削的开始和结束。

② 肘挥。肘挥主要靠手腕和小臂的配合动作挥锤敲击，如图 1-80(b) 所示。其锤击力较大，是常用的一种挥锤方法。

③ 臂挥。臂挥主要靠手腕、小臂和大臂的联合动作挥锤敲击，如图 1-80(c) 所示。其挥锤幅度大，适用于大力錾削操作，如錾切板料、条料或錾削余量较大的平面等。

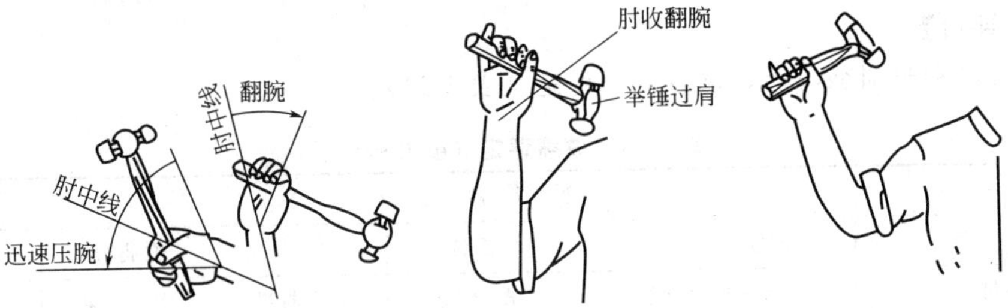

(a) 腕挥　(b) 肘挥　(c) 臂挥

图 1-80　挥锤方法

3. 锤的技术要领（以肘挥为例）

① 挥锤。肘收臂提，举锤过肩；手腕后弓，三指微松；锤面朝天，稍停瞬间。

② 击。目视錾尖，臂肘齐下；收紧三指，手腕加劲；锤錾一线，锤走弧形；左脚着力，右腿伸直。

③ 要求。稳——速度节奏 40 次/min（肘挥），50 次/min（腕挥）；准——命中率高；狠——锤击有力。

【技能训练】

挥锤练习介绍如下。

1. 步骤

（1）呆錾子锤击练习

① 首先左手不握錾子进行 1h 挥锤练习，然后再握住錾子进行 1h 挥锤练习，如图 1-80 所示。

② 采用松握法挥锤。

（2）模拟錾削姿势练习

① 将长方铁件夹持在台虎钳中，下面加木垫，用无刃口錾子对凸肩部分进行模拟錾削姿势练习，如图 1-81 所示。

② 采用正握法握錾、松握法挥锤。

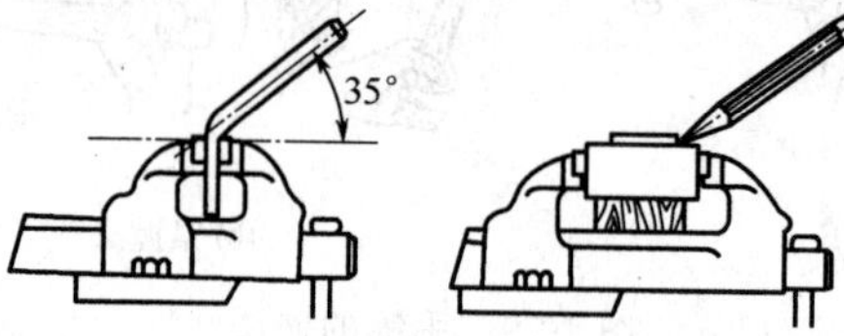

图 1-81 铁件的夹持

2. 注意事项

① 夹紧工件时，不应在台虎钳手柄上加套管子扳紧或用锤子敲击台虎钳手柄，工件要夹在钳口中央。

② 自然地将錾子握正、握稳，倾斜角保持在 35°左右，眼睛视线对着工件的錾削部位，不可对着錾子头部。

③ 左手握錾子时，前臂要平行于钳口，肘部不要下垂或抬高过多。

④ 锤子锤击力的作用方向与錾子轴线方向要一致，否则易敲到手。

⑤ 挥锤时锤子应向上举而不是向后挥，挥动幅度要适当，锤击要有力。

【操作评价】

完成锤击和錾削练习后，进行成绩评定（表 1-11）。

表 1-11 成绩评定（锤击和錾削）

<table>
<tr><td colspan="8">成 绩 评 定</td></tr>
<tr><td>工件号</td><td></td><td>工位号</td><td></td><td>姓名</td><td></td><td>总得分</td><td></td></tr>
<tr><td colspan="2">项目</td><td colspan="2">质量检测内容</td><td>配分/分</td><td>评分标准</td><td>实测结果</td><td>得分</td></tr>
<tr><td colspan="2" rowspan="2">錾削</td><td colspan="2">锤击姿势正确</td><td>30</td><td>目测</td><td></td><td></td></tr>
<tr><td colspan="2">錾削姿势动作正确</td><td>30</td><td>目测</td><td></td><td></td></tr>
<tr><td colspan="4">安全文明生产</td><td>40</td><td>违者不得分</td><td></td><td></td></tr>
<tr><td colspan="8">现场记录</td></tr>
</table>

任务二 錾削工艺

【任务描述】

通过学习，使学生掌握錾削工艺，能进行平面、沟槽錾削。

【任务分析】

錾削不仅是对材料的切削，而且对提高挥锤的准度提高很大，为将来装配零部件打下基础。

【相关知识】

一、站立位置和姿势

操作时的站立位置如图 1-82 所示。身体与虎钳中心线大致成 45°，且略向前倾，左脚跨前半步，膝盖处稍有弯曲，保持自然，右脚要站稳伸直，不要过于用力。

二、錾削平面

1. 夹持工件

錾削前，将工件牢固地夹持在台虎钳中间，其夹持方法和要点如图 1-83 所示。

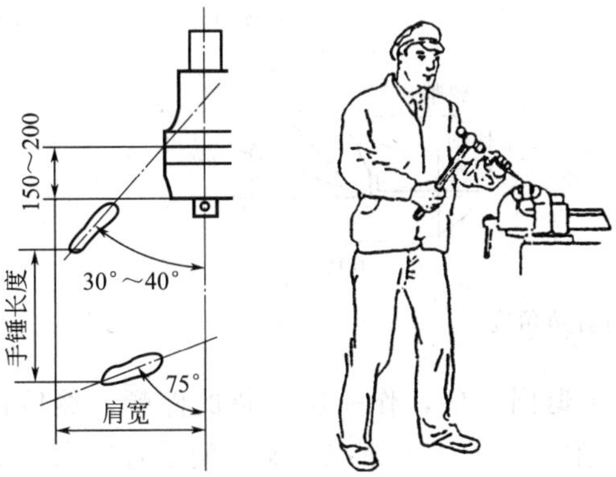

图 1-82 錾削位置和姿势

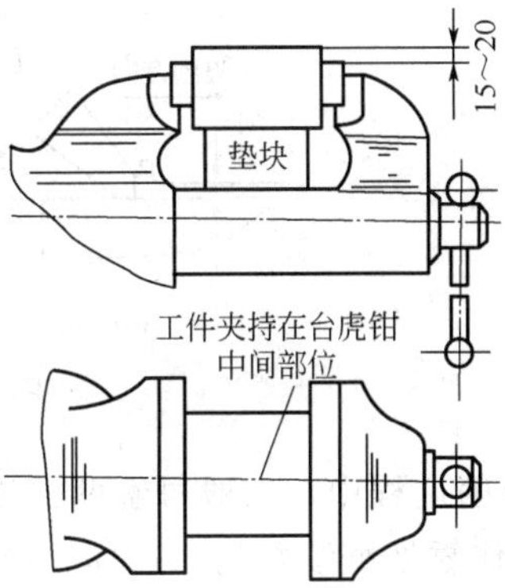

图 1-83 工件的夹持

2. 起錾方法

在錾削平面时，应采用斜角起錾的方法，即先在工件的边缘尖角处，将錾子放成负角[图 1-84(a)]，錾出一个斜面，然后按正常的錾削角度逐步向中间錾削。錾削槽时，则必

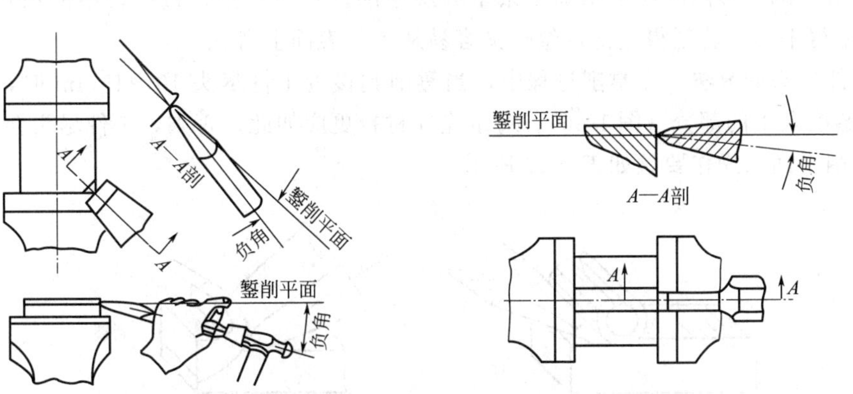

图 1-84 起錾方法

须采用正面起錾，即起錾时全部刃口贴住工件錾削部位的端面［图 1-84(b)］，錾出一个斜面，然后按正常角度錾削。这样的起錾可避免錾子的弹跳和打滑，且便于掌握加工余量。

3. 錾削平面的动作要领

① 握錾平稳，后角不变。能否控制錾子，直接影响錾削平面的平直度。若握錾不平稳，后角忽大忽小，就会造成加工面凹凸不平。

② 錾削时的后角角度，一般应使后角 $\alpha_0=5°\sim8°$（图 1-85)。后角过大，錾子易向工件深处扎入；后角过小，錾子易在錾削部位滑出。粗錾时，后角小些，錾削厚度为 1～2mm；细錾时，后角大些，錾削厚度为 0.5mm。

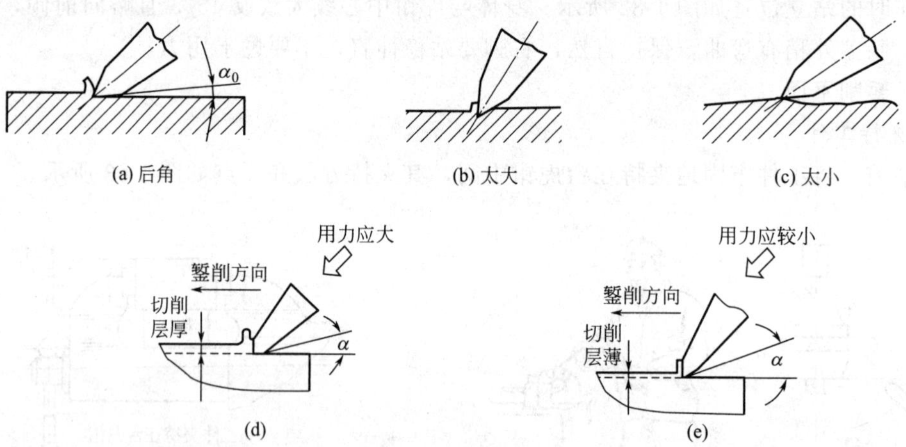

图 1-85 錾削时的后角角度

③ 錾削过程中，一般每錾两三次后，可将錾子退回一些，作一次短暂的停顿，然后再将刃口顶住錾处继续錾削。这样，既可随时观察錾削表面的平整情况，又可使手臂肌肉有节奏地得到放松。

④ 锤击时眼睛要看在錾刃和工件间，这样才能顺利地工作，保证产品质量。避免手锤举起时眼睛看在刃口上，手锤下落时，眼睛又转到錾子的头部上去了。这样目标分散，不能得到平整的錾削表面，同时，手锤反而容易打到手上。

⑤ 分层錾削。錾削时应根据加工余量分层錾削。若一次錾得过厚，不但消耗体力，而且也不易錾得平整；若錾得过薄，錾子又容易从工件表面上滑脱。

⑥ 工件尽头的錾法。在錾削过程中，当錾削到接近工件尽头 10～15mm 时，必须掉头重新起錾錾削余下的部分（图 1-86)。对于脆性材料更应如此。否则，工件尽头会造成崩裂。

⑦ 錾削平面的操作要领如表 1-12 所示。

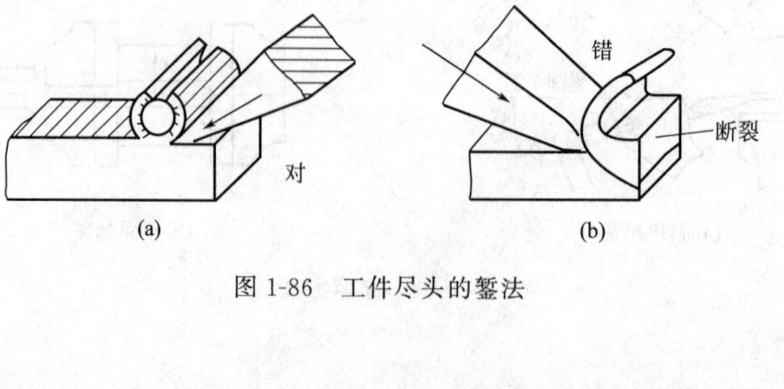

图 1-86 工件尽头的錾法

表 1-12　錾削平面的操作要领

序号	名称	操作要点	图示
1	錾削窄平面	①用台虎钳夹持工件，注意工件被錾削部分应露出钳口 ②选用扁錾錾削，使錾子的切削刃与錾削前进方向倾斜一个角度，如图所示 ③每次錾削厚度为 0.5～2mm	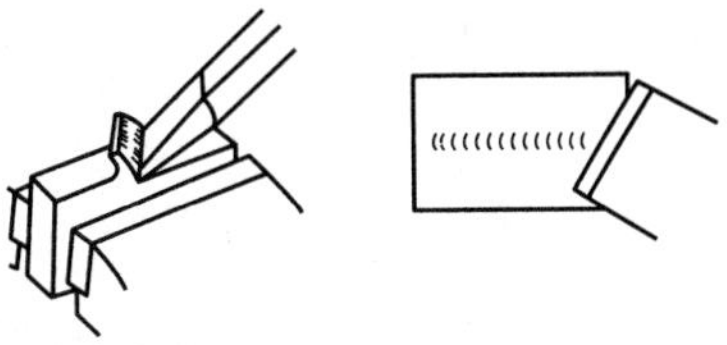
2	錾削宽平面	(1)开槽 錾削时，按錾前所划线条，用尖錾每隔 17～18mm 开一道槽，快錾到尽头时，将工件掉头后錾去剩余部分，如图(a)所示 (2)錾平 用平錾将窄槽之间的金属錾掉，从而錾平整个宽平面，如图(b)所示	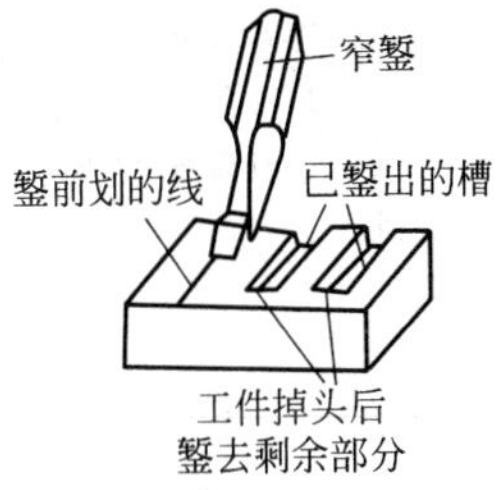 (a) 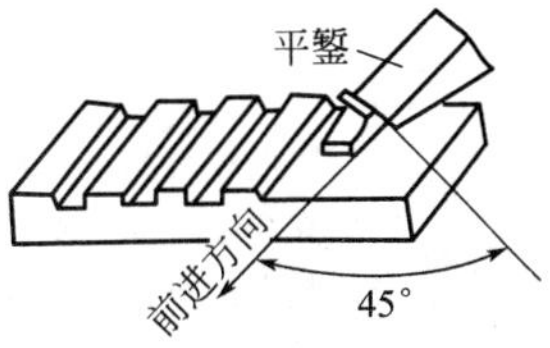 (b)

4. 錾切板料

一般錾切 3mm 以下的板料可夹持在台虎钳上进行；錾切 3mm 以上的板料或曲线时，应在砧铁上进行，其操作方法见表 1-13。

表 1-13　錾切板料的操作要点

序号	名称	操作要点	图示
1	錾切薄板料	錾切厚度在 2mm 左右的金属薄板料时，可以将工件夹在台虎钳上，用平錾沿着钳口，并斜对着板料约 45°，按线自右向左錾切	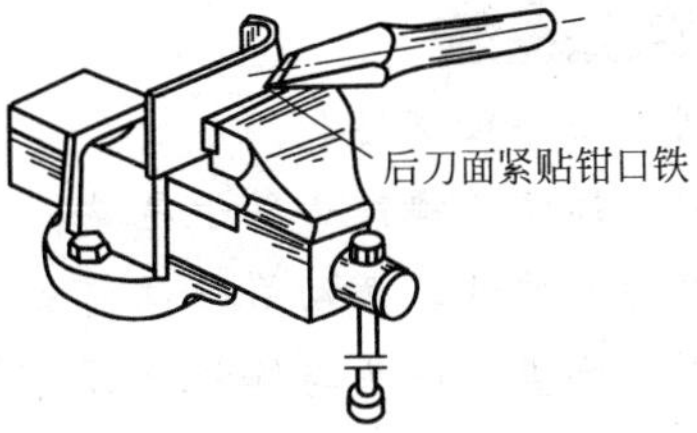 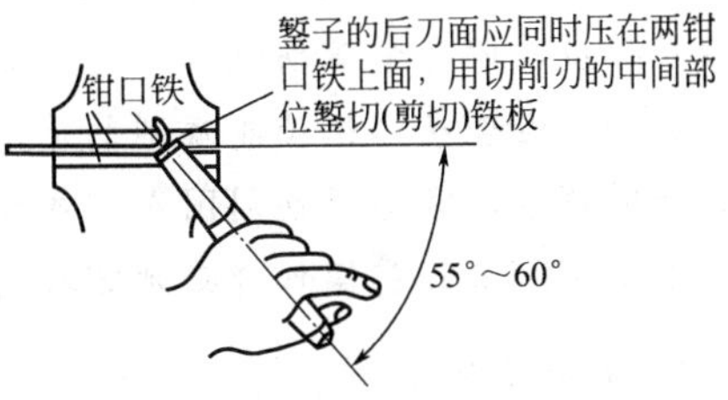

续表

序号	名称	操作要点	图示
2	錾子的使用	使用方法及注意事项见右图 ①先将錾子倾斜放置，见图(a) ②再将錾子放正，一錾压一錾地移动，见图(b) ③平直刃口的錾子錾切易错位，见图(c) ④用圆弧刃，錾痕齐正，见图(d)	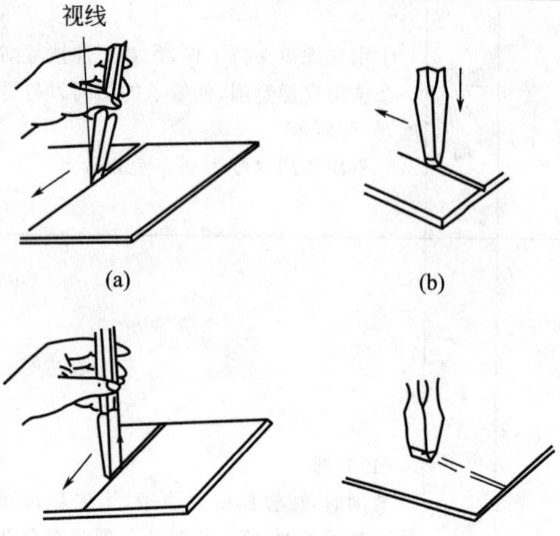
3	錾切厚板料	厚度较大的金属板料，不宜夹在台虎钳上，通常放在铁砧上或平整的板面上錾切。錾切时板料下面垫上衬垫	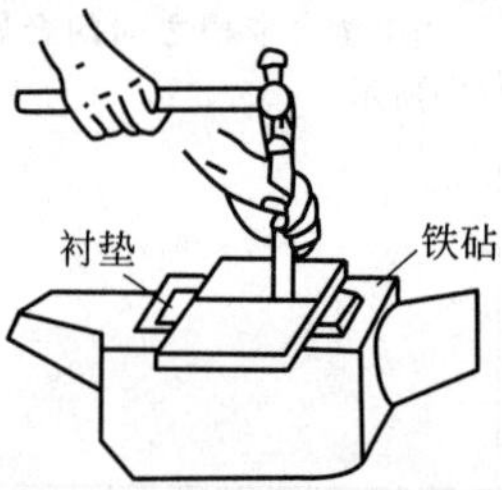
4	錾切形状复杂板料	先将工件在錾切线周围钻出密集小孔，然后再进行錾切，这样可加快錾切速度。扁錾一般用来錾切直线	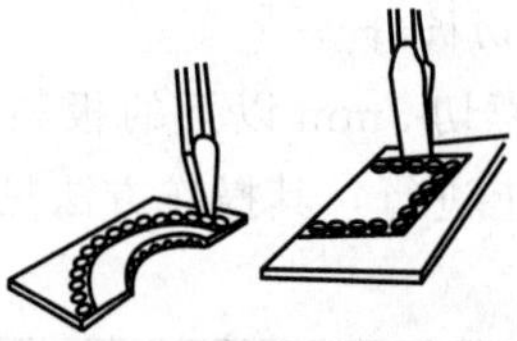

温馨提示

錾削时忌举锤就錾。

錾削是挥动手锤锤击錾子尾端，錾刃对工件进行切削。无论是錾削练习的初学者，还是錾削工件的操作者，挥动第一锤前必须注意如下常识。

首先，检查手锤头与锤柄是否装牢，否则挥锤时锤头可能飞出伤人。

其次，检查工件或练习件在虎钳上是否夹牢，否则錾削时工件落地有可能伤脚。并应戴上防护眼镜，以防錾屑伤眼。

最后，检查在你挥锤能碰到的范围内是否有人及障碍物，特别是检查錾削的前方是否有人，否则挥锤时容易碰伤周围人员或錾屑飞出刺伤前方人员。

这是錾削工作前操作者必须掌握的安全操作技术知识，不能违反。

5. 注意事项

① 工件錾削前必须用台虎钳夹紧，錾削表面一般要高于钳口10mm。

② 钳桌上装防护网。

③ 錾子要经常进行刃磨以保持锋利。

④ 当发现錾子头部有明显的毛刺时，要及时修磨，见图 1-87。

⑤ 当发现锤子木柄松动或损坏时，要立即装牢或更换。

⑥ 必要时操作者可戴防护眼镜。

⑦ 产生的錾屑要及时用刷子清理掉，不可以用嘴吸及用手抹。

⑧ 不宜过度疲劳，否则容易击偏伤手。

⑨ 严格遵守 6S 管理的各项规定。

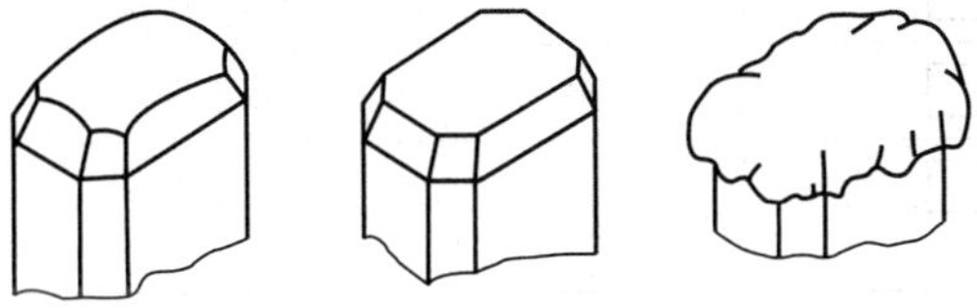

(a) 正确　(b) 错误　(c) 毛刺

图 1-87　錾子头部

【技能训练】錾削长方体

根据表 1-14，练习錾削长方体。

表 1-14　錾削长方体

技能训练名称	錾削长方体
操作技能要求	巩固錾削姿势，提高錾削平面技能，并达到一定的錾削精度
工具、量具、刃具	扁錾、尖錾、锤子、木垫块、软钳口、钢直尺
材料	Q235
技能训练图	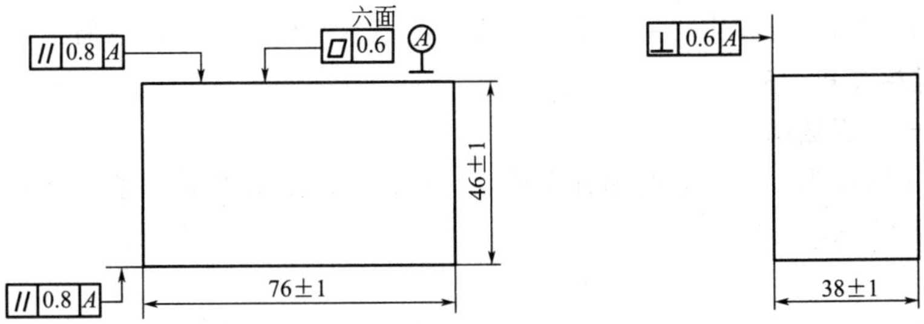

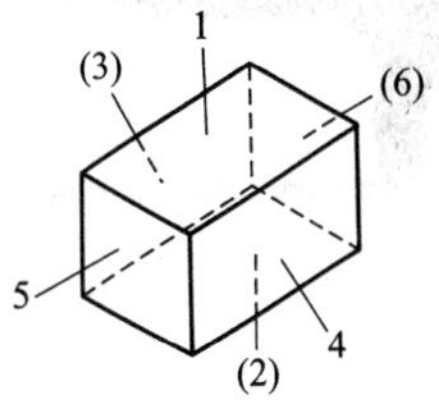

图 1-88　錾削顺序

步骤：

① 检查坯件尺寸。

② 根据毛坯材料选择面，作为第一加工面，即基准 A。粗錾后精錾，达到錾纹整齐，并用钢直尺检查錾削面，直至达到平面度 0.6mm 要求，即可作为六面体的加工基准面。

③ 按照图样要求，划线、錾削。按图 1-88 各面的编号顺序依次錾削，达到技术要求。

④ 复检，修整。

【操作评价】

完成表 1-14 所示技能训练图后，进行质量检测和成绩评定（表 1-15）。

表 1-15 成绩评定（錾削）

成 绩 评 定					
工件号	工位号	姓名		总得分	
项目	质量检测内容	配分/分	评分标准	实测结果	得分
錾削	(76±1)mm	8	超差不得分		
	(38±1)mm	8	超差不得分		
	(46±1)mm	8	超差不得分		
	▱ 0.6	18	超差不得分		
	⊥ 0.6	24	超差不得分		
	// 0.8	9	超差不得分		
	錾削姿势正确	15	目测		
安全文明生产		10	违者不得分		
现场记录					

项目五 锯削工具与工艺

【任务描述】

通过学习，使学生掌握锯削工具正确使用，能进行锯削操作。

【任务分析】

在钳加工过程中，锯削是一种常见的基本操作，是一种粗加工。

【相关知识】

一、手锯结构

手锯由锯弓和锯条两部分组成。锯弓用于安装和张紧锯条，有固定式和可调式两种，如图 1-89 所示。

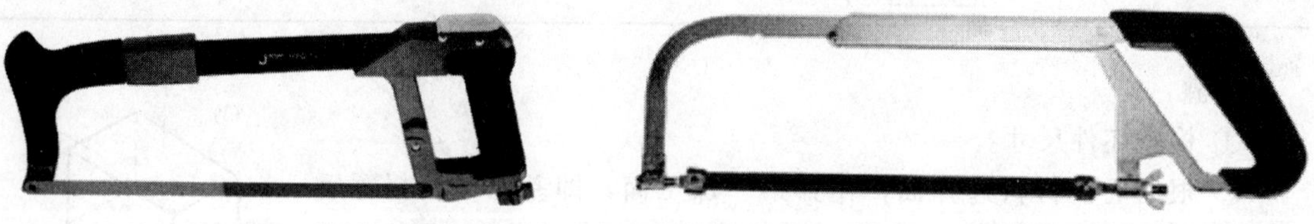

(a) 固定式　　(b) 可调式

图 1-89 锯弓的形式

二、锯条

锯条一般用渗碳软钢冷轧而成，经热处理淬硬。锯条的长度规格是以两端安装孔中心距来表示，有 200mm、250mm、300mm 三种。常用的锯条长度为 300mm，宽为 10～25mm，厚为 0.6～1.25mm，见图 1-90。锯齿角度如图 1-91 所示。

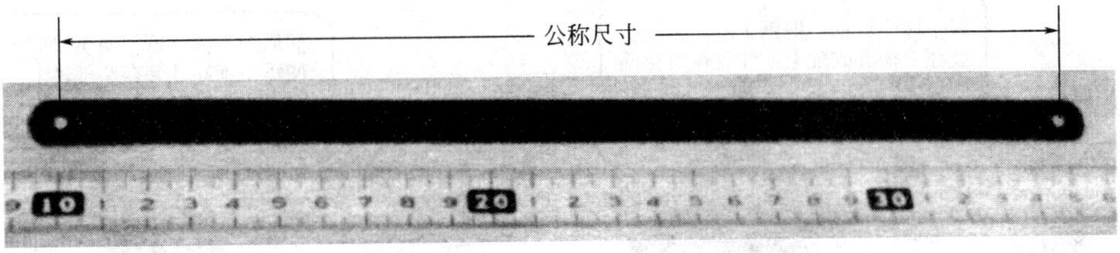

图 1-90　锯条长度

三、工件的夹持

工件一般应夹在台虎钳的左面，距钳口 20mm 左右，这个尺寸掌握情况是：无论推锯还是回锯，手都不应该碰到台虎钳，如伸出太长，工件在锯割时会振动；锯缝线要与钳口侧面保持平行；夹紧既要牢靠，又要避免把工件夹变形和夹坏已加工面，见图 1-92。

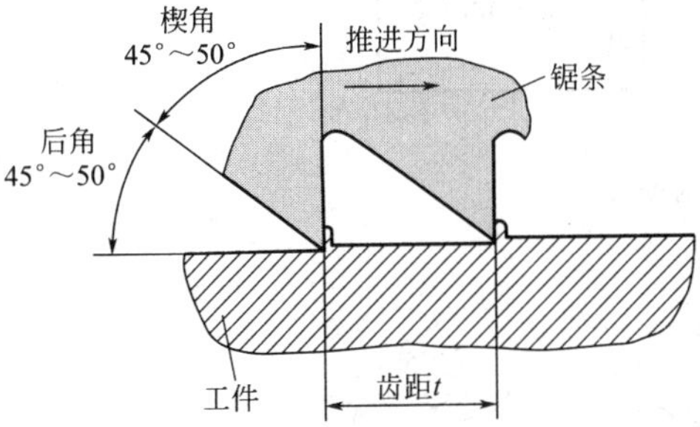

图 1-91　锯齿角度

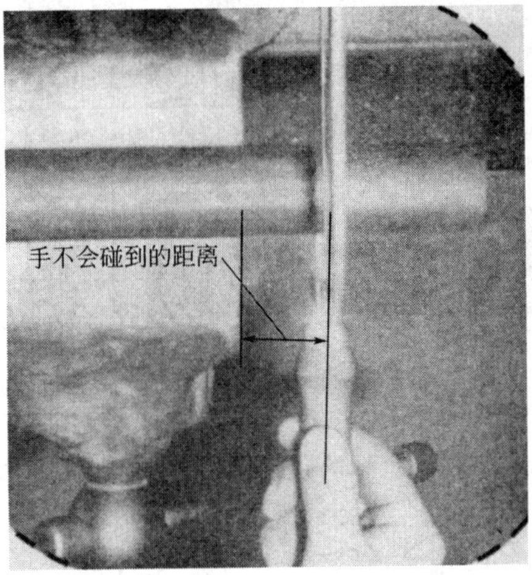

图 1-92　工件的夹持

四、锯条的安装

锯条安装后，要保证锯条平面与锯弓中心平面平行，不得倾斜和扭曲，如图 1-93 所示。

五、手锯的握法

右手满握锯柄，左手轻扶在锯弓前端，如图 1-94 所示。

六、站立位置和姿势

在台虎钳上锯割时，操作者面对台虎钳站在台虎钳中心线左侧，站立位置见图 1-95。前腿微微弯曲，后腿伸直，两肩自然持平，两手握。

七、起锯动作要领

起锯有远起锯［图 1-96(a)］和近起锯［图 1-96(b)］两种。

起锯角约在 15°。起锯角太大，锯齿会被工件棱边卡住引起崩裂（图 1-97）。起锯角太小，起锯往往容易发生偏离，使工件表面锯出许多锯痕。

一般情况下采用远起锯，便于观察锯割线，锯齿不易卡住。锯到槽深有 2～3mm，左手拇指可离开锯条，扶正锯弓，逐渐使锯痕向后（向前）成为水平，进入正常锯割阶段，此时，锯条的全部有效齿都参加锯削。

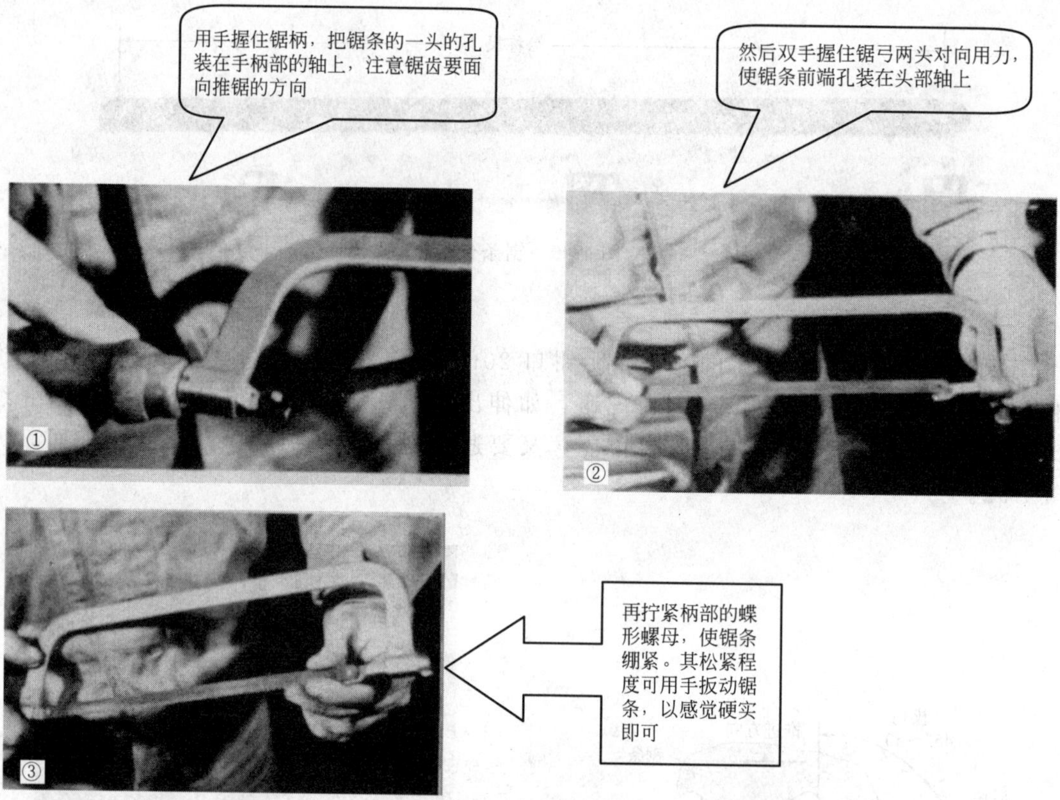
用手握住锯柄，把锯条的一头的孔装在手柄部的轴上，注意锯齿要面向推锯的方向
然后双手握住锯弓两头对向用力，使锯条前端孔装在头部轴上
①
②
③
再拧紧柄部的蝶形螺母，使锯条绷紧。其松紧程度可用手扳动锯条，以感觉硬实即可

图 1-93　锯条的安装

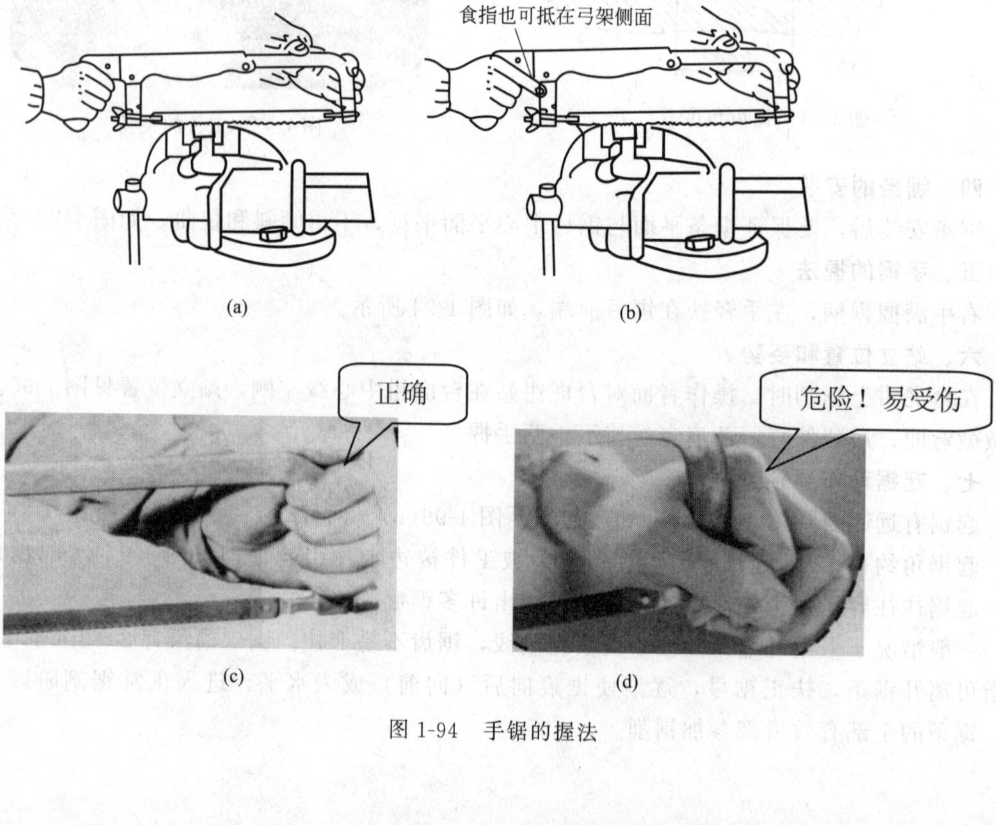
食指也可抵在弓架侧面
(a)
(b)
正确
危险！易受伤
(c)
(d)

图 1-94　手锯的握法

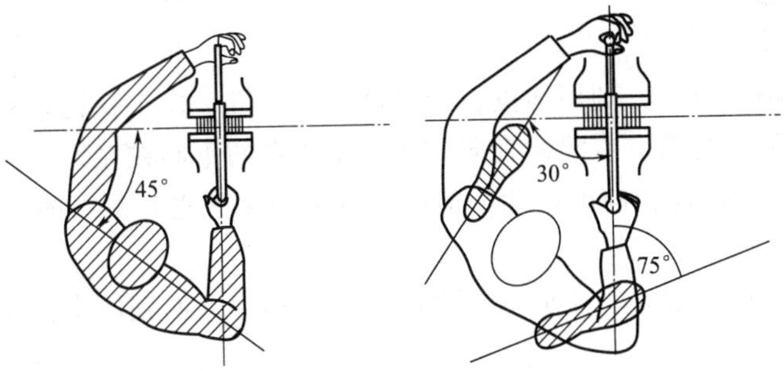
45°
(a)
30°
75°
(b)

图 1-95　站立位置和姿势

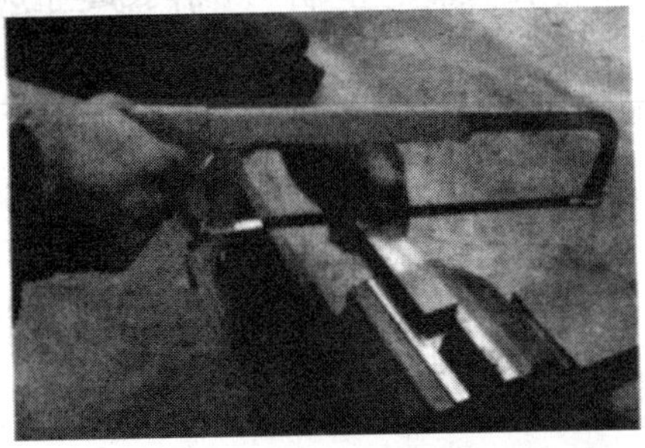

(a) 远起锯

(b) 近起锯

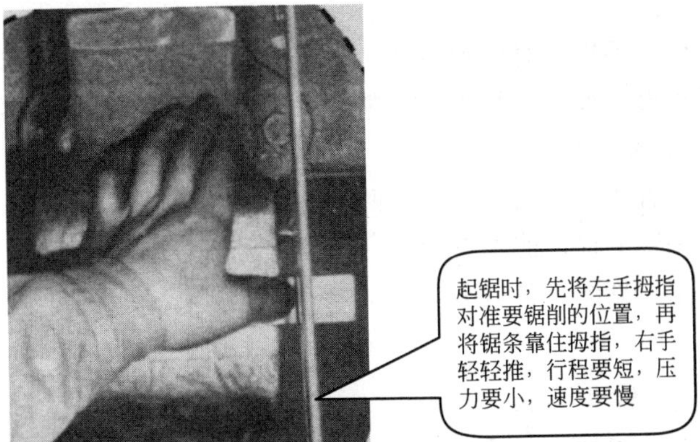
起锯时，先将左手拇指对准要锯削的位置，再将锯条靠住拇指，右手轻轻推，行程要短，压力要小，速度要慢

(c)

图 1-96　起锯动作

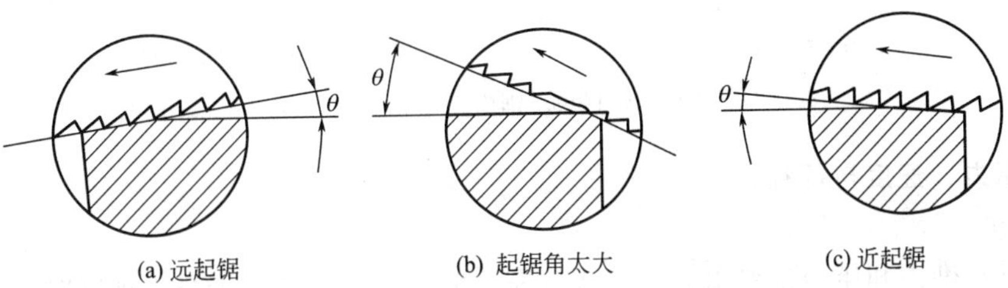
θ
θ
θ

(a) 远起锯　(b) 起锯角太大　(c) 近起锯

图 1-97　起锯方法

八、推锯和回锯

1. 推锯

推锯时，右肘贴在身上，利用体重，用身体一起来推，左手扶锯，右手掌推动锯子向前运动，上身倾斜跟随一起动，右腿伸直向前倾，操作者的重心在左，且左膝弯曲，锯子行至3/4锯子的长度时，身体停止向前运动，但两臂继续把锯子送到头（图1-98）。

2. 回锯

左手要把锯弓略微抬起，右手向后拉动锯子，身体逐渐回到原来位置（图1-98）。

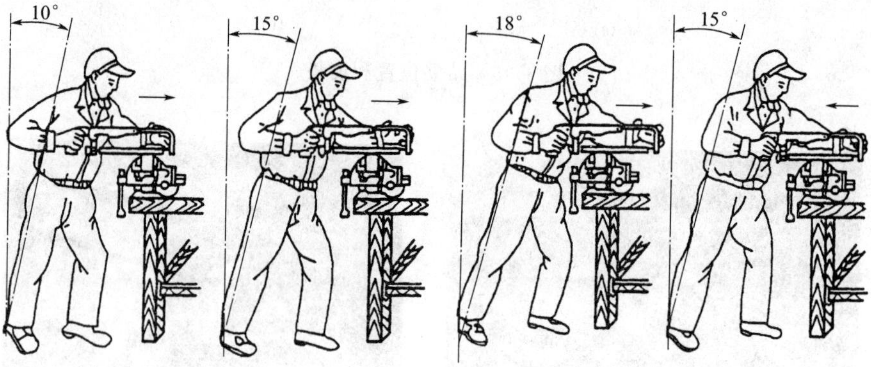

图1-98 推锯和回锯

九、锯削运动形式

1. 直线往复式

推锯时，身体与手锯同时向前运动；回锯时，身体靠锯割反作用力回移，两手臂控制锯条平直运动。对锯缝底面要求平直的锯削，可用此种形式，见图1-99(a)。

2. 小幅度上下摆动式

身体的运动与直线往复式相同，但两手臂的动作不同。推锯时，前手臂上提，后手臂下压；回锯时，后手臂上提，前手自然跟回，使锯弓形成小幅度摆动。此种形式动作自然、不易疲劳，较多采用，见图1-99(b)。

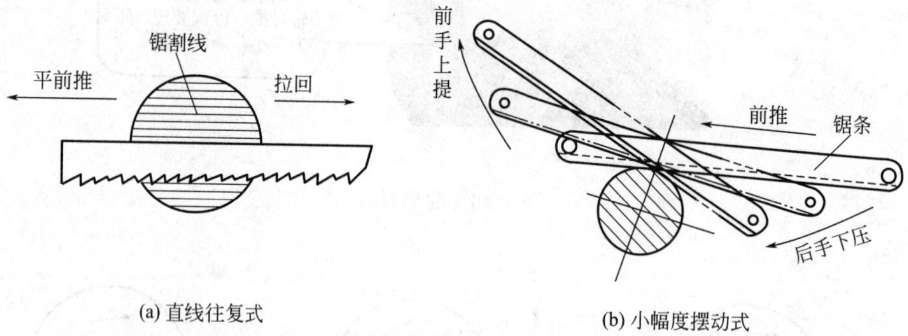

图1-99 锯削运动形式

十、压力、速度与行程

1. 压力

锯削时，推力和压力主要由右手完成。左手的作用是：扶正锯弓；推锯时施加压力；向后回拉时不加压力；工件将要锯断时，压力要小。

2. 锯削速度

工厂里有句俗语“紧拉铁、慢拉钢”，说明锯削硬材料速度应慢些，锯削软材料速度可快些。一般锯削速度控制为 20～40 次/min 为宜。锯削行程应保持速度均匀，返回行程锯的速度比推锯的速度应相对快一些。

3. 行程

一般往复行程应不小于锯条长度的 3/5。

【技能训练】锯削直角块

根据表 1-16，练习锯削直角块。

表 1-16　锯削直角块

技能训练名称	锯削直角块
操作技能要求	锯条安装合理;锯削姿势正确
工具、量具、刃具	划针、样冲、锯弓、钢直尺
材料	HT200,规格:100mm×75mm×75mm
技能训练图	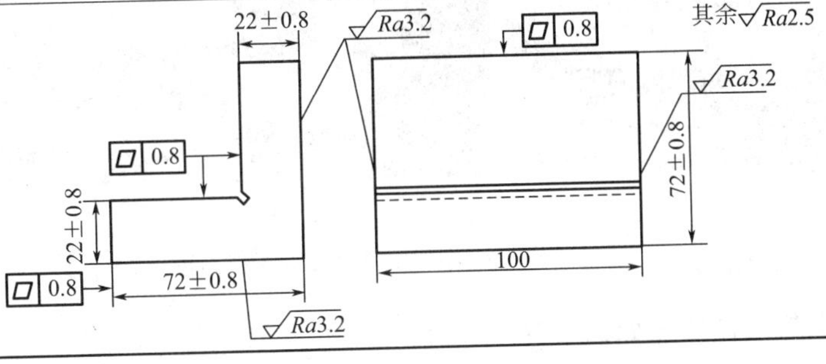

步骤：

① 检查来料尺寸。

② 按图样要求，划两处 72mm、22mm 尺寸的锯削加工线。

③ 按所划加工线，依次锯削加工，保证 72mm、22mm 的尺寸精度。用钢直尺检测各平面度达到 0.80mm。

④ 复检，去毛刺。

【操作评价】

完成表 1-16 技能训练图后，进行质量检测和成绩评定（表 1-17）。

表 1-17　成绩评定（锯削）

成　绩　评　定							
工件号		工位号		姓名		总得分	
项目	质量检测内容			配分/分	评分标准	实测结果	得分
锯削	(22±0.8)mm			24	超差不得分		
	(72±0.8)mm			24	超差不得分		
	▱ 0.8			24	超差不得分		
	锯削姿势正确			12	目测		
	表面粗糙度 $Ra=25\mu m$			6	升高一级不得分		
安全文明生产				10	违者不得分		
现场记录							

项目六 锉削工具及其使用

【任务描述】

通过学习，使学生熟悉锉削的基本操作和了解锉削工艺。

【任务分析】

在钳加工过程中，锉削是一项重要的基本技能，不仅仅是因为锉削可以作为最后的一道加工工序，更因为涉及了锉削工艺的制定，这对培养学生当好钳工思想起到一定的作用。

【相关知识】

一、锉刀握法

将锉刀柄靠在右手掌中央，大拇指握在刀柄的正上方，如图 1-100 所示。

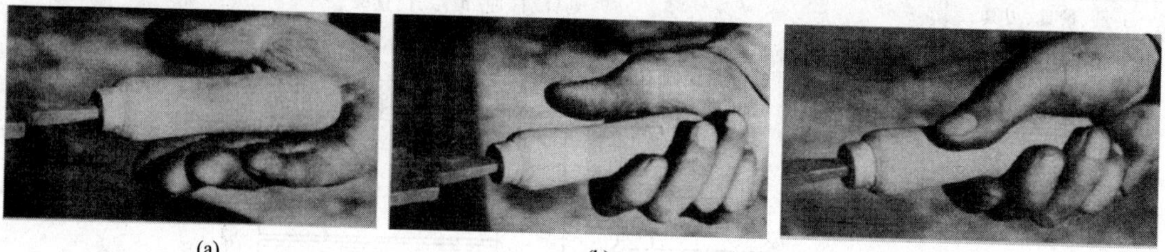

(a) (b) (c)

图 1-100 右手握锉刀的方法

前手的动作要领如图 1-101 所示。

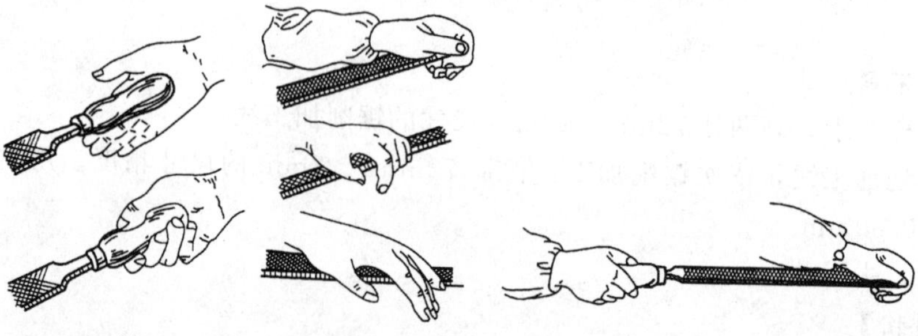

(a) (b) (c)

图 1-101 锉刀的握法

二、锉削动作要领

锉削的动作要领如图 1-102 所示。

① 右臂肘轻轻靠在体侧。

② 使台虎钳中心和右手腕成一直线。

③ 身体重心向着被加工毛坯。

④ 前脚和腰部稍微弯曲。

⑤ 两肩放松。

⑥ 上体向前倾斜，整个身体与锉刀一起向前。

⑦ 使身体水平慢慢复位。

⑧ 锉削力的使用。

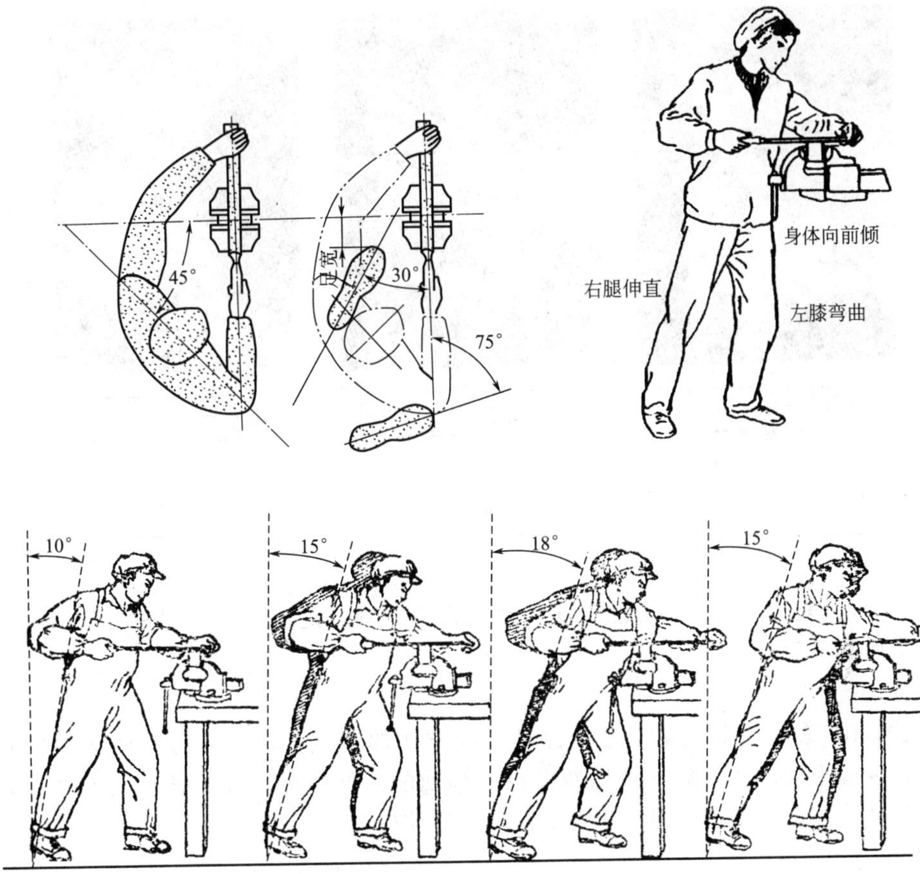

图 1-102　锉削动作要领

要锉出平整的平面，必须在推锉过程中保证锉刀始终保持平直运动。为此，在锉削过程中，两手压力调整变化的情况是：随锉刀的推进，后手压力逐渐增加，前手压力逐渐减小。回锉时，两手不加压力，以减少锉齿的磨损，如图 1-103 所示。

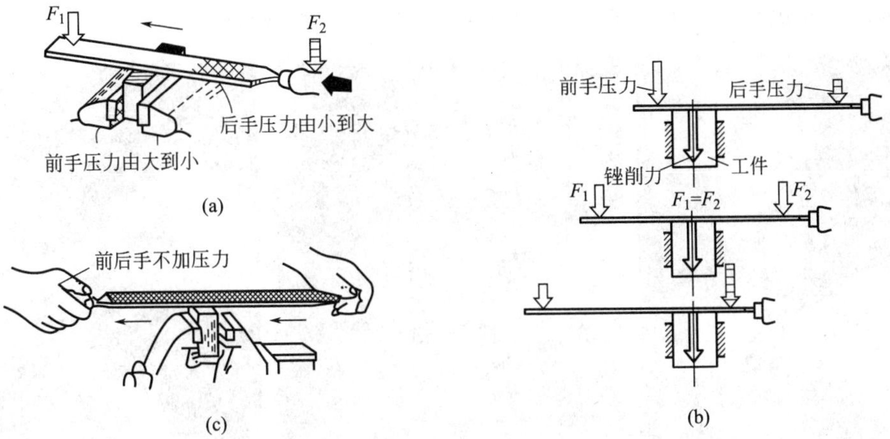

图 1-103　正确的推锉方式

三、平面锉削

平面锉削的三种方式，如图 1-104 所示。

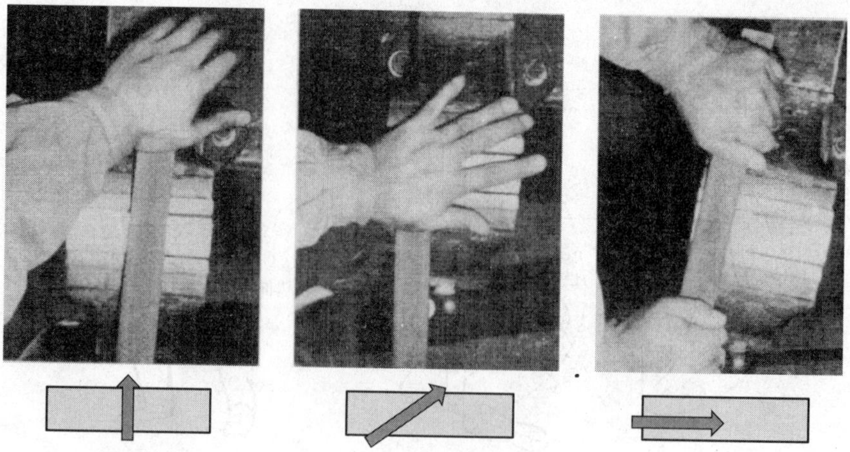

(a) 顺向锉　(b) 交叉锉　(c) 推锉

图 1-104　平面锉削三种方式

1. 顺向锉

图 1-104(a) 表达顺向锉的方法：此种锉削方法的特点是，可以得到正直的刀痕，它适用不大的平面和最后的锉光。

2. 交叉锉

图 1-104(b) 表达交叉锉的方法：此种锉削方法的特点是，锉刀与工件接触的面积较大，锉刀易掌握平稳，从刀痕上可以判断出锉削面的高低情况，容易把平面锉平，去屑较快，适用于平面的粗锉。为使刀痕正直，锉削完成前应改用顺向锉。

3. 推锉

图 1-104(c) 表达推锉的方法：此种锉削方法适用于加工余量较小的场合，修正和减少表面粗糙度，也可用来锉削狭长平面。

本次锉削加工，可选用 250mm 粗板锉加工，开始可用交叉锉的方法，最后可用顺向锉的方法，使锉纹平行于工件长度方向。

锉纹被堵塞时，无论使用多大力，锉刀只有打滑，如果感到锉刀有点打滑，或手上有这样的感觉，不要犹豫，赶快清理，图 1-105 所展现的是几种清理方式。

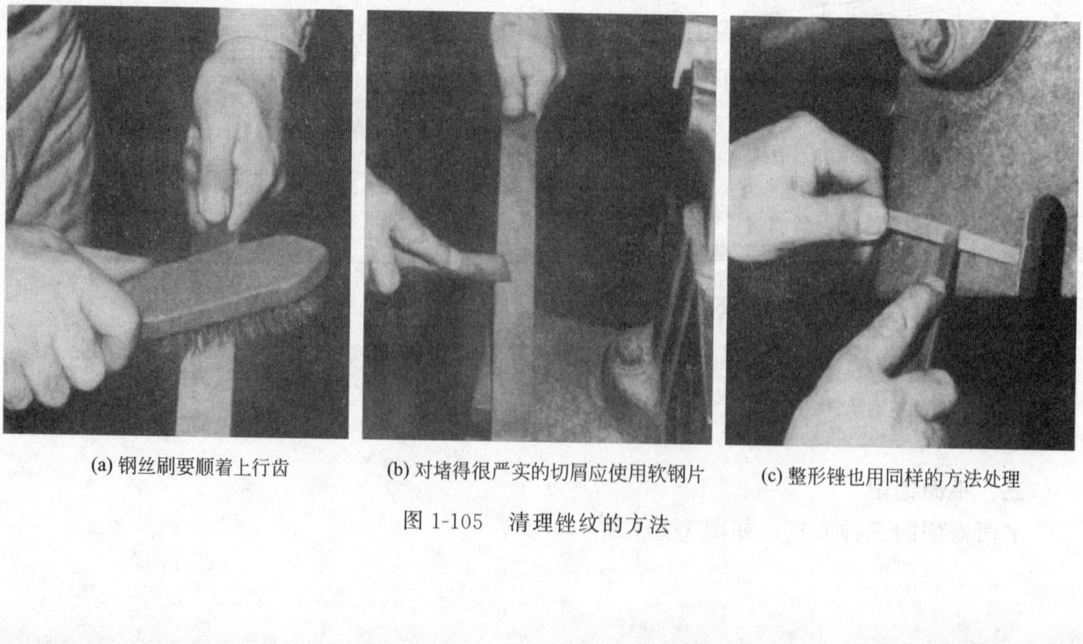

(a) 钢丝刷要顺着上行齿　(b) 对堵得很严实的切屑应使用软钢片　(c) 整形锉也用同样的方法处理

图 1-105　清理锉纹的方法

四、刀口直角尺、塞尺法检验平面度

把刀口放在工件表面上，找到透光最大处，试着塞塞尺，根据能塞进的塞尺厚度尺寸确定平面度，如图 1-106 所示。

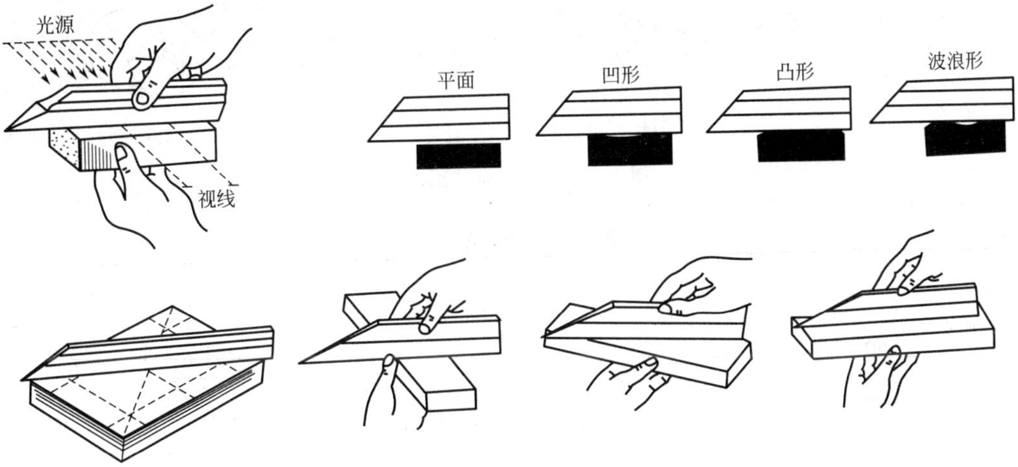

图 1-106 检测直线度

五、内曲面加工

1. 通孔的锉削方法

① 用平锉刀锉削较大的方孔，如图 1-107(a) 所示。

② 用圆锉刀锉削圆孔，如图 1-107(b) 所示。

③ 用三角锉刀锉削三角形孔，如图 1-107(c) 所示。

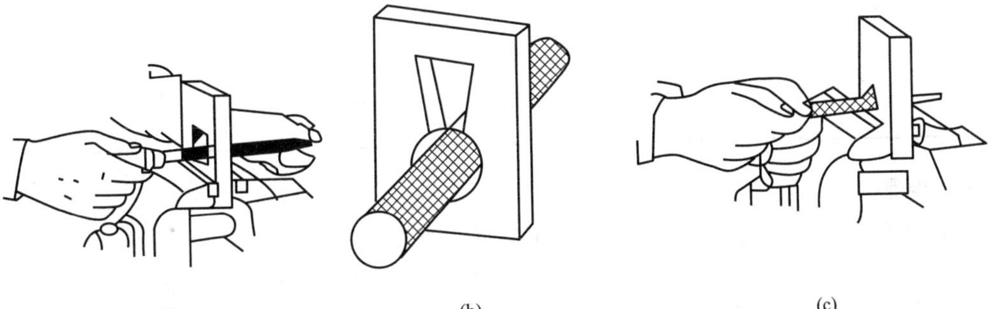

图 1-107 通孔的锉削方法

2. 曲面的锉削方法

① 一般选用圆锉或半圆锉。

② 推锉时，锉刀向前运动的同时，锉刀还沿内曲面作向左或向右的移动，手腕还作同步的转动动作。

③ 回锉时，两手将锉刀稍微提起放回原来的位置（图 1-108）。

【技能训练】

根据表 1-18，练习锉削正方体。

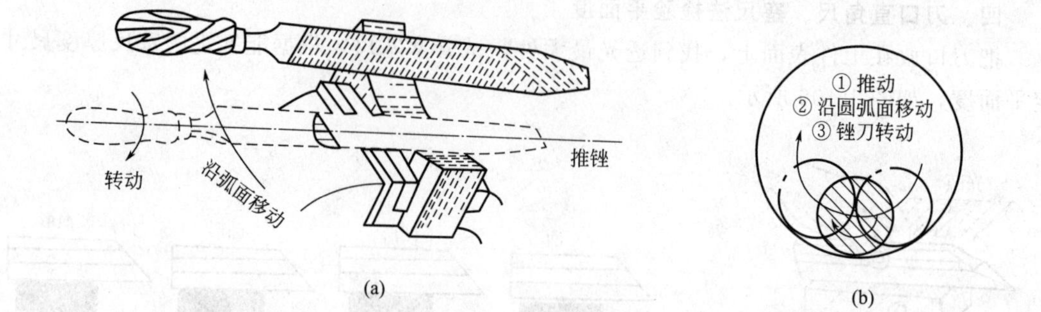

图 1-108　内曲面锉削方法

表 1-18　锉削正方体

技能训练名称		锉削正方体	
操作技能要求	掌握正方体的锉削技能和测量方法	技能训练图	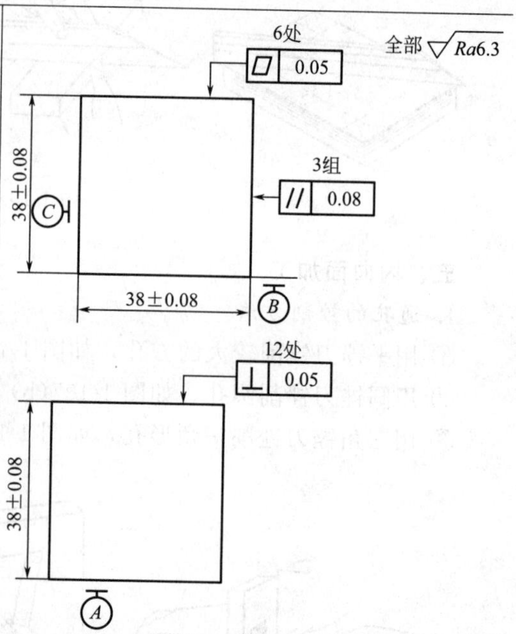
工具、量具、刃具及材料	锯弓、锯条、划针、样冲、平锉、软钳口、锉刀刷、钢直尺 游标高度尺、25～50mm千分尺、游标卡尺、90°角尺、刀口形直尺、规格为42mm×42mm×42mm		

一、步骤

① 锉削基准面 *A*，达到平面度、表面粗糙度要求。

② 锉 *A* 面对应面，达到平面度、平行度、尺寸公差、表面粗糙度要求。

③ 锉削 *B* 面并与 *A* 面垂直，达到平行度、垂直度、表面粗糙度要求。

④ 锉削 *B* 面对应面，达到平行度、平面度、尺寸公差、表面粗糙度要求。

⑤ 锉削 *C* 面，达到平面度、垂直度、表面粗糙度要求。

⑥ 锉削 *C* 面对应面，达到平面度、平行度、尺寸公差、表面粗糙度要求。

⑦ 复检，并做必要的修正，去毛刺。

二、注意事项

用千分尺测量平面间的尺寸，应在工件四角和中间共测五点，读取工件测量尺寸，了解工件平面平整情况，以便加工时控制尺寸，防止尺寸超差。

【操作评价】

完成表 1-18 所示技能训练图后，进行质量检测和成绩评定（表 1-19）。

表 1-19 成绩评定（锉削）

<table>
<tr><td colspan="8">成 绩 评 定</td></tr>
<tr><td>工件号</td><td></td><td>座号</td><td></td><td>姓名</td><td></td><td>总得分</td><td></td></tr>
<tr><td>项目</td><td colspan="3">质量检测内容</td><td>配分/分</td><td>评分标准</td><td>实测结果</td><td>得分</td></tr>
<tr><td rowspan="5">锉削</td><td colspan="3">(38±0.08)mm(3 组)</td><td>24</td><td>超差不得分</td><td></td><td></td></tr>
<tr><td colspan="3">▱ 0.05</td><td>12</td><td>超差不得分</td><td></td><td></td></tr>
<tr><td colspan="3">⊥ 0.05</td><td>24</td><td>超差不得分</td><td></td><td></td></tr>
<tr><td colspan="3">// 0.08</td><td>18</td><td>超差不得分</td><td></td><td></td></tr>
<tr><td colspan="3">表面粗糙度 $Ra=6.3\mu m$</td><td>12</td><td>升高一级不得分</td><td></td><td></td></tr>
<tr><td colspan="4">安全文明生产</td><td>10</td><td>违者不得分</td><td></td><td></td></tr>
<tr><td colspan="8">现场记录</td></tr>
</table>

项目七 综合训练：錾口锤头制作

錾口锤头加工图纸如图 1-109 所示。加工出来的实物图形如图 1-110 所示。

一、工艺分析

本工件是一錾口锤头，来料是一 ϕ30mm 的棒料，来料检查完毕后，首先应将棒料加工成 115mm×22mm×20mm 的长方体。先加工 115mm×20mm 的 A 平面，使其平面度达到 0.04mm 的要求，再加工 A 平面的对面，达到与 A 平面 0.04mm 的平行度，然后加工 A 平面的两侧面，满足垂直度 0.04mm 的要求。最后加工两端面，满足垂直度要求。在加工好的平面上按图纸要求进行划线，加工斜平面、圆弧部分和后端面，进行钻孔，最后锉光修正交出。

本次加工中，涉及划线、锯削、锉削、钻孔等钳工技能。

二、工艺卡片

工艺卡片如表 1-20 所示。

表 1-20 工艺卡片

<table>
<tr><td colspan="9">加工工艺步骤</td></tr>
<tr><td>序号</td><td>工步名称</td><td>设备名称</td><td>设备型号</td><td>工具编号</td><td>工具名称</td><td>工序内容</td><td>单位工时</td><td>备注</td></tr>
<tr><td>1</td><td>检查</td><td rowspan="7">台虎钳、钻床</td><td rowspan="7">Z516-1 台钻</td><td></td><td>锉刀、游标卡尺</td><td>按图样检查来料尺寸，并去除锐角毛边</td><td></td><td></td></tr>
<tr><td>2</td><td>划线</td><td></td><td>划线平台、V 形铁、高度游标卡尺</td><td>将棒料放在 V 形铁上，涂上蓝油，用高度游标卡尺划出 A 面加工线，四面划出</td><td></td><td></td></tr>
<tr><td>3</td><td>锯削</td><td></td><td>手锯</td><td>锯出 A 面</td><td></td><td></td></tr>
<tr><td>4</td><td>锉削</td><td></td><td>250mm 平板锉百分表</td><td>锉削 A 面，平面度达到 0.04mm</td><td></td><td></td></tr>
<tr><td>5</td><td>划线</td><td></td><td>划线平台、高度游标卡尺</td><td>将棒料 A 面放在平台上，划出 A 面的对面</td><td></td><td></td></tr>
<tr><td>6</td><td>锯削</td><td></td><td>手锯</td><td>锯出 A 面的对面</td><td></td><td></td></tr>
<tr><td>7</td><td>锉削</td><td></td><td>250mm 平板锉、百分表、游标卡尺</td><td>锉削 A 面对面，平行度达到 0.04mm</td><td></td><td></td></tr>
</table>

续表

加工工艺步骤								
序号	工步名称	设备名称	设备型号	工具编号	工具名称	工序内容	单位工时	备注
8	划线	台虎钳、钻床	Z516-1 台钻		划线平台、V形铁、高度游标卡尺	将棒料放在V形铁上，用高度游标卡尺划出 B 面加工线，四面划出		
9	锯削				手锯	锯出 B 面		
10	锉削				250mm平板锉百分表	锉削 B 面，与 A 面的垂直度达到0.04mm		
11	划线				划线平台、高度游标卡尺	将棒料 B 面放在平台上，划出 B 面的对面，四面划出		
12	锉削				250mm平板锉、百分表、游标卡尺、直角尺	锉削 B 面对面，与 A 面的垂直度达到0.04mm		
13	划线				划线平台、高度游标卡尺、样冲	划出孔加工线		
14	锯削				手锯	锯削斜平面		
15	锉削				250mm平板锉、圆锉	锉削斜平面和圆弧面		
16	钻孔				钻头、平口台虎钳	钻出柄孔		
17	锉削				250mm平板锉	倒角、修光		
编制		审核		批准		会签	编制日期	

【操作评价】

完成工作总结与评价，如表1-21所示。

表1-21 工作总结与评价

项目	自我评价			小组评价			教师评价		
	10～9分	8～6分	5～1分	10～9分	8～6分	5～1分	10～9分	8～6分	5～1分
	占总评10%			占总评30%			占总评60%		
划线									
锯削									
锉削									
协作精神									
纪律观念									
表达能力									
工作态度									
总体表现									
小计									
总评									
企业人员评语									

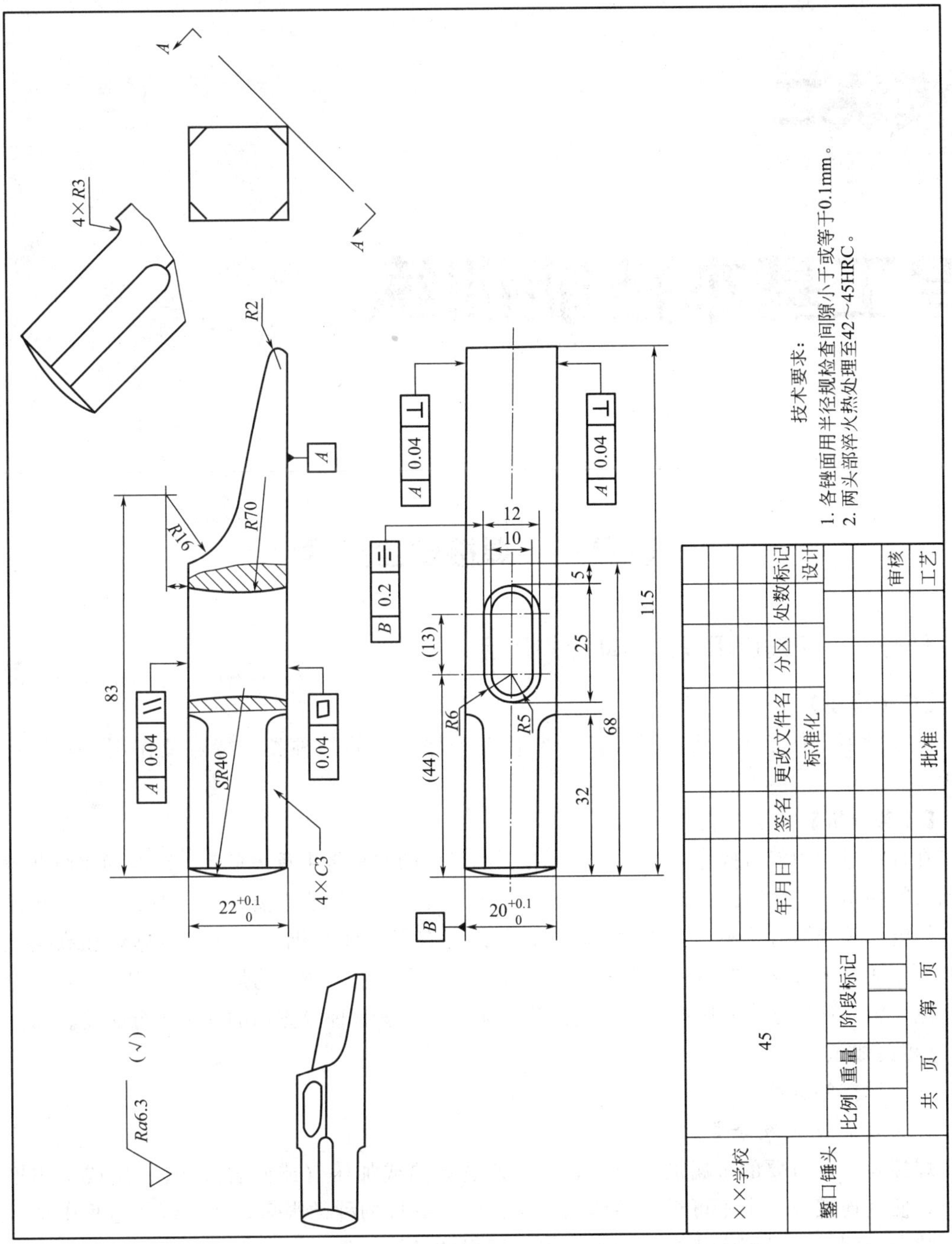

图 1-109 錾口锤头零件图

图 1-110 锤头

模块二

焊工基本技能训练

项目一　焊接安全技术

任务一　正确使用焊工劳动保护用品

【任务描述】

通过学习，使学生熟悉焊接生产中常用劳动保护用品的种类、特点及作用，并能正确使用。

【任务分析】

在焊接过程中能对操作者本人及他人和周围设施的安全带来重大危害，因此国家将此类作业列入特种作业的范畴，金属焊接（气割）作业人员为特种作业人员。生产中的安全隐患主要包括触电、弧光辐射、噪声、高频电磁场、射线、有毒气体与烟尘、火灾与爆炸和高空坠落等。为保证焊工的身体健康和生命安全，因此学习安全用电、防火防爆基础知识、各项安全操作规范、压力管道抢险操作规范、劳动卫生与防护、安全管理等方面的知识十分必要。

【相关知识】

一、焊接的介绍

1. 焊接的定义及分类

焊接是一种重要的金属加工方法，它是通过加热或加压（或两者并用）、用或不用填充金属，使其连接成一个不可拆卸整体的加工方法。焊接的种类很多，按照焊接过程中金属所处的状态不同，可以把焊接方法分为熔焊、压焊和钎焊三类。

熔化焊简称熔焊，它是将待焊处的母材金属熔化以形成焊缝的焊接方法。压焊是指在焊接过程中，必须对焊接件施加压力（加热或不加热）以完成焊接的方法。钎焊是指采用比母材熔点低的金属材料作为钎料，将钎料加热到高于钎料熔点、低于母材熔化温度，使钎料熔化（焊件不熔化）后润湿并填满母材连接的间隙，并与母材相互扩散实现连接焊件的方法。

2. 焊接技术的特点

焊接与其他金属加工工艺相比，具有节省金属材料，减小结构的质量；结构强度高，产品质量好；生产效率高；能化大为小，由小拼大等优点。但是，焊接也有一些缺点：如产生焊接应力与变形，而焊接应力会削弱结构的承载能力，焊接变形会影响结构形状和尺寸精度。焊缝中还会存在一定数量的缺陷，焊接中还会产生有毒有害的物质等。这些都是焊接过程中需要注意的问题。

二、焊工个人劳动保护用品

为了防止焊接作业时有害因素对焊工身体健康产生的不良影响，焊工在操作时必须穿戴好个人劳动防护用品。

1. 工作服

焊工从事焊接作业时，应穿戴特殊的工作服。焊接工作服的种类很多，最常用的是白色棉帆布工作服。棉帆布有隔热、耐磨、不易燃烧等特点，可防止烧伤，白色对弧光有反射作用。在全位置焊接时，应配有皮制工作服。在仰焊位焊接时，为防止火星、熔渣从高处溅落到头部和肩上，焊工在颈部应围毛巾，穿用防燃材料制作的披肩等，如图 2-1 所示。工作服的上衣应遮住腰部，裤子应遮住鞋面。同时，工作服穿戴时不应潮湿、破损和沾有油污。

2. 工作鞋

焊工工作鞋应具有绝缘、抗热、不易燃、耐磨损和防滑的性能，鞋底不应有铁钉，并经耐压 5000V 的试验合格（不击穿）后方能使用，如图 2-2 所示。在有积水的地面焊接、切割作业时，焊工应穿经过 6000V 耐压试验合格的防水橡胶鞋。

图 2-1 披肩

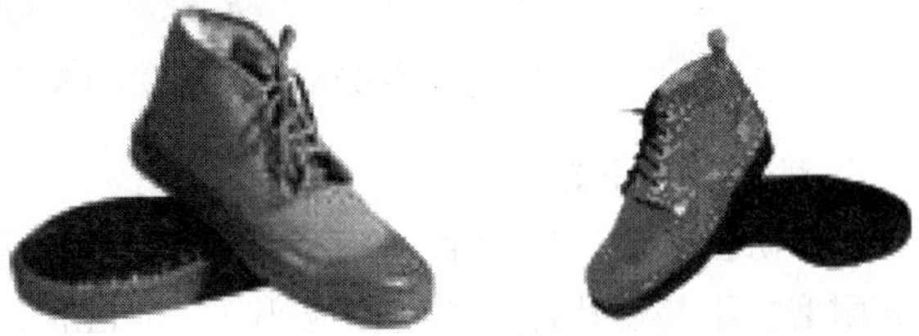

(a) (b)

图 2-2 绝缘鞋

3. 防护面罩

电焊防护面罩的作用是焊接时防止弧光和火花烫伤面部及眼睛，因此，面罩壳体应选用阻燃或不燃的不刺激皮肤的绝缘材料制成，结构牢靠，无漏光，应能遮住脸面和耳部。常见的防护面罩有手持式、头盔式和全护连肩式几种，如图 2-3 所示。防护面罩上还要有合乎作业条件的护目遮光镜片（图 2-4），起防止焊接弧损伤、保护眼睛的作用。镜片颜色以墨绿色和橙色为多。

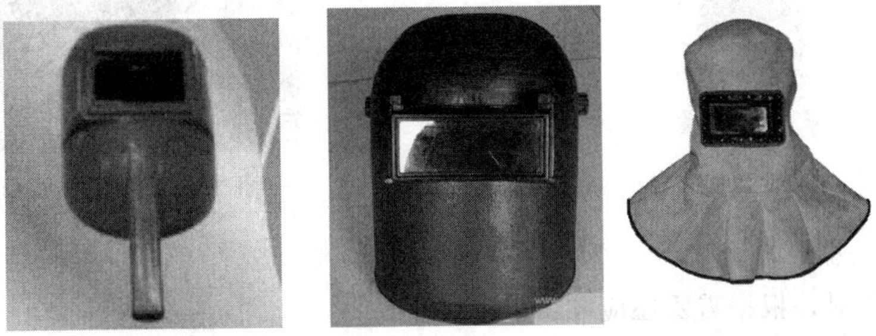

(a) 手持式 (b) 头盔式 (c) 全护连肩式

图 2-3 面罩

4. 护目遮光镜片

护目遮光镜如图 2-4 所示，它能防止弧光及有害射线损伤焊工的眼睛，并能使焊工清楚地看到作业位置进行正常操作。为防止护目玻璃被焊接飞溅损坏，可在外边加上无色透明的防护白玻璃。清渣时，为防止熔渣损伤眼睛，必须佩戴平光眼镜，如图 2-5 所示。

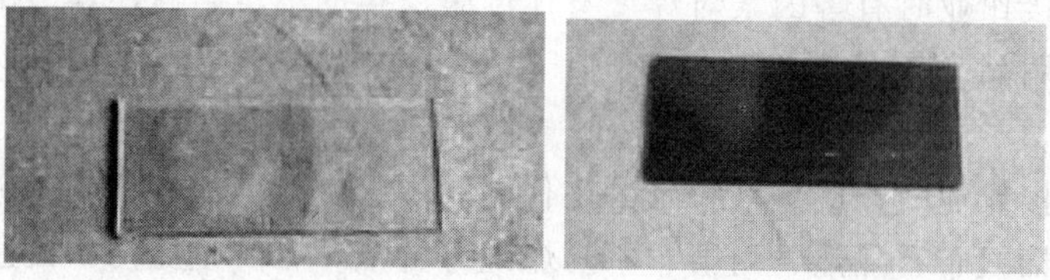

(a) 防护白玻璃片　　(b) 有色防护玻璃片

图 2-4　护目遮光镜片

图 2-5　白光透明眼镜

5. 焊工防护手套

焊工防护手套一般为牛（猪）革制手套或以棉帆布和皮革合成材料制成，具有绝缘、抗热、耐磨、不易燃特性，长度不应小于 300mm，可起到防止高温金属飞溅物损伤等作用，如图 2-6、图 2-7 所示。在可能导电的焊接场所工作时，所用手套应经 3000V 耐压试验，合格后方能使用。

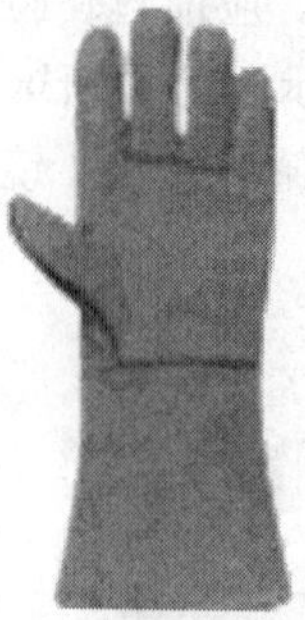

图 2-6　绝缘皮手套

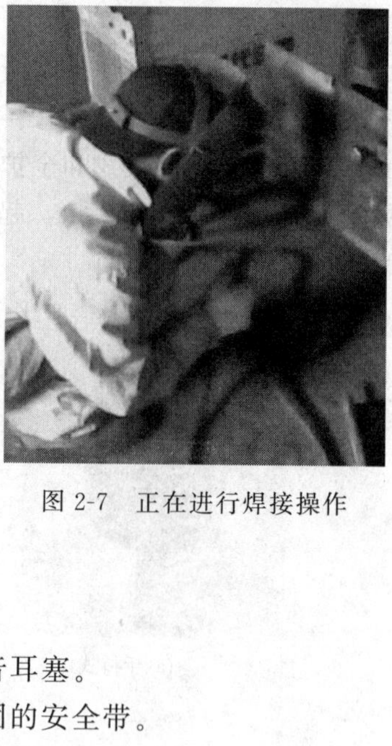

图 2-7　正在进行焊接操作

6. 其他劳动保护用品

焊工在操作时，根据需要还应准备以下用品。

① 耳塞。焊工在噪声强烈的场所作业，可采用隔音耳塞。

② 安全带。焊工在登高作业时，应使用结实、牢固的安全带。

焊接车间也应做好屏蔽、通风及防止噪声等有效防护措施，以消除或减少弧光辐射、金属烟尘、噪声等带给焊工的危害。

【技能训练】

① 正确穿戴工作服。穿工作服时要把衣领和袖口扣好，上衣不应扎在工作裤里边。工作服不应有破损、孔洞和缝隙，不得粘有油污。

② 正确挑选和安装护目遮光镜片以及气焊、气割所需的防护眼镜。

③ 焊工防护手套和防护鞋不应潮湿和破损。

④ 佩戴耳塞时，要将塞帽部分轻轻推入外耳道内，使其和耳道贴合即可，不要用力太猛和塞得太紧。

温馨提示

① 电焊作业要严格遵守电气安全技术规程。除电焊机二次线路外，电焊工不许操作其他电气线路。

② 焊接工作前，先检查焊机和工具是否安全可靠。焊机外壳应接地，焊机各接线点接触应良好，焊接电缆的绝缘应无破损。

③ 施焊前应佩戴齐全防护用品。面罩应严密不漏光；清焊渣时，必须佩戴防护镜或防护罩。防止飞溅物伤眼。

④ 电焊工的手和身体外露部分不得接触二次回路。特别是身体和衣服潮湿时，更不准接触焊件和其他带电体。焊机空载电压较高或在潮湿地点施焊时，应在操作点地面铺绝缘材质垫板。

⑤ 推拉闸刀开关时，必须戴皮手套，同时头部应偏斜，以防电弧火花灼伤脸部。

⑥ 焊接操作应注意电传导和热传导作业，避免电火花和高温引起火灾。

⑦ 焊接地点周围 5m 内，须清除一切可燃易爆物品，否则，应采取防护措施。

【操作评价】

完成表 2-1 所示能力评价。

表 2-1 能力评价（焊接和劳保）

内容		小组评价	教师评价
学习目标	评价项目		
应知应会	能正确佩戴个人防护用品		
	正确认识焊接技术		
专业能力	基本技能掌握程度		
素质能力	学习认真，态度端正		
	能相互指导帮助		
	服从与创新意识		
	实施过程中的问题及解决情况		

任务二 焊接安全操作检查

【任务描述】

通过学习，学生能牢记焊接实训场的安全操作规程，并严格执行；能对焊接、切割场地、设备及工装夹具进行安全检查，并达到技术要求。

【任务分析】

焊接过程常用电能或化学能转化为热能来加热焊件，一旦对这些能源失去控制，就会发生爆炸、火灾等事故，甚至人员伤亡。国家安全生产监督管理局《关于特种作业人员安全技术培训考核工作的意见》中明确规定：为确保焊工的安全与健康，除加强个人防护外，还必须严格执行焊接安全规程，最大限度地避免安全事故。因此，焊接前一定要对工作场地和设备进行安全检查。

【相关知识】

一、焊接实训场地安全操作规程

① 进入焊接实训现场，必须佩戴劳动保护。焊接实训教师和受训员必须将手套、防护镜、工作帽、绝缘鞋佩戴齐全方可进入工位进行实训操作。

② 规范合理使用焊接、切割、切板等设备。启动焊机前应该检查电焊机和空气开关外壳接地是否良好。

③ 焊接设备与网线接通后，人体不能接触带电部分，如需检修须切断电流后方可进行。

④ 焊接电线必须有良好的绝缘保障。切勿将导线放在电弧附近或正在施焊的焊件上，以免受高热烧坏绝缘。

⑤ 焊接操作时应配有特殊护目玻璃的专用面罩。焊钳手柄应有良好绝缘。

⑥ 敲打焊缝药皮，打磨砂轮，使用无齿锯时，应戴好防护眼镜。

⑦ 更换焊条时，不应将身体接触通电的焊件。

⑧ 做好防火、防爆工作。切割间的氧气、乙炔必须分开保管，使用专人负责。灭火器材应指定专人保管，放置指定位置，确保使用及时。

⑨ 焊接结束时，应将焊钳放在安全的地方，打扫卫生、关闭电源、清理现场。自觉做到人走、料净、场地清。

⑩ 遇到人员触电，不可赤手施救，应先迅速将电源切断，或用木棍等绝缘物将电线从触电人员身上挑开。如触电者呈现昏迷状态，应立即实行人工呼吸，尽快送医院抢救。

二、焊接实训场地的消防措施

① 电焊设备着火时，首先要拉闸断电，然后再扑救。在未断电之前，不能用水或泡沫灭火器灭火，否则容易触电伤人。应当用干粉灭火器、二氧化碳灭火器、四氯化碳灭火器或1211 灭火器扑救。

② 乙炔发生器着火时，应先关闭出气阀门，停止供气，并使电石与水脱离接触。可用二氧化碳灭火器或干粉灭火器扑救，禁止用四氯化碳灭火器、泡沫灭火器或水灭火。采用四氯化碳灭火器扑救乙炔着火，不仅有发生爆炸的危险，而且会产生剧毒气体。

③ 液化石油气瓶在使用或储运过程中，如果瓶阀泄漏而又无法制止时，应立即把瓶体移至室外安全地带，让其气体逸出，直到瓶内气体排净为止。同时在气态石油气扩散所及的整个范围内，禁止出现任何火源。如果瓶阀漏气着火，应立即关闭瓶阀，若无法靠近时，应立即用大量冷水喷注，使气瓶降温，抑制瓶内升压和蒸发，然后关闭瓶阀，切断气源灭火。

④ 乙炔瓶着火时，应迅速关闭乙炔阀门，停止供气，使火自行熄灭。如邻近建筑物或可燃物失火，应尽快将乙炔瓶转移到安全地点，防止其受火场高热影响而爆炸。

【技能训练】

一、焊接实训场地的安全性检查

① 检查焊接场地是否保持必要的通道，是否有良好的通风排烟设施。

② 检查焊接作业点的电源设备、工具等排列是否整齐。

③ 检查焊接电缆线有无相互缠绕，如果有相互缠绕，必须分开。

④ 检查焊接作业点的地面是否干燥，光线是否够用。

二、焊接设备及工夹具的安全性检查

① 检查电源接地的可靠性。

② 检查焊机的噪声和振动情况。

③ 检查焊接电流调节装置的可靠性和准确性。

④ 检查是否有绝缘烧损，焊钳、夹具是否完好等。

⑤ 检查是否短路，焊钳是否放在被焊工件和工位架上。

⑥ 工具袋、保温桶等应完好无损，常用的锤子、清渣铲、钢丝刷等工具应连接牢固。

⑦ 夹具上的螺钉是否转动灵活，若已经生锈应除锈、润滑，防止使用中失去作用。

温馨提示

① 焊接操作前对作业点进行安全检查，不得有遗漏。

② 焊接工人属于特种作业人员。根据国家标准规定，焊接、切割作业人员在独立上岗前，必须进行专门的安全技术理论和实际操作培训、考核。考核合格取得上岗证后，方能独立作业，严禁无证上岗。

③ 焊接作业处在干燥环境时，安全电压为 36V。如果在潮湿、独立狭小的作业空间，安全电压应控制在 12V 以下。

【操作评价】

完成表 2-2 所示能力评价。

表 2-2　能力评价（焊接和消防）

内　　容		小组评价	教师评价
学习目标	评价项目		
应知应会	掌握焊接实训场地安全操作规程		
	掌握必要的消防常识		
专业能力	正确执行安全技术操作规程		
素质能力	学习认真，态度端正		
	能相互指导帮助		
	安全文明生产		
	服从与创新意识		
	实施过程中的问题及解决情况		

项目二　电弧焊的基础知识

任务一　认识焊接接头与焊缝

【任务描述】

通过学习，使学生正确认识电弧焊的焊接接头、坡口及焊缝形式，并能准确设计出不同类型的接头。

【任务分析】

用焊接的方法连接的接头就是焊接接头，简称接头。焊接接头是焊接结构最基本的要素，接头质量的好坏直接影响着焊接产品的质量。电弧焊接头可分为对接接头、T 形接头、角接接头、搭接接头和端接接头等，如图 2-8 所示。

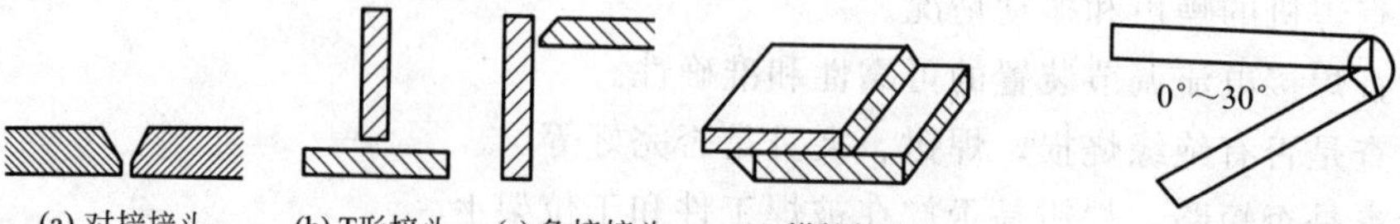

图 2-8 常见电弧焊接头形式

每组发放 300mm×150mm 的试板两块，要求学生能组对出不同的接头形式，并按要求制作坡口。

【相关知识】

决定焊接接头基本形式的因素有焊接结构的形式、几何尺寸、焊接方法、焊接位置、焊接条件等，焊接方法是决定接头形式的主要因素，接头的基本坡口形式有 I 形坡口、V 形坡口、X 形坡口和 U 形坡口，电弧焊接头的基本类型如表 2-3 所示。

表 2-3 电弧焊接头的基本类型

序号	简图	坡口形式	接头形式	焊缝形式
1	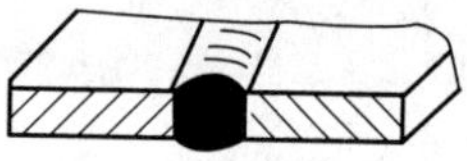	I 形	对接接头	对接焊缝(双面焊)
2	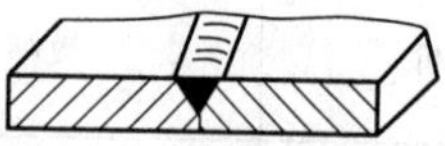	V 形(带钝边)	对接接头	对接焊缝(有根部焊道)
3	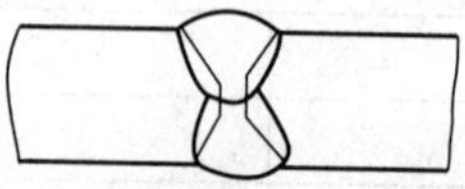	X 形	对接接头	对接焊缝
4	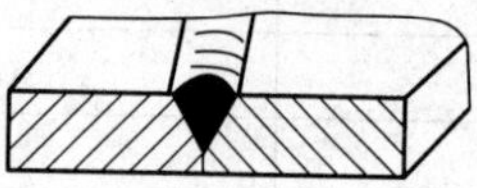	U 形(带钝边)	对接接头	对接焊缝
5	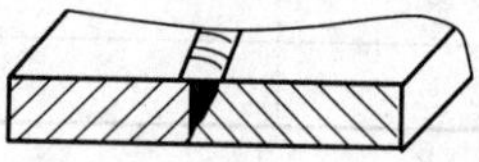	单边 V 形(带钝边)	对接接头	对接和角接组合焊缝
6	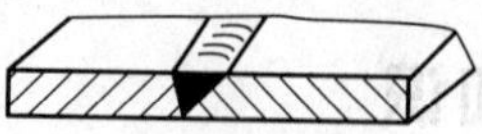	单边 V 形	T 形接头	对接焊缝
7	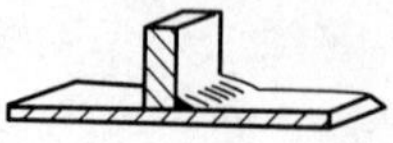	I 形	T 形接头	角焊缝
8	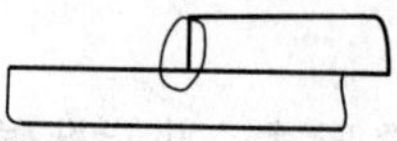	I 形	搭接接头	角焊缝

续表

序号	简　　图	坡　口　形　式	接头形式	焊　缝　形　式
9	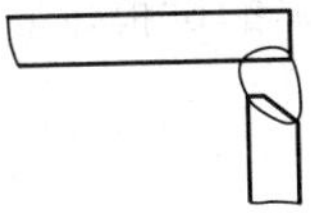		角接接头	对接焊缝
10	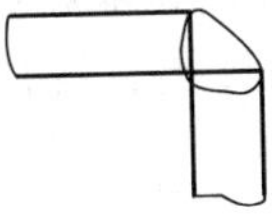		角接接头	角焊缝
11	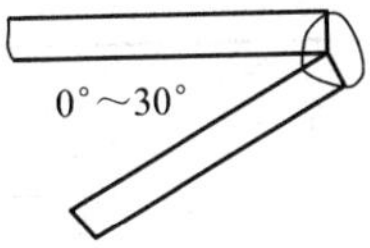		端接接头	端接焊缝

【技能训练】

① 正确穿戴好工作服和个人防护用品，准备好焊接工具。

② 在掌握了焊接接头与焊缝的基本知识的基础上，按要求组对接头。

③ 清理现场，合理摆放物品。

【操作评价】

完成表 2-4 所示能力评价。

表 2-4　能力评价（焊缝和接头）

内　　容		小组评价	教师评价
学习目标	评价项目		
应知应会	能正确佩戴个人防护用品		
	正确认识焊接接头和焊缝		
专业能力	基本技能掌握程度		
素质能力	学习认真，态度端正		
	能相互指导帮助		
	安全文明生产		
	服从与创新意识		
	实施过程中的问题及解决情况		

任务二　正确识别常见的焊接缺陷

【任务描述】

焊接接头的质量直接影响着产品质量，为了满足焊接产品的使用要求，应该把缺陷控制在一定的范围之内。通过学习使学生正确认识缺陷，掌握有关缺陷的产生及防止措施的知识。

【任务分析】

在焊接产品中要获得无缺陷的焊接接头，在技术上是相当困难的，也是不经济的。为了满足焊接产品的使用要求，必须从两个方面来保证：其一是焊接接头的性能与母材相匹配；

其二是焊接接头中不存在影响结构安全运行的焊接缺陷。焊接缺陷就是焊接过程中，在焊接接头中产生的金属不连续、不致密或连接不良的现象。

将学生按四人一组进行分组，然后分发具有不同类型焊接缺陷的试板，要求学生找出焊接缺陷，并讨论产生原因和防止措施。

【相关知识】

金属熔焊焊缝缺陷可分为六大类，即孔穴、裂纹、夹杂、未熔合和未焊透、形状缺陷及其他缺陷（其定义参见标准 GB/T 3375—1994）。常见焊接缺陷的种类、特征及对焊接产品的影响见表 2-5。

表 2-5　焊接缺陷的种类

序号	缺陷种类	图　示	特征	危害	防止措施
1	气孔	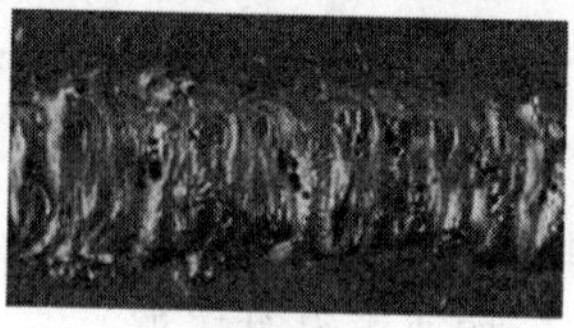 表面气孔 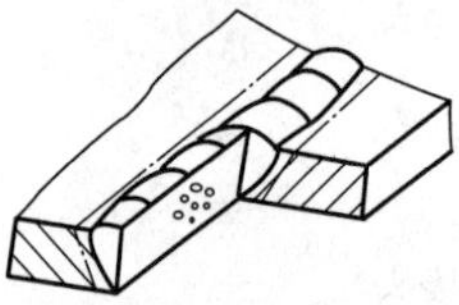 内部气孔	存在于焊缝金属内部或表面的空穴	影响焊缝的紧密性；减小焊缝的有效截面积；造成应力集中；对焊缝的强度和硬度有明显的影响	减少形成气孔的气体来源；加强对熔池的保护；正确选择焊接参数；预热工件等
2	夹杂	 条状的  孤立的  其他形式的 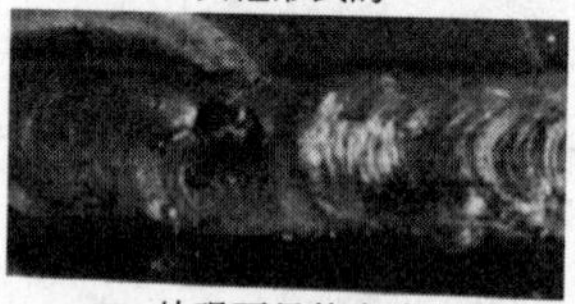 外观可见的夹渣	在焊缝中残留的固体夹杂物	金属中存在的夹杂物会使金属的塑性和韧性下降；焊缝中存在的夹杂物还会增加产生裂纹的可能性	限制夹杂物来源；每层应认真清除熔渣；选用合适的焊接电流和焊接速度；正确掌握运条手法；选用优质的焊条
3	裂纹	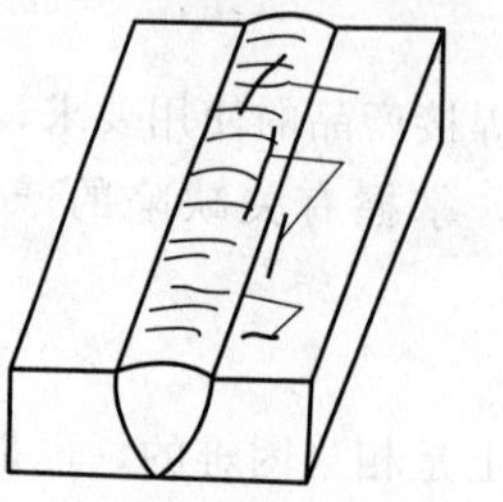 表面裂纹	尖锐的缺口和大的长宽比	降低焊接接头的力学性能指标；裂纹末端的缺口易引起应力集中，促使裂纹延伸和扩展，成为结构断裂失效的起源。焊缝中不允许焊接裂纹存在	减小焊接残余应力；控制焊接规范，适当提高焊缝形状系数；控制焊缝金属的化学成分；焊前预热，控制层间温度及焊后保温缓冷或后热等措施

续表

序号	缺陷种类	图示	特征	危害	防止措施
3	裂纹	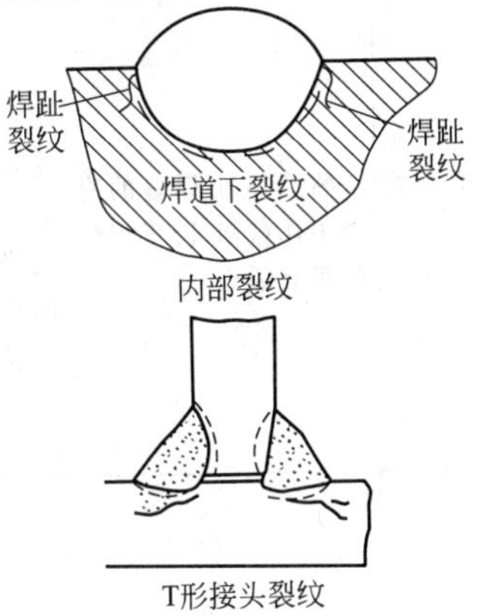	尖锐的缺口和大的长宽比	降低焊接接头的力学性能指标；裂纹末端的缺口易引起应力集中，促使裂纹延伸和扩展，成为结构断裂失效的起源。焊缝中不允许焊接裂纹存在	减小焊接残余应力；控制焊接规范，适当提高焊缝形状系数；控制焊缝金属的化学成分；焊前预热，控制层间温度及焊后保温缓冷或后热等措施
4	烧穿	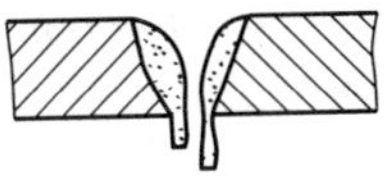	熔化金属从背面流出，形成穿孔	破坏了焊缝，使接头丧失其连接及承载能力	减小根部间隙，适当加大钝边，严格控制装配质量，正确选择焊接电流，适当提高焊接速度，采用短弧操作，避免过热
5	下塌	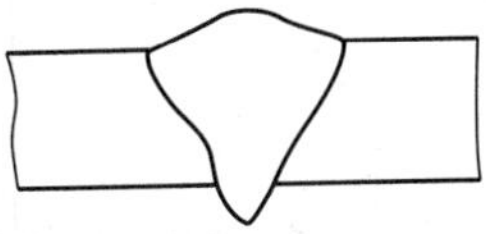	焊缝背面突起，正面下塌	影响焊缝外观质量，造成应力集中	选择正确焊接规范、适当的焊条及其直径，调整装配间隙，均匀运条，避免焊条过热
6	咬边	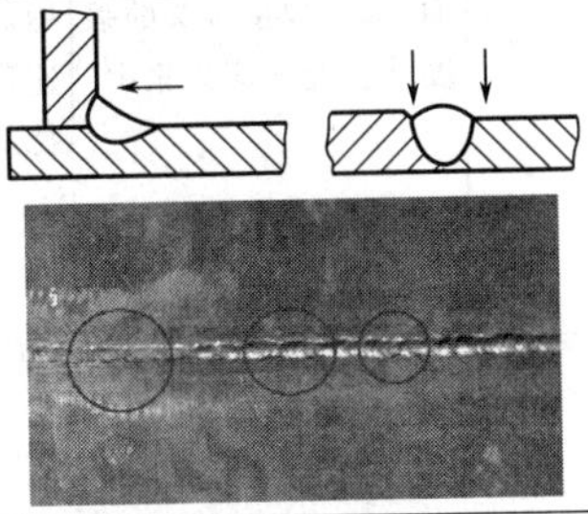	焊缝与母材部分交界处形成的沟槽或凹陷	削弱焊接接头的强度，产生应力集中	选择适当的焊接电流和焊接速度，采用短弧操作，掌握正确的运条手法和焊条角度，坡口焊缝焊接时，保持合适的焊条离侧壁距离
7	焊瘤	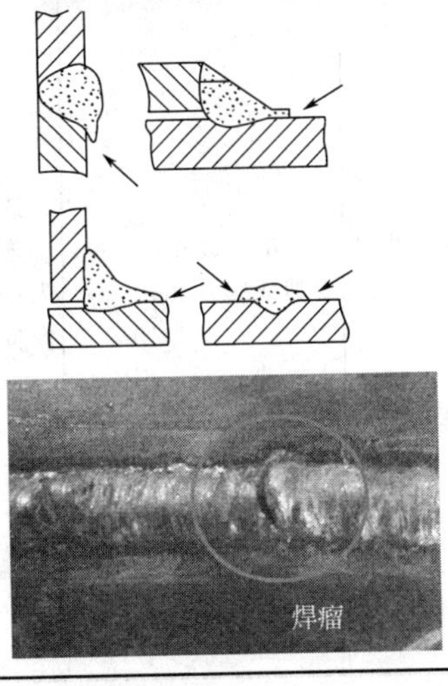	焊缝边缘或焊件背面焊缝根部存在未与母材熔合的金属堆积物	影响焊缝外观，使焊缝几何尺寸不连续，形成应力集中的缺口。管道内部的焊瘤将影响管内介质的有效流通	调整合适的焊接电流和焊接速度，采用短弧操作，掌握正确的运条手法

续表

序号	缺陷种类	图示	特征	危害	防止措施
8	凹坑	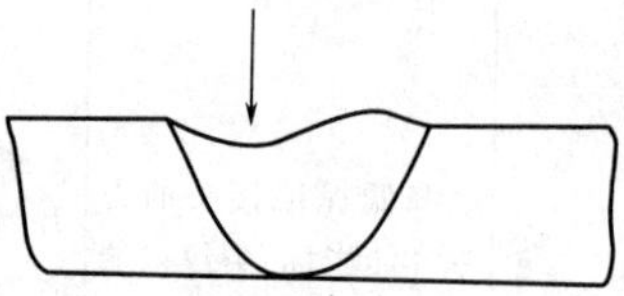 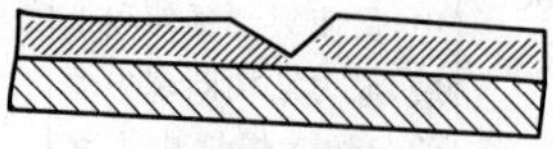 接头处的凹坑	焊缝末端收弧处的熔池未填充满，在凝固收缩后形成凹坑	将会减小焊缝的有效工作截面，降低焊缝的承载能力	正确选择焊接电流和焊接速度，控制焊缝装配间隙均匀，适当加快填充金属的添加量；收弧时要填满弧坑
9	未熔合	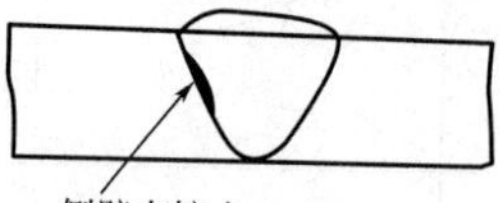 侧壁未熔合  层间未熔合	在母材与焊缝金属或焊道与焊道间未完全熔化结合的部分	造成应力集中，危害性很大（类同于裂纹），焊缝中不允许存在未熔合	仔细清除每层焊道和坡口侧壁的熔渣；正确选择焊接电流，改进运条技巧，注意焊条摆动
10	未焊透	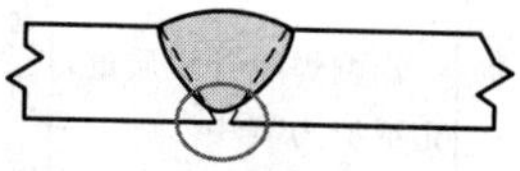 单面焊 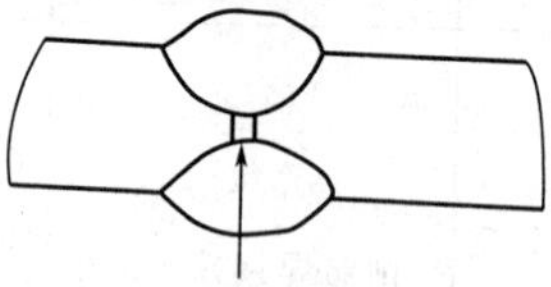 双面焊	焊接接头根部未完全熔透	削弱焊缝的工作截面，降低焊接接头的强度并会造成应力集中	保证坡口尺寸、装配间隙正确；正确选用焊接电流和焊接速度；认真操作，保持适当焊条角度
11	焊缝外形尺寸及形状缺陷	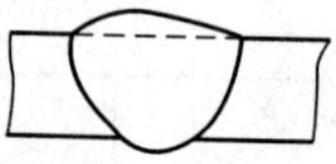 焊缝正常 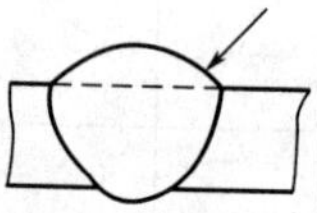 焊缝超高 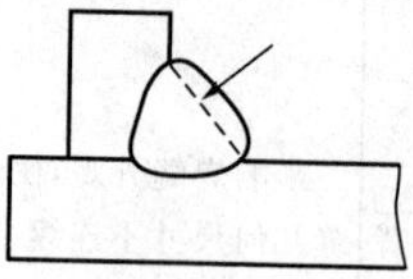 角焊缝凸度过大 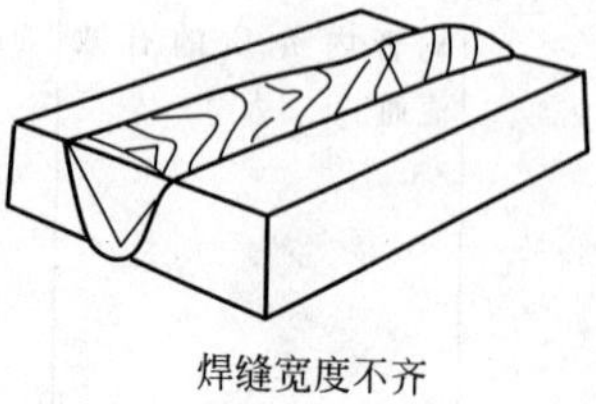 焊缝宽度不齐	焊缝表面形状及尺寸偏差	影响焊缝外观质量，易造成应力集中	选用合理的焊接工艺；熟练的操作工人；选用良好的焊接设备

【技能训练】

① 正确穿戴好工作服。

② 正确识别试板上的焊接缺陷，分析缺陷防止措施。

③ 清理现场，合理摆放物品。

【操作评价】

完成表 2-6 所示能力评价。

表 2-6 能力评价（焊接缺陷）

内容		小组评价	教师评价
学习目标	评价项目		
应知应会	能正确佩戴个人防护用品		
	正确识别焊接缺陷		
专业能力	基本技能掌握程度		
素质能力	学习认真，态度端正		
	能相互指导帮助		
	安全文明生产		
	服从与创新意识		
	实施过程中的问题及解决情况		

项目三 焊条电弧焊

任务一 认识常用的碳钢焊条

【任务描述】

焊条品种繁多、性能与用途各异，其选用是否合理，不仅直接影响焊接接头的质量，还会影响焊接生产率、成本及焊工的劳动条件。通过学习，使学生对两种常用焊条的性能特点有比较全面的了解，才能在实际工作中做到正确使用，从而获得高质量的焊缝。

【任务分析】

常用的碳钢焊条有酸性焊条和碱性焊条两大类，这两类焊条的工艺性能、操作注意事项和焊缝质量有较大差异，因此必须熟悉它们的特点。

焊条的夹持端有牌号标注，有破损的焊条不能使用。因此，按每两人一组，分别发放直径为 ϕ2.5mm、ϕ3.2mm、ϕ4.0mm 的酸性和碱性焊条，其中有完好无损的和带些缺陷的，让学生识别焊条。

【相关知识】

焊条是指涂有药皮的供焊条电弧焊用的熔化电极。

1. 焊条的组成

焊条由焊芯和药皮两部分组成，如图 2-9 所示。焊芯的作用有：作为电极传导电流，熔化后作为填充金属与母材形成焊缝。焊条药皮是指压涂在焊芯表面上的涂料层。药皮在焊接过程中通过产生的气体和熔渣，起到帮助电弧引燃，促进电弧稳定燃烧，改善焊缝金属的性能的作用。

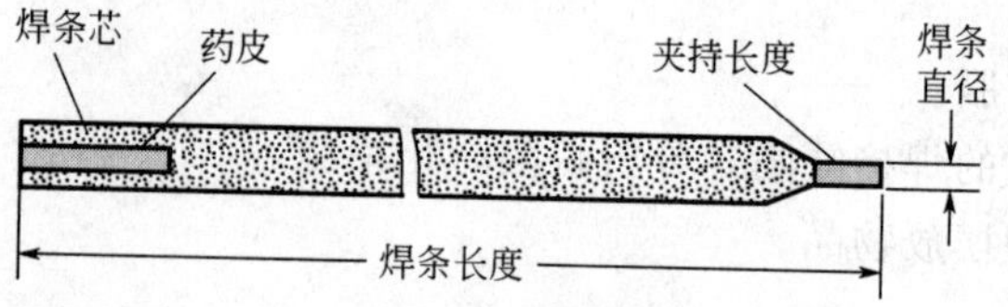

图 2-9 焊条的构造

2. 碳钢焊条的型号和牌号

（1）焊条的分类 根据药皮溶化后的熔渣特征，可将焊条分成碱性焊条和酸性焊条两类。碱性焊条的焊缝具有良好的抗裂性和力学性能，但工艺性能较差，一般用直流电源施焊。碱性焊条脱硫、脱磷能力强，药皮有去氢作用。焊接接头含氢量很低，故又称为低氢型焊条。主要用于重要结构（如锅炉、压力容器和合金结构钢等）的焊接。如E5015、E5016。酸性焊条能交直流两用，焊接工艺性能较好，但焊缝的力学性能，特别是冲击韧度较差。适用于一般低碳钢和强度较低的低合金结构钢的焊接，是应用最广的焊条，如E4303。

（2）碳钢焊条的型号编制方法 碳钢焊条的型号由字母“E”与四位数字组成。字母“E”表示焊条。前两位数字表示熔敷金属抗拉强度的最小值；碳钢焊条分E43（熔敷金属抗拉强度≥420MPa）和E50（熔敷金属抗拉强度≥490MPa）两个系列。第三位数字表示焊条的焊接位置。“0”及“1”表示焊条适用于全位置焊接（平、立、仰、横焊）；“2”表示焊条适用于平焊及平角焊；“4”表示焊条适用于向下立焊。第三位和第四位数字组合时表示焊接电流种类及药皮。如“03”表示钛钙型药皮、交直流正反接；又如，“15”表示低氢钠型、直流反接。

焊条牌号是焊条生产行业统一的焊条代号。焊条牌号前的字母表示焊条类别，“×××”代表数字，前两位数字代表焊缝金属抗拉强度，末尾数字表示焊条的药皮类型和焊接电流种类。

常用碳钢焊条E4303（对应牌号为J422）属于酸性焊条，E5015（对应牌号为J507）属于碱性焊条，它们的型号与牌号示例如下。

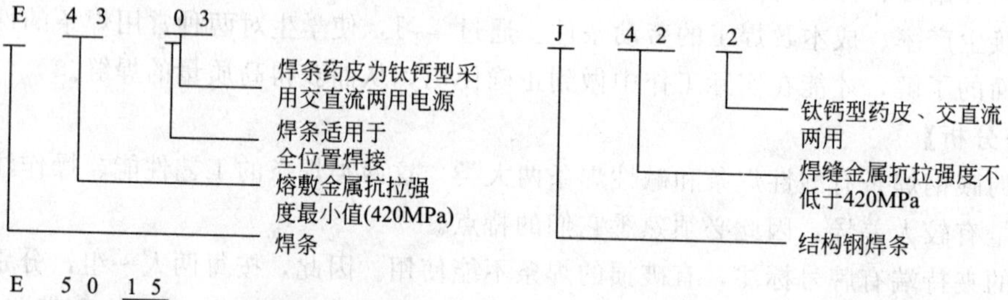

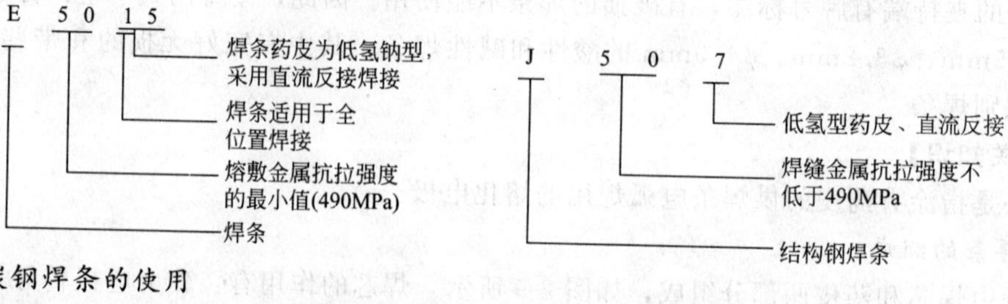

3. 碳钢焊条的使用

为了保证焊缝的质量，在使用碳钢焊条前应按要求进行烘干处理并进行外观检查。对焊条进行外观检查是为了避免由于使用不合格的焊条而造成的焊缝质量不合格。外观检查包括是否偏心、焊芯是否存在锈蚀、药皮是否有裂纹和脱落等，若出现上述情况，则该焊条不宜或不能使用。

受潮的焊条在使用中是很不利的，不仅会使焊接工艺性能变差，而且也影响焊接质量，容易产生氢致裂纹、气孔等缺陷，造成电弧不稳定、飞溅增多、烟尘增大等。因此，酸性焊条在使用前视其受潮情况决定是否进行烘干，碱性焊条必须按工艺要求进行烘干。

【技能训练】

① 正确准备个人劳动保护用品。

② 仔细挑选焊条，判断其酸碱性及质量优劣。

③ 焊条的放入与取出。

④ 结束时清理现场，自觉做到人走、料净、场地清。

【操作评价】

完成表 2-7 所示能力评价。

表 2-7　能力评价（焊条）

内容		小组评价	教师评价
学习目标	评价项目		
应知应会	碳钢焊条的型号和牌号表示方法		
	碳钢焊条的使用		
专业能力	基本技能掌握程度		
素质能力	学习认真，态度端正		
	安全文明生产		
	能相互指导帮助		
	服从与创新意识		
	实施过程中的问题及解决情况		
	严格的工艺纪律		
	良好的职业习惯		

任务二　焊条电弧焊设备的使用与维护

【任务描述】

通过学习，使学生掌握焊条电弧焊设备的接线和使用方法等方面的知识，并能准确调节焊接参数。

【任务分析】

焊条电弧焊时，电焊机是电源，它的输出电流供电弧燃烧。焊接时，因为母材、焊条直径、焊接位置、板厚等的不同，需要选择不同的焊接参数，因此，要掌握焊条电弧焊设备的使用与调节方法。

【相关知识】

一、焊条电弧焊设备的简单介绍

用手工操纵焊条进行焊接的电弧焊方法称为焊条电弧焊，它是利用焊条和焊件之间产生的电弧将焊条和焊件局部加热到熔化状态，焊条端部熔化后的熔滴和熔化的线母材融合一起形成熔池，随着电弧向前移动，熔池液态金属逐步冷却结晶，形成焊缝，如图 2-10 所示。

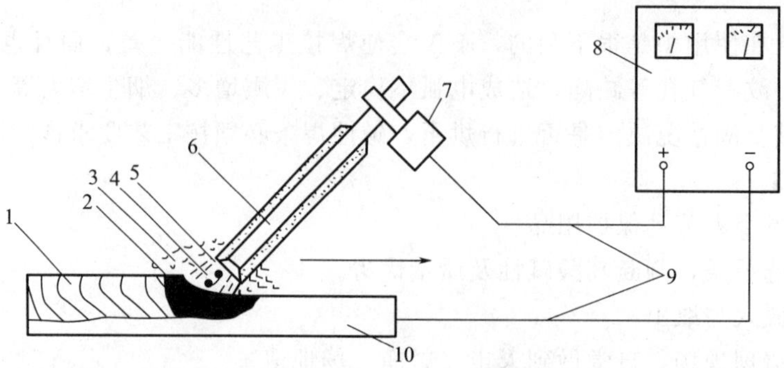

图 2-10 焊条电弧焊焊接焊缝形成示意图

1—焊缝；2—熔池；3—保护性气体；4—电弧；5—熔滴；6—焊条；7—焊钳；8—焊接电源；9—焊接电缆；10—焊件

1. 电焊机型号编制方法

常见电焊机名称如下：弧焊变压器（BX）、弧焊发电机（AX）、弧焊整流器（ZX）等。

例如：ZX7-400 中 Z 表示直流，X 表示下降特性，7 表示变频式，400 表示电源额定电流为 400A 的弧焊整流器。

2. 对弧焊电源的要求

① 较大的短路电流和较高的空载电压。目前我国生产的直流弧焊机，其空载电压大多为 40～90V，交流弧焊机的空载电压多在 60～85V。空载电压值在焊机面板上可以直接读出。如图 2-11 所示，打开电源开关后，电压（电流）表显示的是空载电压 77V。

② 输出电流稳定。

③ 有较高的电压跟随能力，以保证电弧长度改变时，电弧不熄灭。

④ 输出电流可调节。

⑤ 具备完善的自我保护系统，是保证焊机安全和人身安全的重要保障。

二、焊接设备二次线的连接

以 ZX7-400 为例，如图 2-12 所示。电源的两个输出端分别用“＋”和“－”表示，其中“＋”端为电源正极，“－”端为电源负极。两输出端分别与电焊钳电焊及焊件相接。

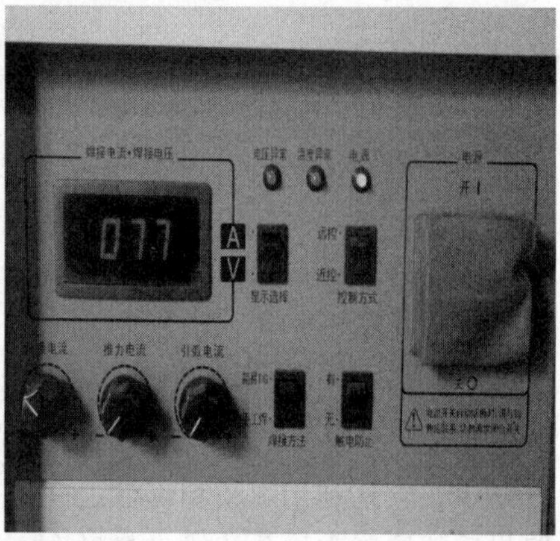

图 2-11 ZX7-400 弧焊机显示空载电压

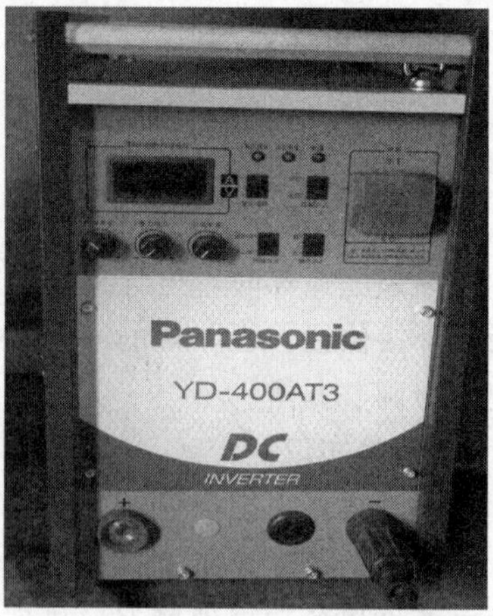

图 2-12 ZX7-400 型直流电焊机

1. 弧焊发电机的极性及接法

弧焊电源按电源种类可分为交流电源和直流电源。

直流电源分为直流正接和直流反接。直流正接：工件接电源正极，焊钳接负极，如图 2-13 (a)所示。直流反接：工件接负极，焊钳接正极，如图 2-13 (b) 所示。

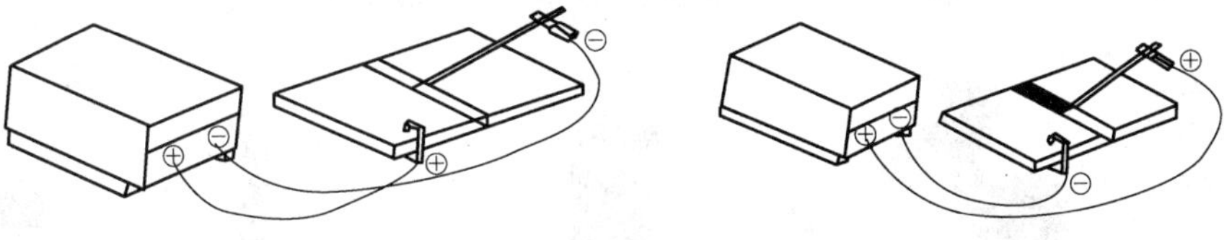

(a) 直流正接　　(b) 直流反接

图 2-13　弧焊发电机的正接和反接

碱性焊条需要用直流反接法，酸性焊条用直流正接和反接均可。

温馨提示

电焊钳在使用过程中注意事项：防止摔碰，经常检查焊钳和焊接电缆连接是否牢固，绝缘是否良好。焊钳口处的熔渣要经常清除，以减少电阻，降低发热量，延长使用寿命。防止电焊钳和焊件或焊接工作台发生短路。焊接工作中注意焊条尾端剩余长度不宜过短，防止电弧烧坏电焊钳。

2. 焊机的辅助工具

弧焊电源的辅助工具有电焊钳（图 2-14）和焊接电缆。

① 电焊钳。电焊钳的作用是手工电弧焊用于夹持电焊条并把焊接电流传输至焊条进行电弧焊的工具。电焊钳应具有良好的导电性、不易发热、重量轻、夹持焊条时牢固、更换焊条方便的特点。

② 焊接电缆。焊接电缆是电弧焊机和电焊钳及焊条之间传输焊接电流的导线。焊接电缆要有良好的导电性、柔软且易弯曲、绝缘性能好、耐磨损。

焊接电缆与焊机的连接要求是导电良好、工作可靠、装拆方便。可用图 2-15 所示连接方式。

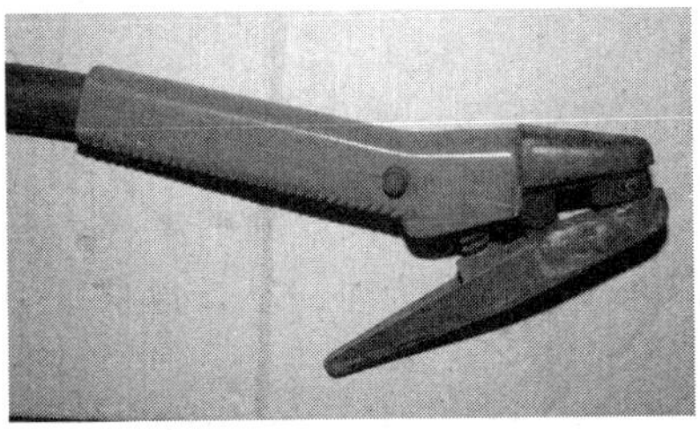

图 2-14　电焊钳

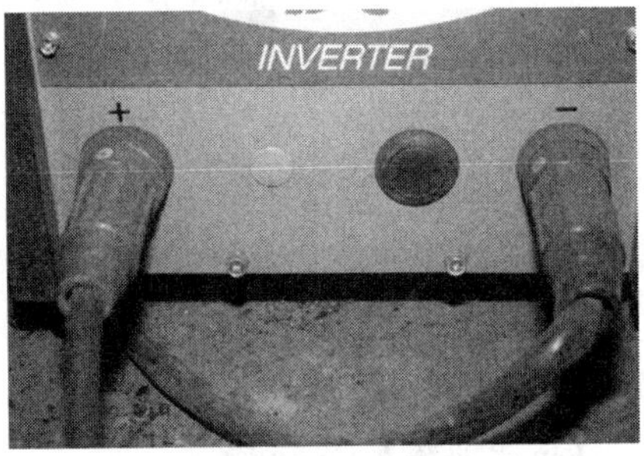

图 2-15　焊接电缆与焊机的连接

3. 其他辅助工具

焊接的相关辅助工具如图 2-16 所示。

① 角向磨光机［图 2-16 (a)］。用于清除焊件坡口的锈蚀物、打磨焊缝及清根等。

② 焊条保温桶［图 2-16 (b)］。焊工现场携带的保温容器，保持内部焊条干燥，可以随

用随取。

③ 錾子［图 2-16（c）］。用于清除焊渣、飞溅物和焊瘤。

④ 钢丝刷［图 2-16（d）］。用于清除焊件表面的铁锈、油污和焊渣等。

⑤ 锉刀［图 2-16（e）］。用于修磨焊件坡口的钝边、毛刺和焊件根部的接头。

⑥ 敲渣锤［图 2-16（f）］。两端形成扁铲形和尖铲形的清渣工具。

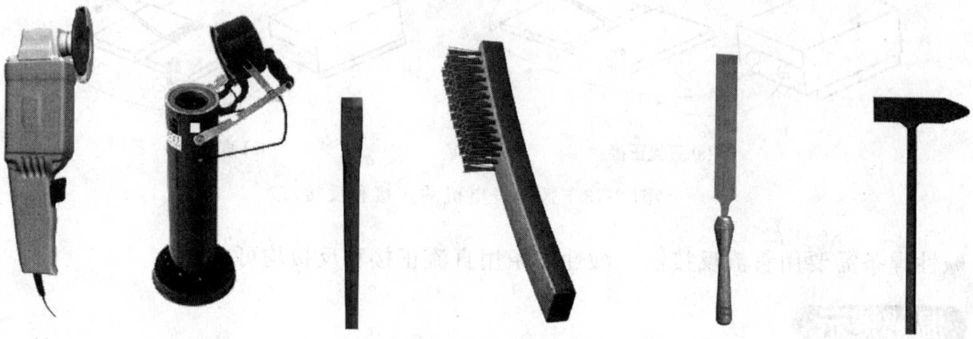

图 2-16　焊接用辅助工具

三、焊接参数的调节

焊接电流是焊条电弧焊时的主要工艺参数。以 ZX7-400 直流焊机为例，简单说明电流的调节方法，见图 2-17。

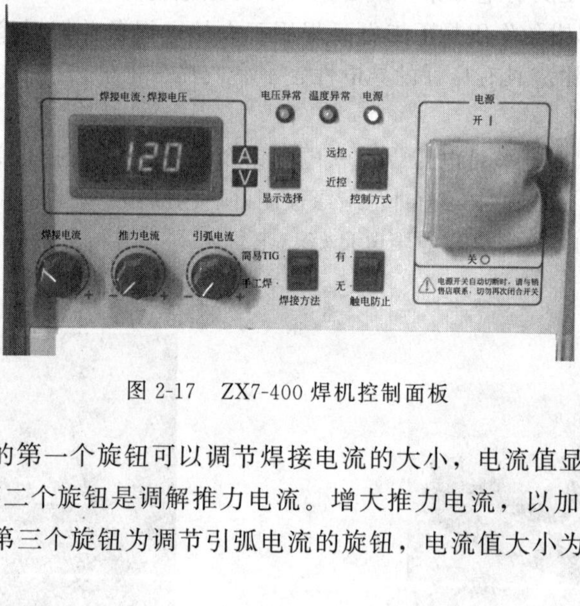

图 2-17　ZX7-400 焊机控制面板

旋转面板上左端的第一个旋钮可以调节焊接电流的大小，电流值显示在表上，画面中的焊接电流为 120A。第二个旋钮是调解推力电流。增大推力电流，以加大焊缝的熔深，一般电流调节到 4～6A。第三个旋钮为调节引弧电流的旋钮，电流值大小为 4～6A，以保证引弧顺利进行。

【技能训练】

一、开机前检查

① 确认电源线是否完好。

② 确认焊机地线与焊钳的连线是否完好，焊钳与地线是否搭铁。

二、安全操作

① 打开主电源，将焊接电流电压调至所需工作挡位，先试焊一下，观察焊接规范是否

恰当，然后再调整。

② 操作人员焊接作业时应集中精力，佩戴好防护用具，保证自身安全；高空作业时，首先确认脚下是否稳当，应尽量戴安全带。

③ 焊接作业时确认工作区域是否有易燃易爆物品，如有应远离或将其搬开，并且提醒周边的人员注意。

④ 严禁焊接时调整焊接电流，以免造成设备损坏。

三、设备保养

① 每日清洁设备，清除焊渣，清理工作现场及周边环境。

② 每月需检查各种电线是否完好，否则更换。

③ 爱惜设备及工具，设备出现异常现象应及时反馈，严禁继续开机和私自拆修设备。

④ 结束时，关闭电源、打扫卫生、清理现场。自觉做到人走、料净、场地清。

温馨提示

① 焊件接触时，不得启动焊机。

② 焊机上不得放置任何物体和工具。

③ 焊机二次回路禁止连接建筑、金属构架和设备等作为焊接电源回路。

④ 焊机的外壳和焊件不能同时接地。

⑤ 焊工工作完毕或临时离开工作场地时，不得将焊钳放在焊件上，并及时切断电源、盘好电缆线、清扫现场，确认无隐患后，方可离开。

⑥ 焊接重要的结构时，应在焊机上装设电流表和电压表，以便精确地确定焊接参数，保证焊缝质量。

【操作评价】

完成表 2-8 所示能力评价。

表 2-8 能力评价（焊接设备）

内容		小组评价	教师评价
学习目标	评价项目		
应知应会	焊接设备的使用与维护		
	焊接电流的调节		
专业能力	基本技能掌握程度		
素质能力	学习认真，态度端正		
	能相互指导帮助		
	安全文明生产		
	服从与创新意识		
	实施过程中的问题及解决情况		

任务三 焊条电弧焊基本操作训练

【任务描述】

通过学习，学生学会焊条电弧焊过程中的引弧、运条、接头、收尾等基本操作技术。

【任务分析】

焊条电弧焊引弧、运条和收弧是最基本的操作方法，对于初学者在练习时应注意：电流要合适，焊条要对正，电弧要短，焊接速度不要快，力求运条均匀。另外，焊条电弧焊是在防护罩下观察和进行操作的，由于存在着电弧不断变化、视野不清、工作条件较差等因素。因此，要保证焊接质量，就要有较为熟练的操作技术，同时注意力要高度集中。

每两人一个工位，分发J422酸性焊条和试板，练习引弧、运条等基本操作技能，并会调节焊接参数。

【相关知识】

一、引弧

引弧是指在电弧焊开始时，引燃焊接电弧的过程。引弧的好坏，对接头质量以及生产质量都有重要的影响。根据操作手法，在焊条电弧焊中将引弧的方法分为以下两类。

1. 直击法

使焊条与焊件表面垂直地接触，形成短路，迅速将焊条提起，并保持一定距离（2～4mm），立即引燃电弧，如图2-18所示。此种方法优点在于：可用于难焊位置焊接，焊件污染少。其缺点是：受焊条端部状况限制，用力过猛时，药皮会大量脱落，产生暂时性偏吹；操作不熟练时易粘于焊件表面，操作时必须掌握好手腕上下动作的时间和距离。

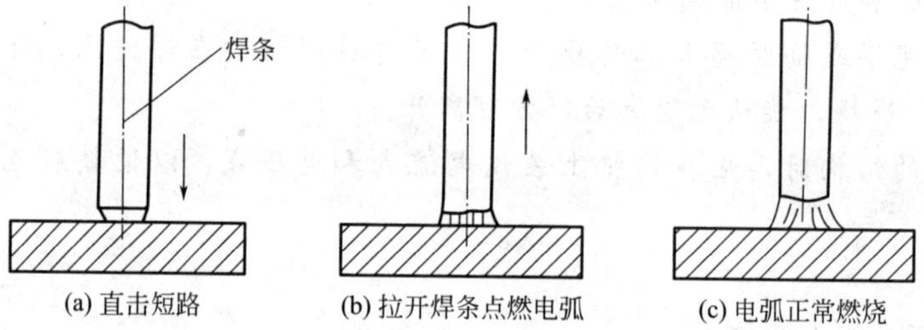

图2-18 直击法引弧

2. 划擦法

划擦法动作似擦火柴，将焊条在焊件表面划擦一下，但应在坡口内进行。划动长度为20～25mm。引燃电弧后，迅速将焊条移至焊接处，焊条末端与被焊表面的距离维持在2～4mm，保证电弧稳定燃烧，如图2-19所示。

这两种方法比较而言，划擦法比较容易掌握。碱性焊条时一般采用划擦法，这是由于直击法引弧易产生气孔。焊接时，引弧点应选在离焊缝起始点8～10mm的焊缝上，待电弧引燃后，再引向焊缝起点进行施焊，如图2-20所示。

温馨提示

引弧时注意事项如下。

① 焊条与焊件接触后提起时间应适当。

② 在引弧过程中，如果焊条和焊件粘在一起时，只要将焊条左右摇动几下，就可脱离焊件，通过晃动不能脱离焊件，就应立即将焊钳与焊条脱离，待焊条冷却后即可很容易扳下来。

③ 初学引弧，要注意防止电弧灼伤眼睛。

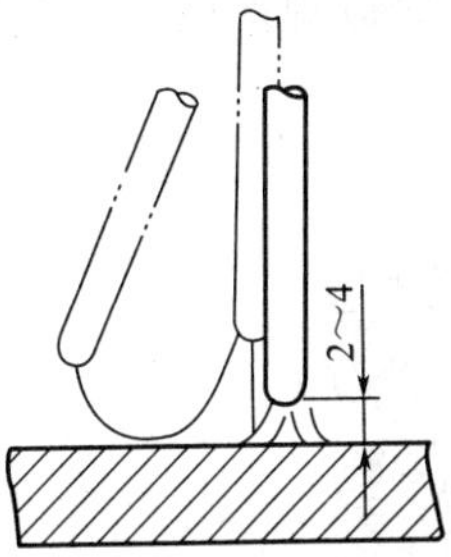

图 2-19 划擦法引弧

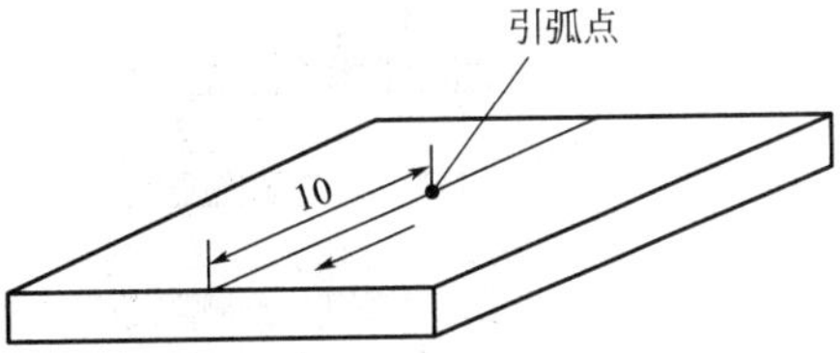

图 2-20 引弧示意图

④ 对刚焊完的焊件和焊条头不要用手触摸，以免烫伤。焊条头也不要乱丢，以免引起火灾。

二、运条

运条是在焊接过程中，焊条相对焊缝所做的各种动作的总称。常用的运条方法及适用范围见表 2-9。

表 2-9 运条方法及适用范围

运条方法		运条示意图	适用范围
直线形运条法			①3～5mm 厚焊件 L 形坡口对接平焊 ②多层焊的第一层焊道 ③多层多道焊
直线往返形运条法		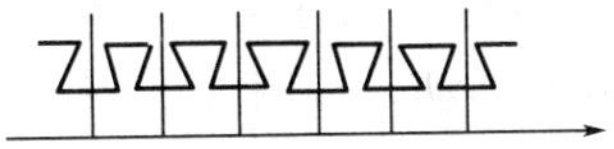	①薄板焊 ②对接平焊(间隙较大)
锯齿形运条			①对接接头(平焊、立焊、仰焊) ②角接接头(立焊)
月牙形运条法			同锯齿形运条法
三角形运条法	斜三角形		①角接接头(仰焊) ②对接接头(开 V 形坡口横焊)
	正三角形	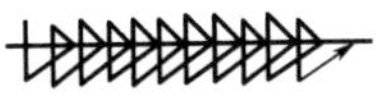	①角接接头(立焊) ②对接接头
圆圈形运条法	斜圆圈形		①角接接头(平焊、仰焊) ②对接接头(横焊)
	正圆圈形		对接接头(厚焊件平焊)
八字形运条法		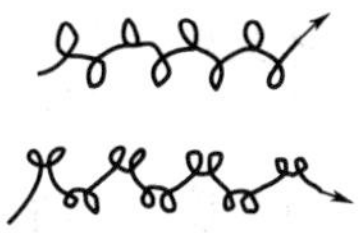	对接接头(厚焊件平焊)

三、焊道的连接

焊条电弧焊时，对于一条较长的焊缝，一般需要多根焊条才能焊完；每根焊条焊完后更换焊条时，焊缝就有一个衔接点。后焊焊缝与先焊焊缝的连接处称为焊缝的接头。在焊缝连接处如果操作不当，极易造成气孔、夹渣以及外形不良等缺陷。焊道的连接主要有以下四种方式，如图 2-21 所示。

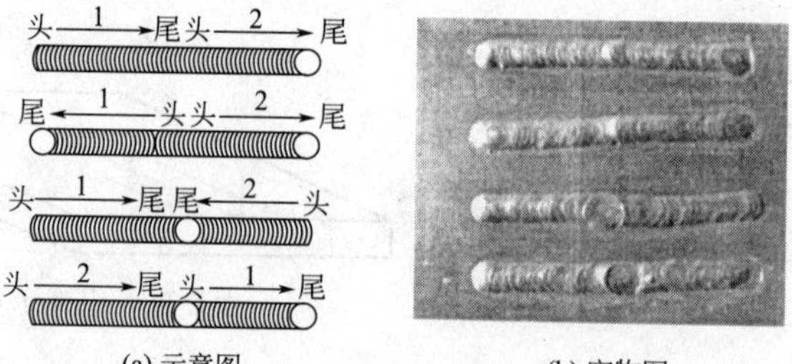

(a) 示意图　　(b) 实物图

图 2-21　焊道连接方式

1—先焊焊道；2—后焊焊道

1. 中间接头（头、尾连接）

后焊焊缝从先焊焊缝收尾处开始焊接，这种接头最好焊，操作适当时几乎看不出接头。接头时在先焊焊道尾部前方约 10mm 处引弧，弧长比正常焊接时稍长些（碱性焊条可不拉长，否则易产生气孔），待金属开始熔化时，将焊条移至弧坑前 2/3 处，填满弧坑后即可向前正常焊接，如图 2-22 所示。

2. 相背接头（头、头连接）

两段焊缝在起焊处接在一起。要求先焊焊缝的起头处略低些，后焊的焊缝必须在前条焊缝始端稍前处起弧，然后稍拉长电弧将电弧逐渐引向前条焊缝的始端，并覆盖前焊缝的端头，待起头处焊平后，再向焊接方向移动，如图 2-23 所示。

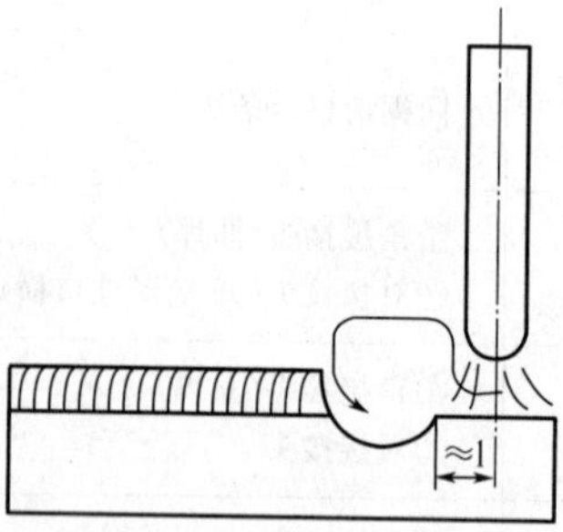

图 2-22　从先焊焊道末焊处接头的方法

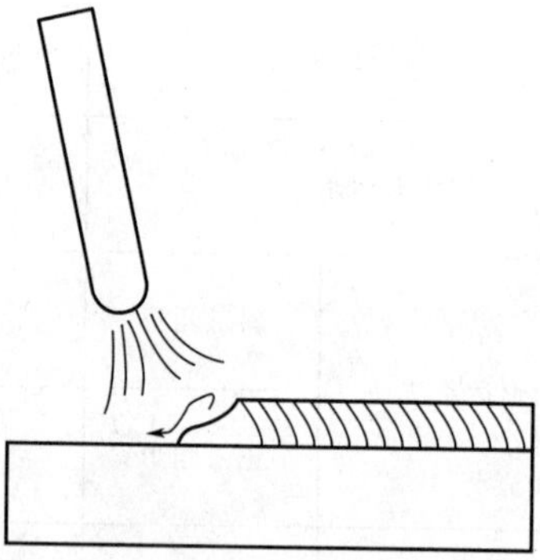

图 2-23　从先焊焊道端头处接头的方法

3. 相向接头（尾、尾连接）

两段焊缝在收尾处接在一起。当后焊的焊缝焊到先焊的焊缝收弧处时，焊接速度应稍慢些，填满先焊焊缝的弧坑后，以较快的速度再略向前焊一段，然后熄弧，如图 2-24 所示。

4. 分段退焊接头（尾、头连接）

后焊焊道的结尾与先焊焊道的起头相连接，要求后焊的焊缝焊至靠近前焊焊缝始端时，改变焊条角度，使焊条指向前焊缝的始端，拉长电弧，待形成熔池后，再压低电弧，往回移动，最后返回原来熔池处收弧。

四、焊道的收尾

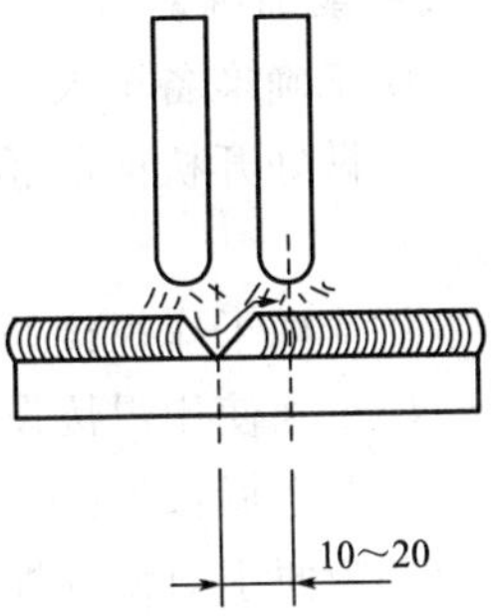

图 2-24 焊道接头的熄弧

焊道的收尾不仅是为了熄灭电弧，还要将电弧坑填满。常用的收尾方法有以下三种。

1. 反复断弧收尾法

当焊条移到焊缝终点时，在弧坑上做数次反复熄弧、引弧、熄弧，直至填满弧坑为止，如图 2-25 所示。此方法适用于薄板和大电流焊接时的收尾，但碱性焊条不宜采用，否则容易出现气孔。

2. 划圈收尾法

焊条移到焊缝终点时，利用手腕动作使焊条尾端作圆圈运动，直到填满弧坑后再拉断电弧，如图 2-26 所示。此方法适用于厚板，对薄板则容易烧穿。

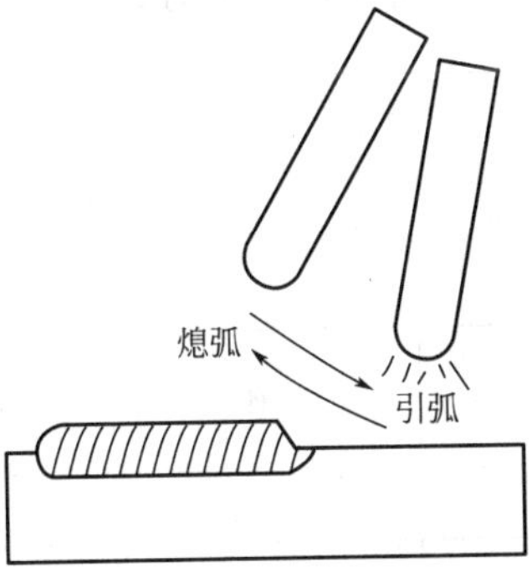

图 2-25 反复断弧收尾法

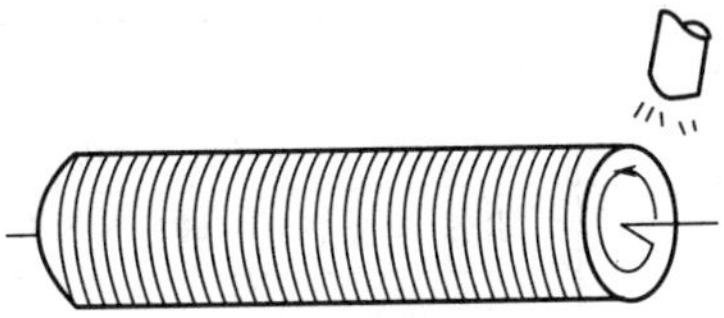
图 2-26 划圈收尾法

3. 回焊收尾法

焊条移到焊道收尾处停止，但不熄弧，将电弧慢慢抬高，适当改变焊条角度，如图 2-27 所示。焊条由位置 1 转到位置 2，填满弧坑后再转移到位置 3，然后慢慢拉断电弧，这时熔池会逐渐缩小，凝固后一般不出现缺陷，如图 2-28 所示。碱性焊条常用此法熄弧，也可用于换焊条或临时停弧时的收尾。

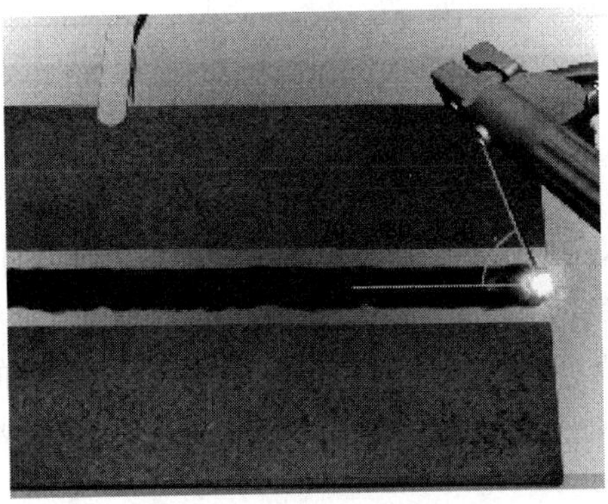
图 2-27 回焊时焊条角度

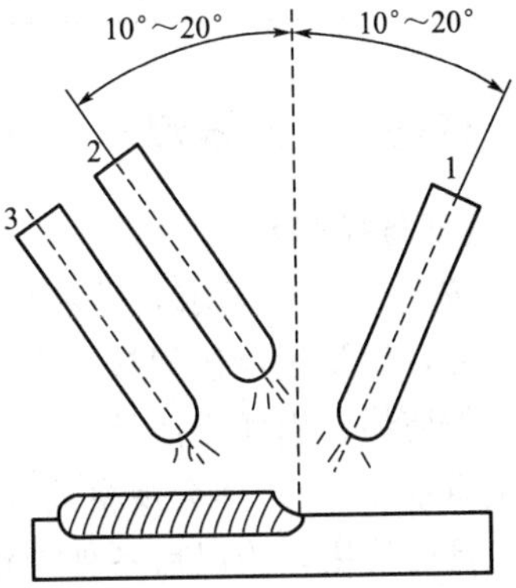

图 2-28 回焊收尾法

在熟练掌握引弧、运条、焊道连接以及收尾等基本技能的前提下，再实施各项训练项目。

【技能训练】

① 正确准备个人劳动保护用品和焊接用具。

② 做好开机前的检查工作。确认电源线是否完好，确认焊机地线与焊钳的连线是否完好。

③ 清理干净焊接处表面的油物、锈斑。

④ 正确使用焊接设备，调节焊接电流。

⑤ 右手握住焊钳，将焊条找准引弧位置。左手持焊帽，挡住面部，准备引弧。

⑥ 为便于引弧，焊条末端应裸露焊芯，若有药皮可用锉刀轻锉或戴焊工手套捏除。引弧点准确，手腕运动灵活，动作幅度适中，准确完成不同的引弧方法。

⑦ 焊道接头处应力求均匀，防止产生过高、脱节、宽窄不一致等缺陷。

⑧ 通过练习，体会三种不同收尾方式的动作要领，避免产生弧坑裂纹及气孔等缺陷。

⑨ 焊接结束时，应将焊钳放在安全地方，打扫卫生、关闭电源、清理现场。自觉做到人走、料净、场地清。

【操作评价】

完成表 2-10 所示能力评价。

表 2-10　能力评价（引弧）

内容		小组评价	教师评价
学习目标	评价项目		
应知应会	引弧、运条、接头、收尾等操作技能		
	个人安全防护		
专业能力	基本技能掌握程度		
素质能力	学习认真，态度端正		
	能相互指导帮助		
	服从与创新意识		
	安全文明生产		
	实施过程中的问题及解决情况		
	良好的职业习惯		

任务四　平敷焊

【任务描述】

按图 2-29 的要求，学习平敷焊的基本操作技能，完成工件焊接任务。通过平敷焊的操作练习，使学生能按焊接安全、清洁和环境以及焊接工艺完成焊接操作，熟练掌握焊接的基本操作姿势、引弧方法等动作，最终焊出合格的焊道，并达到评分标准（如表 2-11 所示的相关质量要求）；学会观察被焊处的熔池状态、温度、形状等焊接动态过程；熟悉焊机和常用工具的使用，为以后各种操作技能的学习打下坚实的基础。

按焊接安全、清洁和环境以及焊接工艺完成焊接操作，制作出合格的板对接平焊工件，能实现 I 形坡口的平对接焊。

【任务分析】

平敷焊是焊件处于水平位置时，在焊件上堆敷焊道的一种焊接操作方法。试件如图 2-29

所示，在试板正反两面练习平敷焊。焊缝宽约 10mm，焊波均匀，焊缝平直，宽窄、高低一致，接头无明显凸起和凹陷。

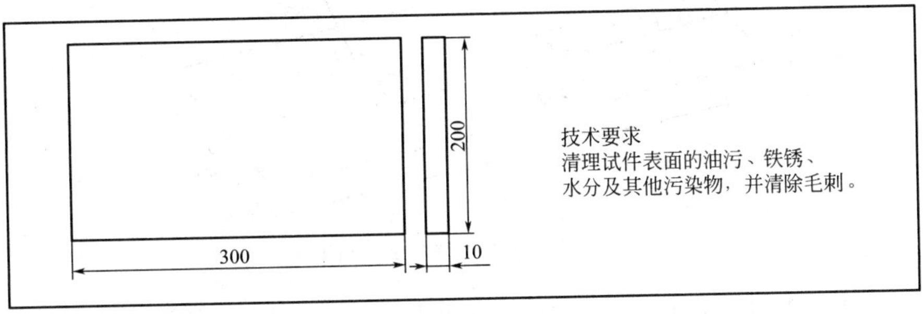
200
300
10
技术要求
清理试件表面的油污、铁锈、
水分及其他污染物，并清除毛刺。

图 2-29 平敷焊试件

【相关知识】

一、运条的基本动作

当电弧引燃后，焊条要有三个基本方向上的动作，才能使焊缝成形良好。这三个方向上的运动是：朝着熔池方向逐渐送进动作；横向摆动；沿焊接方向逐渐移动，如图 2-30 所示。

1. 焊条沿轴线向熔池方向送进

焊条朝熔池方向送进主要用来维持所要求的电弧长度。因此，焊条送进的速度应该与焊条熔化的速度相适应。如果焊条送进的速度小于焊条速度，则电弧的长度将逐渐增加，导致断弧；如果焊条送进速度太快，则电弧长度迅速缩短，使焊条末端与焊件接触而发生短路，同样会使电弧熄灭。

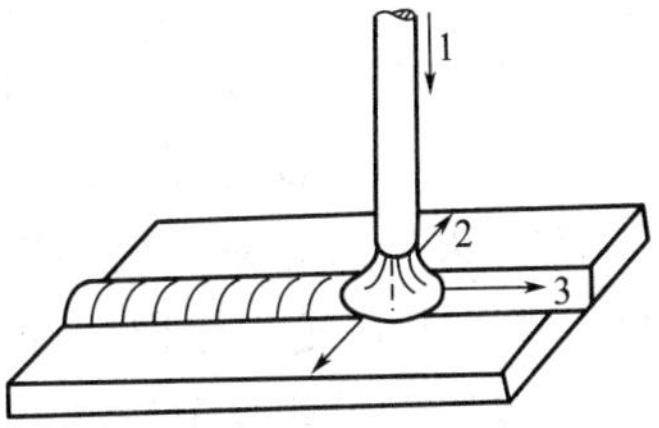
1
2
3

图 2-30 运条的基本动作
1—焊条送进；2—焊条摆动；
3—沿焊缝移动

2. 焊条的横向摆动

焊条横向摆动主要为了获得一定宽度的焊缝，其摆动幅度与焊缝要求的宽度、焊条的直径有关，其摆动幅度应根据焊缝宽度与焊条直径来决定。横向摆动力求均匀一致，才能获得宽度整齐的焊缝。正常的焊缝宽度不超过焊条直径的 2～5 倍。

3. 焊条沿焊接方向的移动

此动作使焊条熔敷金属与熔化的母材金属形成焊缝。焊条的这个移动速度，对焊缝的质量也有很大的影响。移动速度太快，则电弧来不及熔化足够的焊条和母材，造成焊缝断面太小及形成未熔合等缺陷。如果速度太慢，则熔化金属堆积过多，加大了焊缝的断面，降低了焊缝的强度，在焊接较薄焊件时容易焊穿。移动速度必须适当，才能使焊缝均匀。

二、平敷焊的操作图

平敷焊操作时的焊条角度如图 2-31 所示，焊条与焊接方向成 70°～80°。

【技能训练】

① 正确准备个人劳动保护用品和焊接用具。

② 做好开机前的检查工作。确认电源线是否完好，确认焊机地线与焊钳的连线是否完好。

③ 清理工件，用角向打磨机打磨待焊处，直至露出金属光泽。

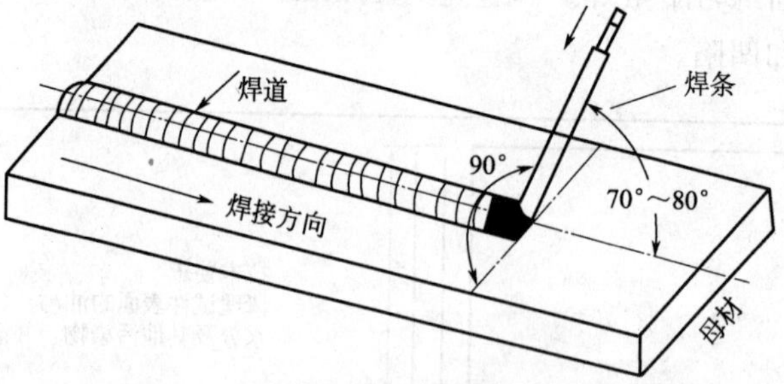

图 2-31 平敷焊时焊条的角度

④ 为防止焊道歪斜，可在试板上用石笔划出直线，并打冲眼作标记。

⑤ 将试件平放在操作架上。

⑥ 按要求准备焊条，焊条型号为 E4303，直径为 ϕ3.2mm，若干，并放在保温桶内，随用随取。

⑦ 启动焊机并调节电流，电流大小为 100～120A。

⑧ 夹持焊条，平敷焊时焊钳与焊条成 90°夹角。

⑨ 在距工件端部约 10mm 处引弧，稍拉长电弧对起头预热，然后压低电弧（弧长≤焊条直径），并减小焊条与焊向角度，从工件端部施焊。

⑩ 正常焊接　采用直线形或锯齿形运条，并仔细观察熔池状态，区分铁水和熔渣。

⑪ 收弧　焊接过程中需更换焊条或停弧时，应缓慢拉长电弧至熄灭，防止出现弧坑。

⑫ 接头　清理原弧坑熔渣，在原弧坑前约 10mm 处引弧，稍拉长电弧到原弧坑 2/3 处预热，压低电弧稍作停留，待原弧坑处熔合良好后，再进行正常焊接。

⑬ 收尾　采用反复断弧收尾法，快速给熔池 2～3 熔滴，填满弧坑熄弧。

⑭ 焊接结束时，应将焊钳放在安全的地方，打扫卫生、关闭电源、清理现场。自觉做到人走、料净、场地清。

温馨提示

在实习过程中注意交流总结。针对每天的学习内容谈收获体会，并将自己在操作学习中出现的问题与其他同学共同讨论和交流，用集体的智慧来解决疑问，共同进步。认真体会指导教师在学生操作过程中和实习结束后的指导和点评；将知识要点和训练中的体会记录下来，养成学习、思考、口述并记笔记的良好习惯，这是快速提高技术和技能水平的有效方法。

【评分标准】

平敷焊的评分标准见表 2-11。

表 2-11 平敷焊的评分标准

考核项目	考核内容	考核要求	分值	评分要求
安全文明生产	能正确执行安全技术操作规程	按达到规定的标准程度评分	20	根据现场纪律，视违反规定程度扣 1～20 分
	按有关文明生产的规定，做到工作地面整洁、工件和工具摆放整齐	按达到规定的标准程度评分	20	根据现场纪律，视违反规定程度扣 1～20 分

续表

考核项目	考核内容	考核要求	分值	评分要求
主要项目	焊缝的外形	波纹均匀，焊缝平直	30	视波纹不均匀、焊缝不平直，扣1～30分
	焊缝表面质量	焊缝表面无气孔、夹渣、焊瘤、裂纹、未熔合	30	焊缝表面有气孔、夹渣、焊瘤、裂纹、未熔合，其中一项扣1～30分

【操作评价】

完成表2-12所示能力评价。

表2-12　能力评价（平敷焊）

内容		小组评价	教师评价
学习目标	评价项目		
应知应会	平敷焊技术		
	个人防护		
专业能力	基本技能掌握程度		
素质能力	学习认真，态度端正		
	安全文明生产		
	能相互指导帮助		
	服从与创新意识		
	实施过程中的问题及解决情况		
	良好的职业习惯		
	严格的工艺纪律		

任务五　I形坡口板对接平焊

【任务描述】

按图2-32的要求，学习板对接平焊的基本操作技能，完成工件焊接任务。通过学习，使学生掌握I形坡口板对接平焊的技术要求及操作要领。会制订板对接平焊的装焊方案，按焊接安全、清洁和环境以及焊接工艺完成焊接操作，制作出合格的板对接平焊工件，并达到评分标准。能实现I形坡口的平对接焊。

【任务分析】

平焊时焊条熔滴受重力的作用过渡到熔池，其操作相对容易。但如果焊接参数不合适或操作不当，容易在根部出现未焊透，或出现焊瘤。当运条和焊条角度不当时，熔渣和熔池金属不能良好分离，容易引起夹渣。板对接平焊操作相对容易，是板状试件、管状试件和其他位置的操作基础。

① 实习焊件。Q235钢板，尺寸为300mm×100mm×10mm，不开坡口（或者说开I形坡口），如图2-32所示。

② 焊接要求。正反面焊接，焊件根部间隙b为起始端1mm，终端间隙2mm，余高1.5～3mm。

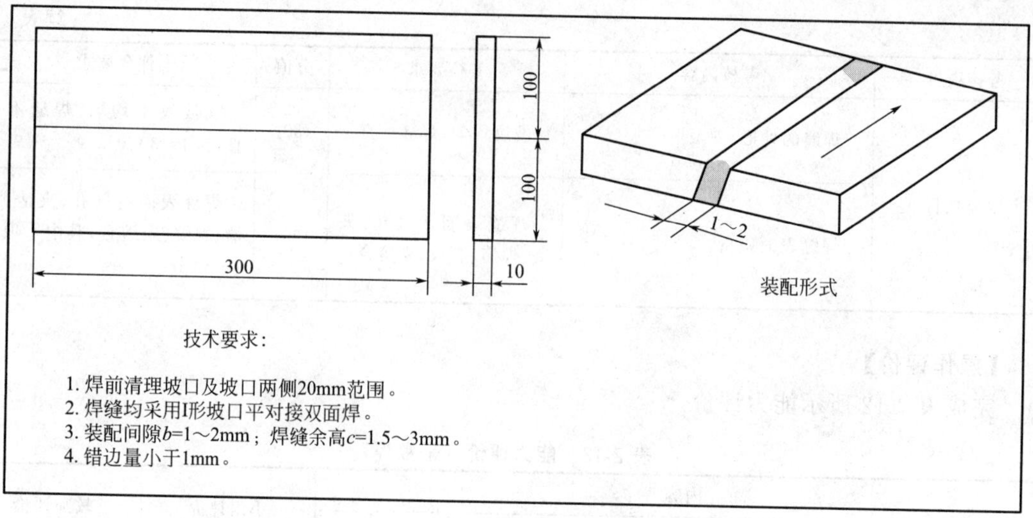
100
100
1～2
300
10
装配形式
技术要求：
1. 焊前清理坡口及坡口两侧20mm范围。
2. 焊缝均采用I形坡口平对接双面焊。
3. 装配间隙b=1～2mm；焊缝余高c=1.5～3mm。
4. 错边量小于1mm。

图 2-32 I形坡口对接平焊试件图

③ 焊条。E4303（J422）型焊条，直径为 $\phi 3.2$mm 和 $\phi 4.0$mm。

【相关知识】

一、装配及定位焊

焊件装配时应保证两板对接处平齐，板间应留有 1～2mm 间隙，错变量小于 1mm。预制出 2°～3°的反变形。反变形量获得的方法是：两手拿住其中一块钢板的两边，轻轻磕打另一块钢板，如图 2-33 所示。

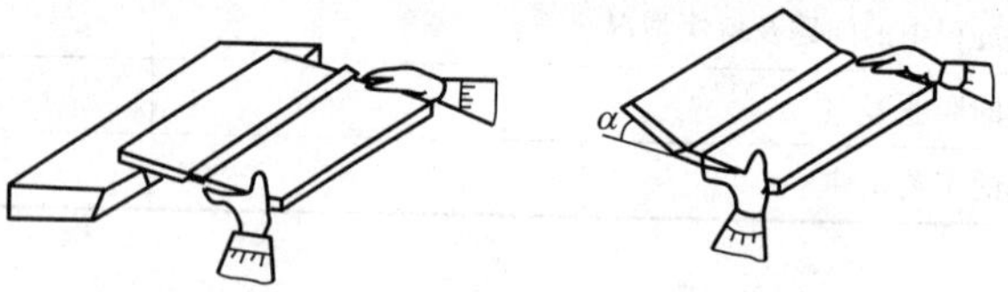

(a) 反变形量的获得　　(b) 反变形角示意图

图 2-33 平板定位时预置反变形量

焊件的装配间隙值用定位焊缝来保证。定位焊缝是指焊前为装配和固定焊件接头的位置而焊接的短焊缝。定位焊时应采用与焊接试件相同牌号的焊条，将装配好的试件在端部进行定位焊，定位焊缝长度为 10～15mm。定位焊的起头和收尾应圆滑过渡，以免正式焊接时焊不透。定位焊缝有缺陷时应将其清除后重新焊接，以保证整个焊缝的焊接质量。定位焊的电流比正式焊接电流大些，通常为 10％ ～ 15％，以保证焊透，且定位焊缝的余高应低些，以防止正式焊接后余高过高。试板装配及定位焊：试件定位焊后形状如图 2-34 所示，然后将试件装夹在焊接定位架上，如图 2-35 所示。

二、焊接操作

1. 正面焊缝的焊接

（1）第一道焊缝的焊接 焊接时，首先进行正面焊，采用直线形运条法，选用 $\phi 3.2$mm 的焊条，焊条角度如图 2-36 所示。焊接参数见表 2-13。为获得较大的熔深和焊缝宽度，运条速度要慢些，使熔深达到板厚的 2/3。

更换焊条时，应在弧坑前 10mm 处引弧，回焊至弧坑处，沿弧坑形状将弧坑填满，不需下压电弧，之后，再正常施焊。

图 2-34 I形坡口试件定位焊后形状

图 2-35 装夹试件

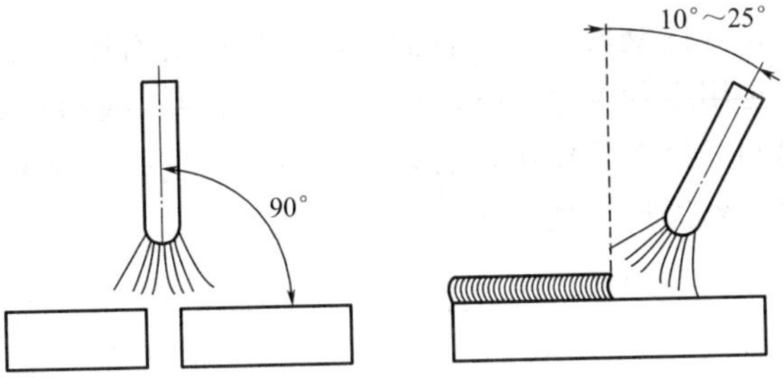

图 2-36 焊条角度

表 2-13 I形坡口对接平焊焊接参数

焊层分布	焊接层次	焊条直径/mm	焊接电流/A
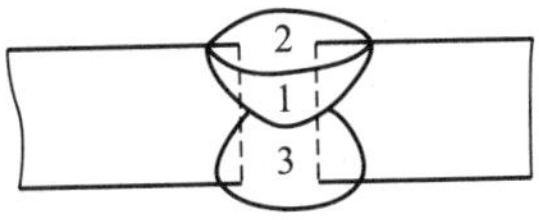	正面 1	$\phi3.2$	100～130
	正面 2	$\phi4.0$	160～170
	背面 1	$\phi4.0$	160～170

(2) 第二层（盖面焊）的焊接　清理焊渣后，进行正面盖面焊。采用 $\phi4.0$mm 焊条可适当加大电流焊接，快速运条，保证焊缝宽度为 12～14mm，余高小于 3mm，如图 2-37 所示。在焊接过程中，如发现熔渣与熔化金属混合不清时，可把电弧稍拉长些，同时增大焊条前倾角，并向熔池后面推送熔渣，这样熔渣就被推到熔池后面，见图 2-38，可防止产生夹渣缺陷。盖面焊焊接时，其焊缝接头应与第一层焊道的接头错开，并注意收弧时一定要填满弧坑，防止产生弧坑裂纹。

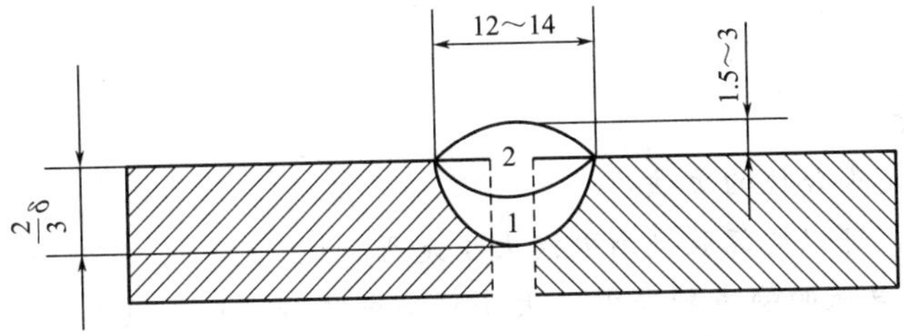

图 2-37 正面焊缝的外形尺寸

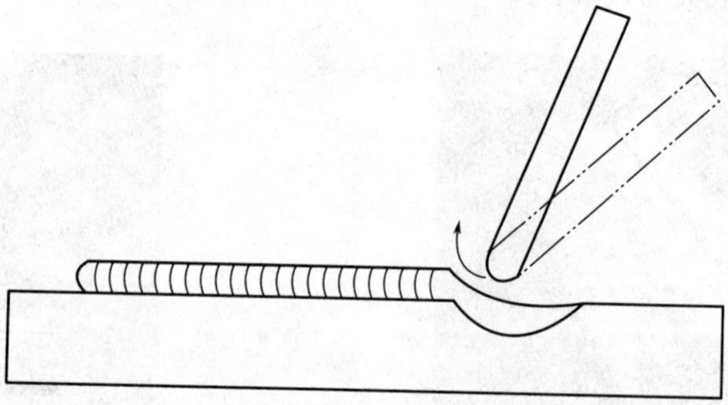

图 2-38 推送熔渣的方法

2. 背面焊缝的焊接

正面焊缝焊完后，将焊件翻转，清理背面焊渣。焊接反面焊缝时，除重要的构件外，一般不必清根。焊接时，选用直径为 ϕ4.0mm 的焊条，采用直线形运条，此时可适当加大电流，因为正面焊缝已起到了封底的作用，所以一般不会发生烧穿现象，同时又可保证与正面焊缝焊根部分焊透。焊缝外形尺寸见图 2-39。

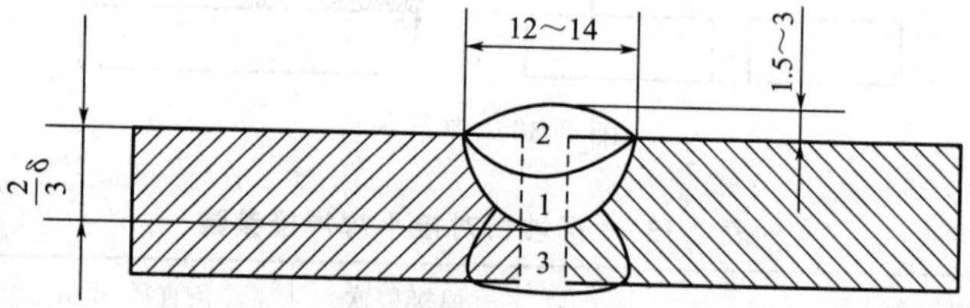

图 2-39 I形坡口对接焊缝的外形尺寸

【技能训练】

① 正确准备个人劳动保护用品和焊接用具。

② 做好开机前的检查工作。确认电源线是否完好，确认焊机地线与焊钳的连线是否完好。

③ 用角向打磨机打磨待焊试件正反两面约 20mm 范围内，直至露出金属光泽。

④ 装配、定位焊并预制 2°～3°反变形。

⑤ 将试件平放在操作架上。

⑥ 按要求（表 2-13）选择焊接工艺参数对焊件进行焊接。

⑦ 焊后认真清除熔渣，认真检查焊缝表面质量和外观尺寸，分析问题总结经验。

⑧ 焊接结束时，应将焊钳放在安全地方，打扫卫生、关闭电源、清理现场。自觉做到人走、料净、场地清。

温馨提示

判断电流大小是否合适的方法：

在实际工作中，可以凭经验判断电流大小是否合适。

① 听响声。从电弧的响声判断电流大小。当电流较大时，发出“哗哗”声，犹如大河流水；当电流较小时，发出“沙沙”声的同时，夹杂着清脆的噼啪声。

② 观察焊条熔化情况。电流过大，焊条会发红变软，甚至难以操作；电流过小，电弧

燃烧不稳定。

③ 看熔池状态。电流适中时，熔池的形状似鸭蛋形；电流较大时，椭圆形熔池中长轴较长；电流较小时，熔池成扁形。

④ 观察飞溅状态。电流过大时，有较大颗粒的溶液向熔池过渡，爆裂声大，飞溅大。

⑤ 检查焊缝成形状况。电流过大，焊缝熔敷金属低，熔深大，容易产生咬边；电流过小，焊缝熔敷金属窄而高，且两侧与母材结合不良。

【评分标准】

板平对接焊的评分标准见表 2-14。

表 2-14　板平对接焊的评分标准

考核项目	考核内容	考核要求	配分	评分要求
安全文明生产	能正确执行安全技术操作规程	按达到规定的标准程度评定	5	根据现场纪律，视违反规定程度扣1～5分
	按有关文明生产的规定，做到工作地面整洁、工件工具摆放整齐	按达到规定的标准程度评分	5	根据现场纪律，视违反规定程度扣1～5分
主要项目	焊缝的外形尺寸	焊缝余高1.5～3mm；余高差≤3mm；焊缝宽度比坡口增宽0.5～2.5mm；宽度差≤3mm	10	有一项不合格，要求扣5分
		焊后角变形0°～3°	10	焊后角变形>3°扣10分
	焊缝表面成形	波纹均匀，焊缝整齐、光滑	15	视波纹不均匀、焊缝不平直扣1～15分
	焊缝的外观质量	焊缝表面无气孔、夹渣、焊瘤、裂纹、未熔合	15	焊缝表面有气孔、夹渣、焊瘤、裂纹、未熔合其中一项扣1～15分
		焊缝咬边深度≤0.5mm；焊缝两侧咬边累计总长不超过焊缝有效长度范围内的26mm	10	焊缝两侧咬边累计总长每5mm扣1分，咬边深度>0.5mm或累计总长>26mm此项不得分
		未焊接深度≤1.5mm；总长不超过焊缝有效长度范围内的26mm	10	未焊透累计总计每5mm扣2分，未焊透深度>1.5mm或累计总长>26mm此焊接按不及格论
	焊缝的内部质量	按GB/T 3323—2005标准对焊缝进行X射线检测	20	Ⅰ级片不扣分；Ⅱ级片扣5分；Ⅲ级片扣10分；Ⅳ级以下为不及格

【操作评价】

完成表 2-15 所示能力评价。

表 2-15 能力评价（Ⅰ形坡口焊）

内容		小组评价	教师评价
学习目标	评价项目		
应知应会	I形坡口板对接平焊技巧		
	个人防护		
专业能力	基本技能掌握程度		
素质能力	学习认真，态度端正		
	安全文明生产		
	能相互指导帮助		
	服从与创新意识		
	实施过程中的问题及解决情况		
	严格的工艺纪律		
	良好的职业习惯		

项目四　拓展训练

【任务描述】

如果在公园或居民小区内适当的地方安装一些休闲长椅，一定会让人倍感惬意，如图 2-40 所示。那我们就需要加工制造出美观实用、价格低、维护简单、使用寿命长的椅子来。

【任务分析】

椅子支架用钢板条焊接做成，选用 Q235 钢板条，通过强度计算（双人座设计，最大承重 200kg）可选用 3mm 厚的钢板，或选用 ϕ20mm×2mm 的 45 钢管。从美观实用的角度设计出如图 2-40 所示整体结构。支架的结构如图 2-41 所示。椅子板面材料为厚 20mm 复合板条。

图 2-40　休闲椅结构

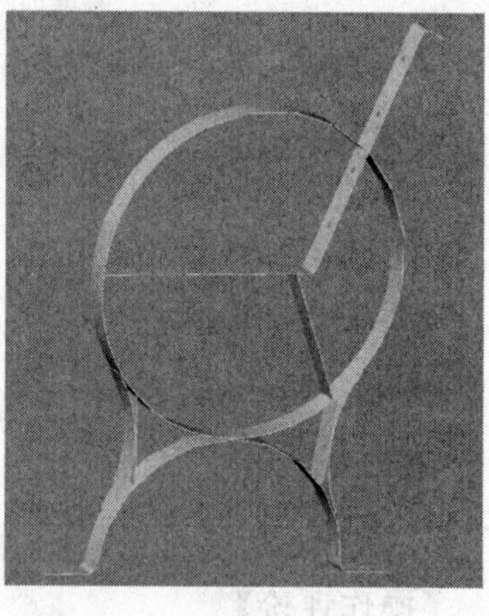

图 2-41　椅子的支架结构

在产品制作过程中，能提出问题并能自行解决问题，注意知识的积累和拓展。

【技能训练】

一、各零件的下料及成形

选用 Q235 钢板条做椅子支架，各零件备料尺寸及成形加工见表 2-16。

表 2-16 零件明细

序号	实样图	结构尺寸图	下料设备及尺寸	成形
1	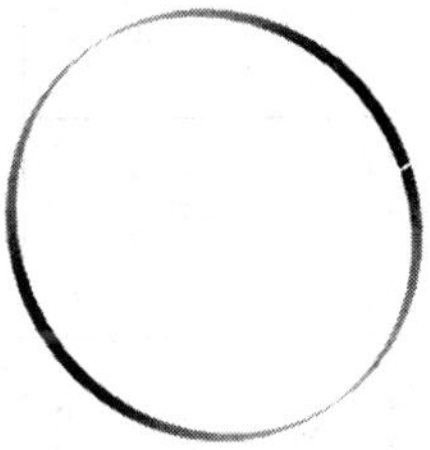	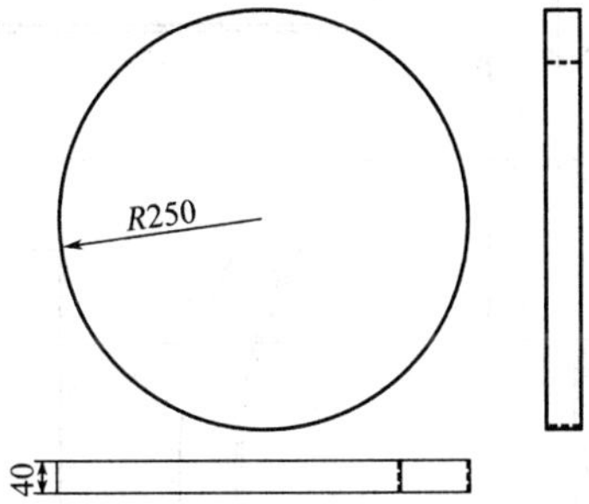	剪板机 长 1570mm， 宽 40mm	卷制成形 样板测量
2	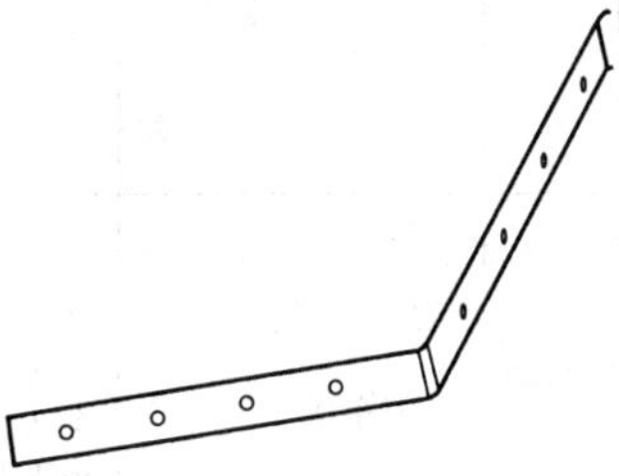	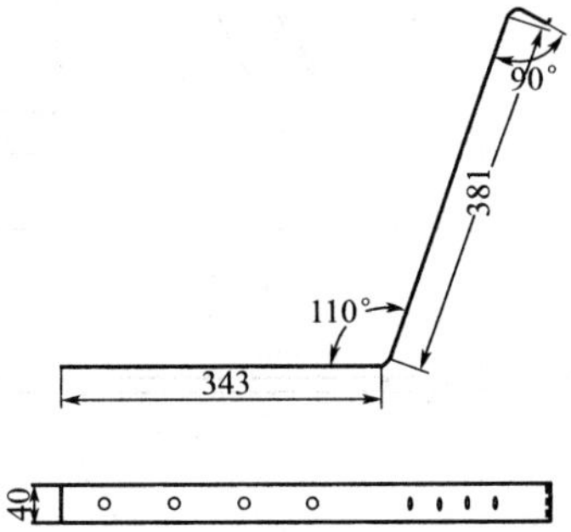	剪板机 长 760mm， 宽 40mm 孔 ϕ10mm	台钳弯制成形、样板测量 钻 ϕ10mm 孔
3	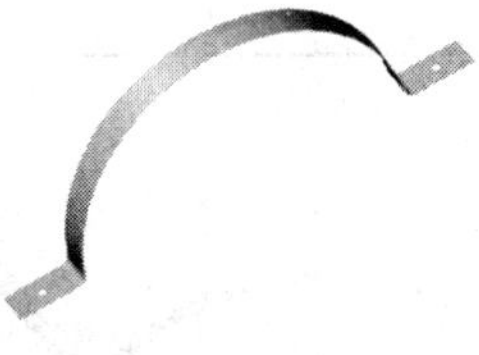	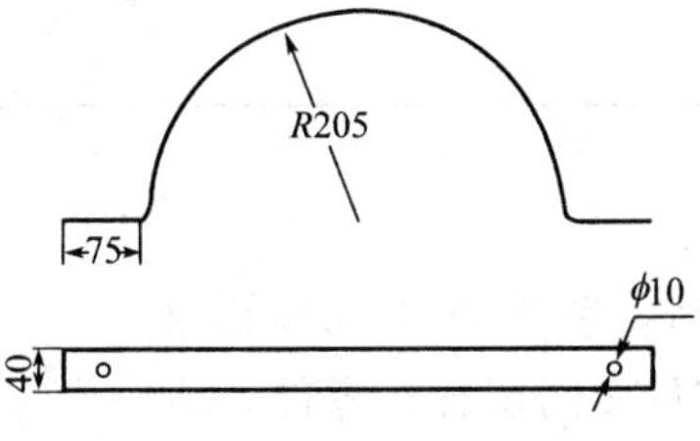	剪板机 长 790～800mm 宽 40mm	台钳弯制成形、样板测量 钻 ϕ10mm 孔
4	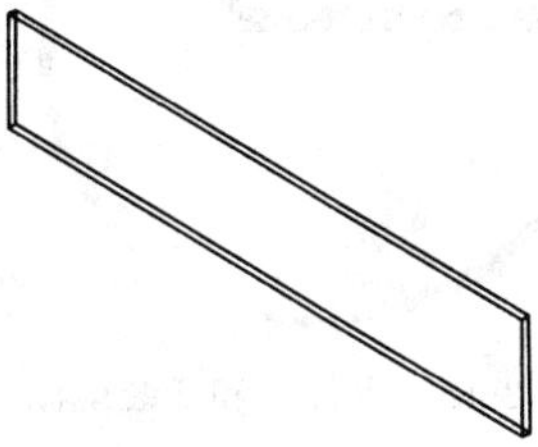	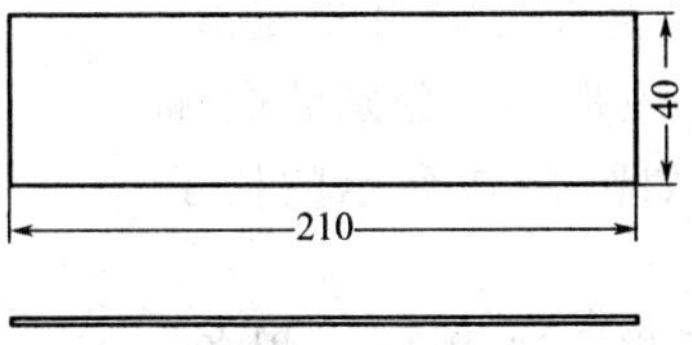	剪切成形 长 210mm 宽 40mm	

续表

序号	实样图	结构尺寸图	下料设备及尺寸	成形
5	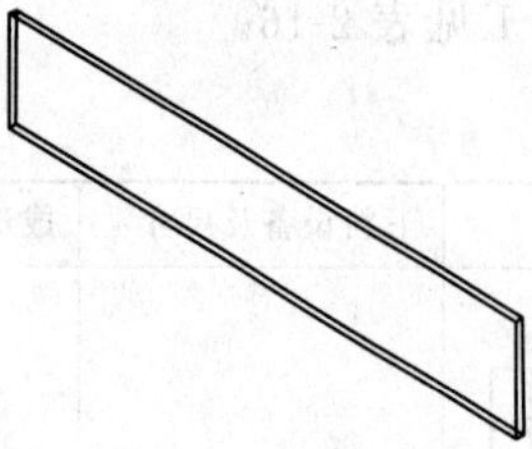	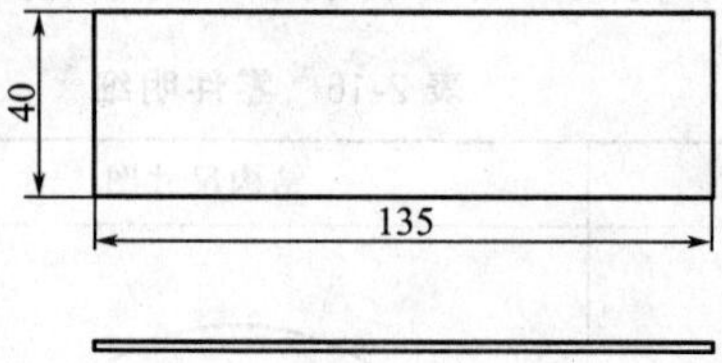	剪切成形 长 135mm 宽 40mm	
6	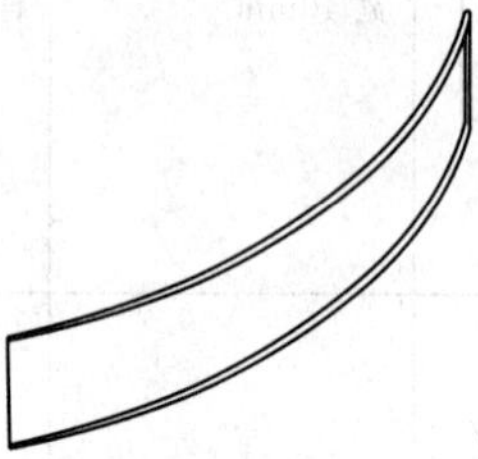	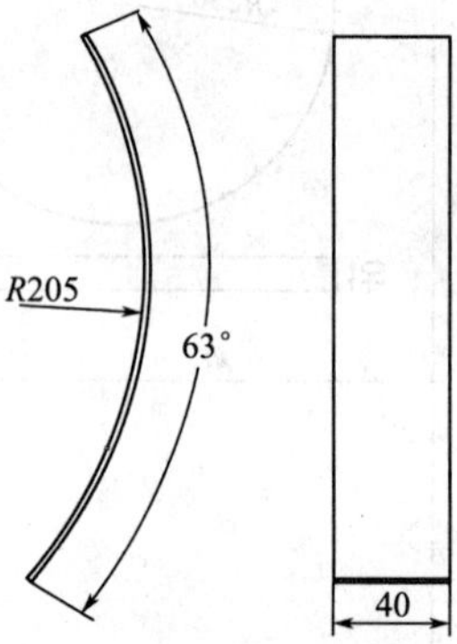	剪切成形 长 230mm 宽 40mm	台钳弯制成形 样板测量
7	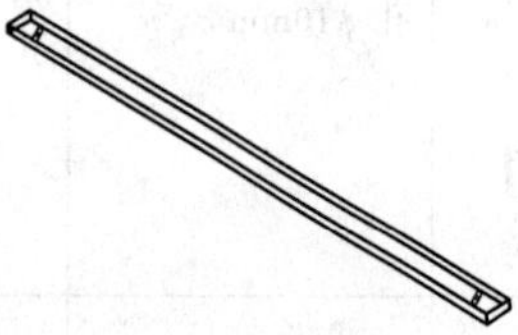	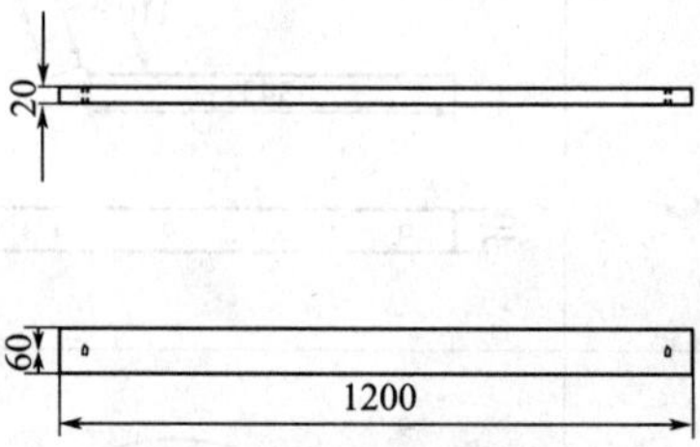	木工车床 长 1200mm 宽 60mm	木工车床裁板下料 钻 ϕ10mm 孔

二、组装

对照表 2-16 中零件序号，将零件 1 和零件 2 焊接在一起，安装时注意零件 2 的位置在零件 1 的直径偏上位置不能太低，形成图 2-42 所示结构，然后安装并焊接零件 4，如图 2-43 所示结构，安装时不能强行装配，避免产生太大应力和变形。将零件 3 进行装配，如图 2-44 所示。分别装配和焊接零件 5 和零件 6，完成如图 2-41 所示的椅子支架制作的任务。

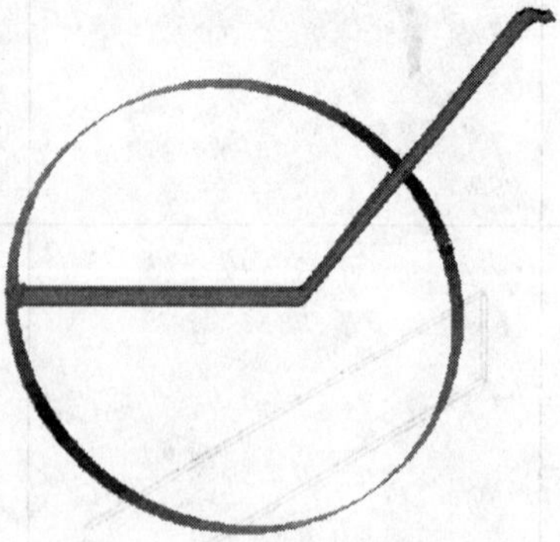

图 2-42　零件 1 和 2 装配图

焊接可以采用焊条电弧焊，选用 J422 焊条，焊条直径为 ϕ2.5mm，焊接电流为 75～85A。在制作过程中要及时测量及矫正，避免变形而影响椅子的质量。

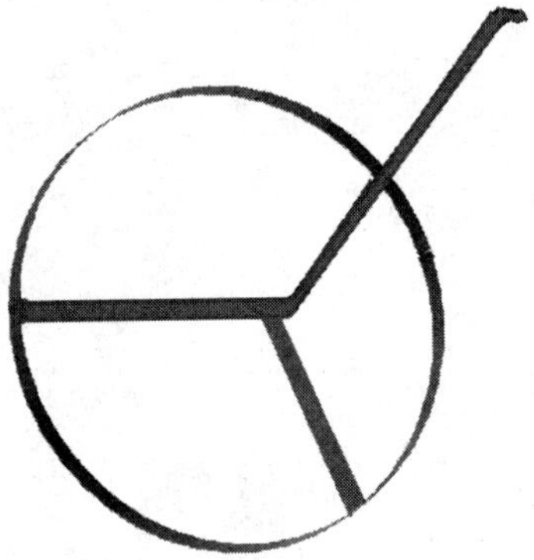

图 2-43 零件 4 装配后

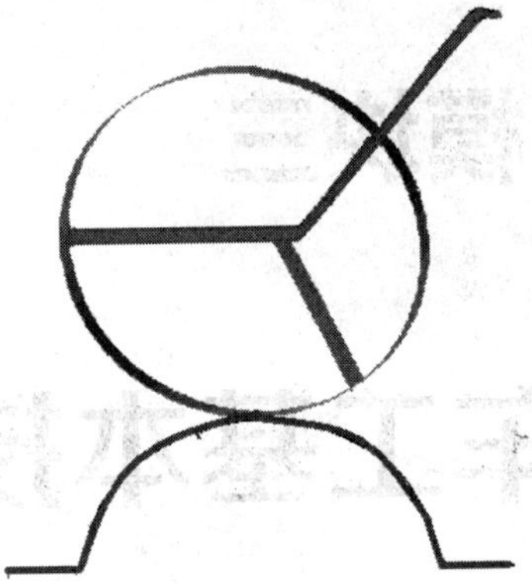

图 2-44 零件 3 装配后简图

另一侧的支架完成后，再安装零件 7 复合板条，并用螺钉固定即可。目视检测焊缝合格后，涂漆，如图 2-40 所示。

模块三

车工基本技能训练

项目一　安全文明生产知识

任务一　安全生产知识

【任务描述】

通过学习，使学生牢记车工安全生产的基本知识。

【任务分析】

安全文明生产是保障生产工人和机床设备的安全，防止工伤和设备事故的根本保证，也是搞好企业经营管理的内容之一。它直接影响到人身安全、产品质量和经济效益，影响机床设备和工具、夹具、量具的使用寿命及生产工人技术水平的正常发挥。学生在学校期间必须养成良好的安全文明生产习惯。

【相关知识】

① 工作服要穿整齐，戴好工作帽；女同志必须把头发盘入帽内，在车床上操作时不准戴手套。

② 工件要卡正、夹紧，装卸工件后卡盘扳手必须随手取下；必须爱护机床，不允许在卡盘上、床身导轨上敲击或校直工件。

③ 车刀要夹紧，方刀架要锁紧。

④ 必须停车变速；车床运转时，严禁用手去摸工件和测量工件，应该用专用的钩子清除切屑，不能用手去拉切屑。

⑤ 爱护量具，不使它受撞击；车床导轨上严禁摆放工、刀、量具及工件。

⑥ 工作时，头不应与工件靠得太近，以防切屑溅入眼中，必须戴上防护眼镜。

⑦ 开车后不许离开机床，要集中精神进行操作，离开机床要随手关电源。

任务二　文明生产知识

【任务描述】

通过学习，使学生熟悉车工文明生产知识。

【任务分析】

文明生产是企业管理工作的一个重要组成部分。是企业安全生产的基本保证，体现着企业的综合管理水平，文明的施工环境是实现职工安全生产的基础。学生在学校期间必须养成良好的安全文明生产习惯。

【相关知识】

① 开车前，应检查车床各部手柄是否在正确位置，机构是否完好，防护设施是否齐全，以防止开车时因突然碰撞损坏车床。车床启动后，应使主轴低速空转 2min（冬天必做），之后才能正常工作。

② 必须停车变速变换进给箱手柄位置时，要在低速或停止瞬间进行。使用电气开关车床不准用正、反车做紧急停车，以防打坏齿轮。

③ 为了保持车床丝杠的精度，除车螺纹时必须使用外，不得用丝杠进行其他自动进给。

④ 不允许在卡盘上、床身导轨上敲击或校直工件；床面上不准摆放工具或工件。

⑤ 装夹较重的工件时，要用木板保护床面，下班若不卸下工件，要用千斤顶支撑工件。

⑥ 车刀磨损后，要及时刃磨。用钝刃车刀切削，会增加车床负荷，甚至损坏机床。

⑦ 使用切削液时要在车床导轨上涂上润滑油。冷却泵中的润滑油要定期调换。

⑧ 工作时所用的工、夹、量具以及工件，应尽可能靠近和集中在操作者的周围。布置物件时，用右手拿的放在右面，左手拿的放在左面；常用的放的近些，不常用的放的远些。物件放置应有固定的位置，使用后要放回原处。

⑨ 工具箱内应分类布置，并保持清洁、整齐。要求小心使用的物件，要放置稳妥，重的放下面，轻的放上面。

⑩ 图样、工艺卡片放置应便于阅读，并保持清洁和完整。

⑪ 工作位置周围应经常保持清洁、整齐。

⑫ 精密量具不应放在床头箱上，要经常保持清洁，用后擦净、涂油放入盒内。

【操作评价】

完成表 3-1 所示能力评价。

表 3-1　能力评价（安规和文明生产）

内容		小组评价	教师评价
学习目标	评价项目		
应知应会	掌握安全操作规程		
	掌握文明生产知识		
专业能力	正确执行安全技术操作规程		
素质能力	学习认真，态度端正		
	能相互指导帮助		
	安全文明生产		
	服从与创新意识		
	实施过程中的问题及解决情况		

项目二 车床知识

任务一 车床简介

【任务描述】

通过学习，使学生熟悉车床的型号编制及CA6140型卧式车床的组成部分及其功用。

【任务分析】

车床的种类很多，以工厂中常用的CA6140型卧式车床为例，了解其各组成部分及其功用。

【相关知识】

车床的加工范围很广，主要加工各种回转表面，其中包括端面、外圆柱面、内圆柱面、圆锥面、螺纹、沟槽、成形面和滚花等（图3-1）。普通车床加工尺寸精度一般为IT8～IT10，表面粗糙度值 $Ra=1.6\sim6.3\mu m$。

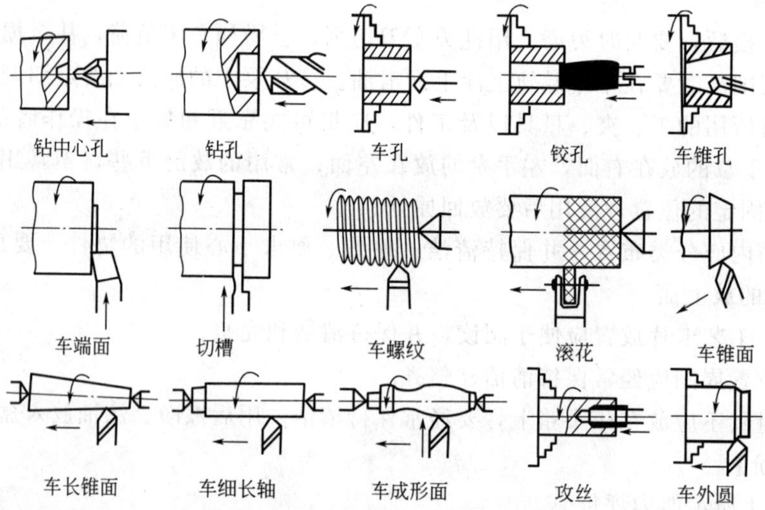

图3-1 车床的基本工作内容

一、车床的型号

机床均用汉语拼音字母和数字，按一定规律组合进行编号，用以表示机床的类型和主要规格。卧式车床用C61×××来表示，其中C为机床分类号，表示车床类机床；61为组系代号，表示卧式。其他表示车床的有关参数和改进号。以CA6140型车床为例，具体说明如下：

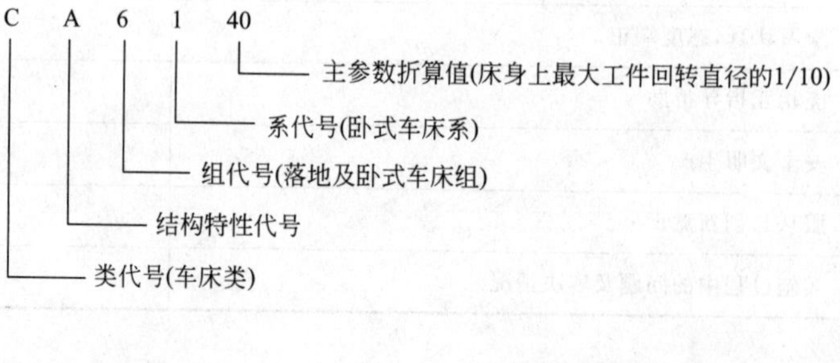

二、CA6140型卧式车床的组成部分及其功用

卧式车床：回转中心轴与水平面平行放置的车床称为卧式车床。

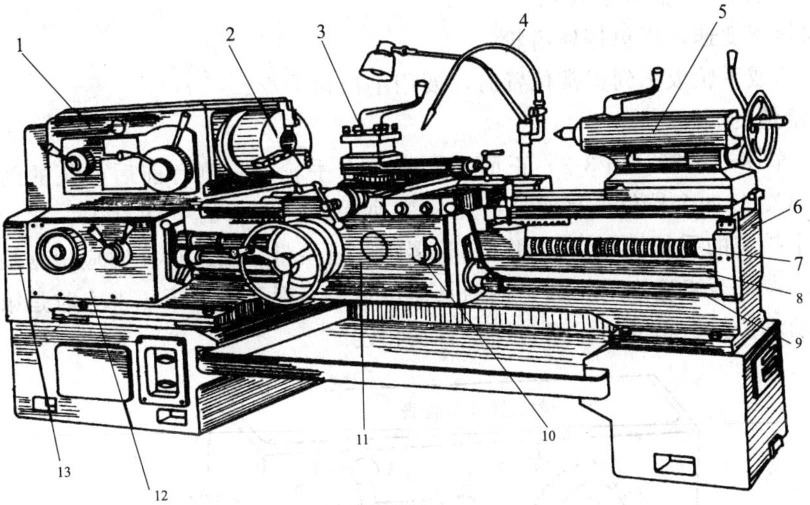

图 3-2　CA6140 型卧式车床

1—主轴箱；2—三爪自定心卡盘；3—刀架；4—冷却装置；5—尾座；6—床身；7—丝杠；8—光杠；9—操纵杆；10—床鞍；11—溜板箱；12—进给箱；13—交换齿轮箱

CA6140 车床外形结构如图 3-2 所示。由床身、主轴箱、交换齿轮箱、进给箱、溜板箱、光杠、丝杠、刀架、床脚和尾座等部分组成。

① 床身。床身是车床的基础零件，用来支承和安装车床的各部件，保证其相对位置。

② 主轴箱（又称床头箱）。主轴箱用以支承主轴并使之旋转。

③ 交换齿轮箱（又名挂轮箱）。调整箱内的齿轮，并与进给箱配合，可以车削各种不同螺距的螺纹，并能得到大小不同的进给量。

④ 进给箱（又称走刀箱）。进给箱是进给传动系统的变速机构。

⑤ 溜板箱（又称拖板箱）。溜板箱与刀架相连，是车床进给运动的操纵箱，它可将光杠传来的旋转运动变为车刀的纵向或横向的直线进给运动；可将丝杠传来的旋转运动，通过开合螺母机构直接变为车刀的纵向移动，用以车削螺纹。

⑥ 刀架。用来安装车刀并使其作纵向、横向或斜向进给运动。

⑦ 尾座。尾座安装在床身导轨上。在尾座的套筒内可安装顶尖来支承工件；也可安装钻头、铰刀等刀具在工件上进行孔加工。

任务二　普通车床各部分的调整及其手柄的使用

【任务描述】

通过学习，使学生学会普通车床各部分的调整及其手柄的使用方法。

【任务分析】

在了解车床各组成部分及其功用后，要掌握车床各部分的调整及其手柄的使用方法。

【相关知识】

一、主轴转速的调整

主轴的不同转速是靠床头箱上变速手轮与变速箱上的长、短手柄配合使用得到的。长手

柄有左、右两个位置，短手柄有左、中、右三个位置，它们相互配合使用，可使主轴获得不同的转速。

操作和使用时应注意以下几点。

① 必须停车变速，以免打坏齿轮。

② 当手柄或手轮扳不到正常位置时，要用手扳转卡盘。

二、进给量的调整

CA6140 车床进给箱（图 3-3）正面左侧有一个手轮，右侧有前后叠装的两个手柄，前面有 A、B、C、D 四个挡位，是丝杠、光杠变换手柄；后面的手柄有Ⅰ、Ⅱ、Ⅲ、Ⅳ四个挡位与有八个挡位的手轮相配合，用以调整螺距和进给量。实际操作时应根据加工要求，查找进给箱上的调配表来确定手轮和手柄的具体位置。当后手柄处于正上方时是第Ⅴ挡，此时齿轮箱的运动不经进给箱变速，而与丝杠直接相连。

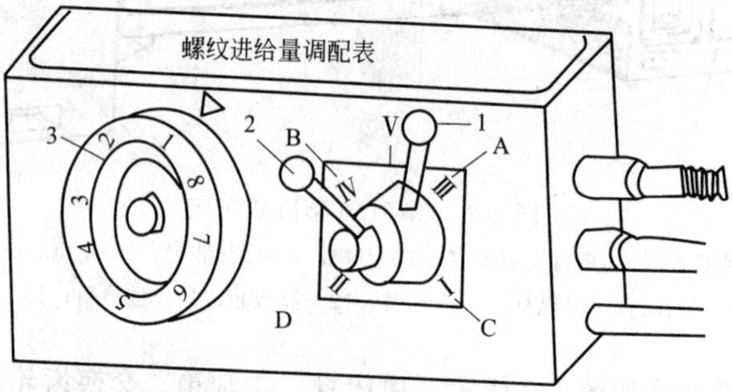

图 3-3 CA6140 车床进给箱

1—调整手柄；2—丝杠、光杠变换手柄；3—手轮

三、自动进给手柄的使用

溜板箱右侧有一个十字槽的扳动手柄，是刀架实现纵、横向机动进给和快速移动的集中操纵机构。该手柄的顶部有一个快进按钮，是控制接通快速电动机的按钮，该手柄扳动方向与刀架运动的方向一致，操作方便。

四、开合螺母手柄的使用

在溜板箱正面右侧有一开合螺母操作手柄（图 3-4），专门控制丝杠与溜板箱之间的联系。开合螺母机构的功用是接通或断开从丝杠传来的运动。当需要车削螺纹时，扳下开合螺母操纵手柄，将丝杠运动通过开合螺母的闭合而传递给溜板箱，并使溜板箱按一定的螺距（或导程）作纵向进给；车完螺纹后，再将该手柄扳回原位。

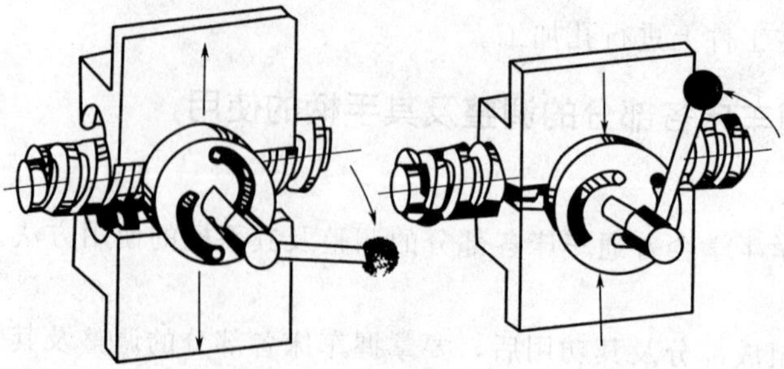

图 3-4 开合螺母手柄

【操作评价】

完成表 3-2 所示能力评价。

表 3-2　能力评价（车床）

内容		小组评价	教师评价
学习目标	评价项目		
应知应会	掌握车床的基本知识		
	掌握车床调整及手柄的使用		
专业能力	正确执行安全技术操作规程		
素质能力	学习认真，态度端正		
	能相互指导帮助		
	安全文明生产		
	服从与创新意识		
	实施过程中的问题及解决情况		

项目三　车刀的基本知识

任务一　车刀材料

【任务描述】

通过学习，使学生熟悉车刀的常用材料。

【任务分析】

在切削过程中，刀具的切削部分要承受很大的压力、摩擦、冲击和很高的温度。因此，刀具材料必须具备高硬度、高耐磨性、足够的强度和韧性，还需具有高的耐热性（红硬性），即在高温下仍能保持足够硬度的性能。

【相关知识】

常用车刀材料主要有高速钢和硬质合金。涂层刀具材料、陶瓷等新型刀具材料在工业生产中的应用也越来越广泛。

1. 高速钢

高速钢又称锋钢，是以钨、铬、钒、钼为主要合金元素的高合金工具钢。高速钢淬火后的硬度为63～67HRC。高速钢有较高的抗弯强度和冲击韧性，常用作低速精加工车刀和成形车刀。常用的高速钢牌号有W18Cr4V、W9Cr4V2和W6Mo5Cr4V2等。

2. 硬质合金

硬质合金是用高耐磨性和高耐热性的WC（碳化钨）、TiC（碳化钛）和Co（钴）的粉末经高压成形后再进行高温烧结而制成的，其中Co起黏结作用，硬质合金有很高的红硬温度。这种刀具缺点是韧性较差，较脆，不耐冲击。常用的硬质合金有钨钴和钨钴钛两大类。

3. 陶瓷

陶瓷刀具既可加工钢料，也可加工铸铁，对于高硬度材料（硬铸铁和淬硬钢）和高精度零件加工特别有效，陶瓷刀具的最大缺点是脆性大、强度低。常用的陶瓷有两种：Al_2O_3

基陶瓷和 Si_3N_4 基陶瓷。

4. 涂层刀具材料

涂层刀具材料是通过气相沉积或其他技术方法，在硬质合金、高速钢的基体上涂覆一薄层（几微米）耐磨性极高的难熔金属（或非金属）化合物。因此，它既具有基体材料的韧性，又有很高的硬度，而且化学性能稳定，摩擦系数低，可大大提高耐用度。

任务二　车刀的组成及结构形式

【任务描述】

通过学习，使学生掌握车刀各组成部分的名称及作用。

【任务分析】

车刀是用于车削加工的、具有一个切削部分的刀具，是切削加工中应用最广的刀具之一。全面掌握车刀的结构形式尤为重要。

【相关知识】

一、车刀的组成

车刀由刀柄和刀体两部分组成。刀体用于切削，刀柄用于安装。刀体一般由“三面两刃一尖”组成，如图 3-5 所示。

① 前刀面。是切屑流经过的表面。

② 主后刀面。是与工件切削表面相对的表面。

③ 副后刀面。是与工件已加工表面相对的表面。

④ 主切削刃。是前刀面与主后刀面的交线，担负主要的切削工作。

⑤ 副切削刃。是前刀面与副后刀面的交线，担负少量的切削工作，起一定的修光作用。

⑥ 刀尖。是主切削刃与副切削刃的相交部分，一般为一小段过渡圆弧。

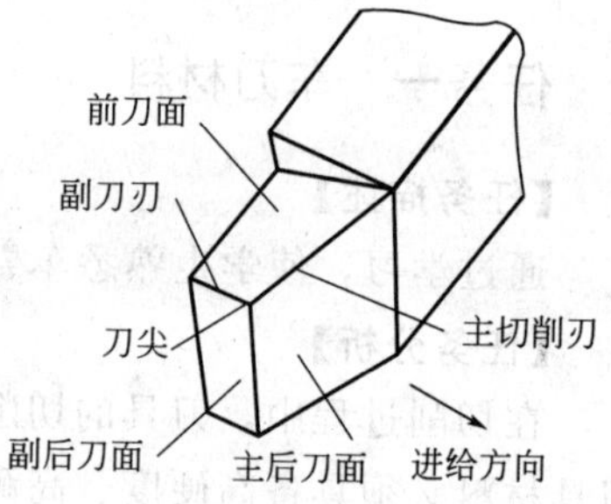

图 3-5　刀体的组成部分

二、车刀的结构形式

最常用的车刀结构形式有以下两种。

① 整体车刀。刀头的切削部分是靠刃磨得到的，整体车刀的材料多用高速钢制成，一般用于低速切削。

② 焊接车刀。将硬质合金刀片焊在刀头部位，不同种类的车刀可使用不同形状的刀片。焊接的硬质合金车刀，可用于高速切削。

任务三　车刀的主要几何角度及其作用

【任务描述】

通过学习，使学生掌握车刀的主要角度及其作用。

【任务分析】

车刀的角度对工件质量的影响较大。因此，要掌握车刀几何角度及作用。

【相关知识】

一、车刀辅助平面的建立

为了确定和测量车刀的几何角度，要建立三个辅助的坐标平面：切削平面、基面和主截面，如图 3-6 所示。

对车削而言，如果不考虑车刀安装和切削运动的影响，即假设的“静止状态”，切削平面可以认为是铅垂面；基面是水平面；当主切削刃水平时，垂直于主切削刃所作的剖面为主截面。

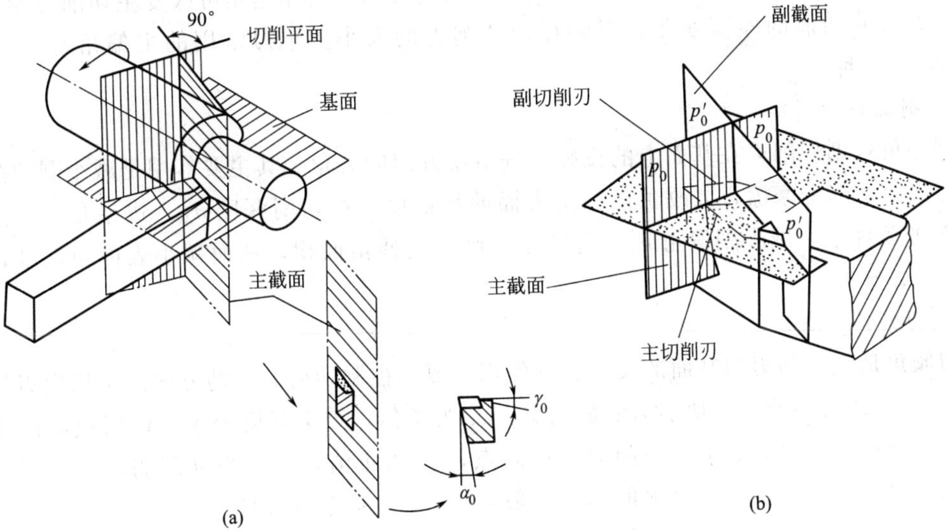

图 3-6　车刀几何角度的辅助平面

二、车刀的主要几何角度

车刀的主要几何角度有前角（γ_0）、后角（α_0）、主偏角（κ_r）、副偏角（κ_r'）和刃倾角（λ_s），如图 3-7 所示。

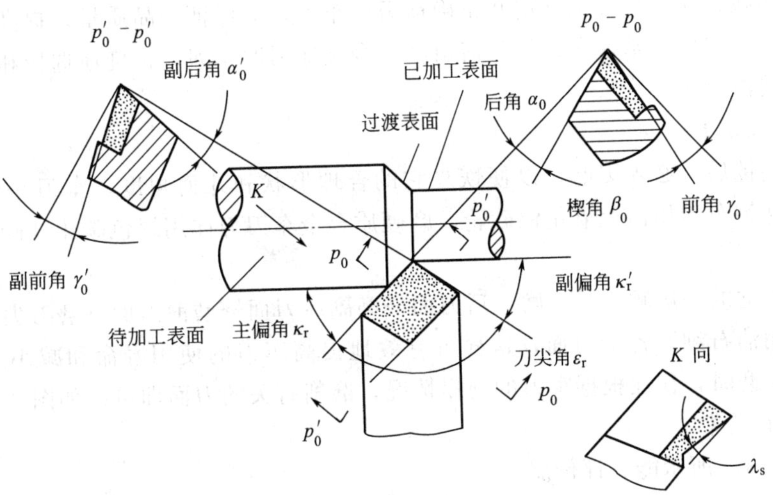

图 3-7　车刀切削部分的主要角度

1. 前角（γ_0）

前角是前刀面与基面之间的夹角。其作用是使刀刃锋利，便于切削。加工塑性材料时，前角可选大些；加工脆性材料时，前角可选小些。粗加工时，应选较小的前角；精加工时，应选较大的前角。

2. 后角（α_0）

后角是主后刀面与切削平面之间的夹角。其作用是减小车削时主后面与工件之间的摩擦，一般取 $\alpha_0=6°\sim12°$，粗车时取小值，精车时取大值。

3. 主偏角（κ_r）

主偏角是主切削刃在基面的投影与进给方向的夹角。其作用是可改变主切削刃参加切削的长度，影响切屑的厚薄变化，影响径向切削力的大小。车刀常用的主偏角有 45°、60°、75°、90°等几种。

4. 副偏角（κ_r'）

副偏角是副切削刃在基面上的投影与进给反方向的夹角。其主要作用是减小副切削刃与已加工表面之间的摩擦，以改善已加工表面的粗糙度。在切削深度 a_p、进给量 f、主偏角 κ_r 相等的条件下，减小副偏角 κ_r'，可减小车削后的残留面积，从而减小表面粗糙度，一般选取 $\kappa_r'=5°\sim15°$。

5. 刃倾角（λ_s）

刃倾角是主切削刃与基面的夹角。其作用主要是控制切屑的流动方向。主切削刃与基面平行，$\lambda_s=0$；刀尖处于主切削刃的最低点，λ_s 为负值，刀尖强度增大，切屑流向已加工表面，用于粗加工；刀尖处于主切削刃的最高点，λ_s 为正值，刀尖强度削弱，切屑流向待加工表面，用于精加工。车刀刃倾角 λ_s，一般在 $-5°\sim+5°$之间选取。

任务四 车刀的刃磨

【任务描述】

通过学习，使学生掌握车刀的刃磨方法。

【任务分析】

生产实践证明，合理地选用和正确地刃磨车刀，对保证产品质量，提高生产效率有着极重要的意义。因此，掌握车刀的几何角度，合理地刃磨车刀，正确地选择和使用车刀是学习技术的重要内容之一。

【相关知识】

车刀用钝后，必须刃磨，以便恢复它的合理形状和几何角度。车刀一般在砂轮机上刃磨，磨高速钢车刀用白色氧化铝砂轮，磨硬质合金车刀刀体用绿色碳化硅砂轮，刀柄用白色氧化铝砂轮。

车刀刃磨的一般顺序是：磨主后刀面→磨副后刀面→磨前刀面→磨刀尖圆弧。车刀刃磨后，还应用油石细磨各个刀面，这样可有效地提高车刀的使用寿命和减小工件表面的粗糙度。车刀重磨时，往往根据车刀的磨损情况，磨削有关的刀面即可，如图 3-8 所示。

【操作评价】

完成表 3-3 所示能力评价。

表 3-3 能力评价（车刀刃磨）

内容		小组评价	教师评价
学习目标	评价项目		
应知应会	掌握车刀的刃磨		
	掌握车刀的组成及基本结构形式		

续表

内容		小组评价	教师评价
学习目标	评价项目		
专业能力	正确执行安全技术操作规程		
素质能力	学习认真，态度端正		
	能相互指导帮助		
	安全文明生产		
	服从与创新意识		
	实施过程中的问题及解决情况		

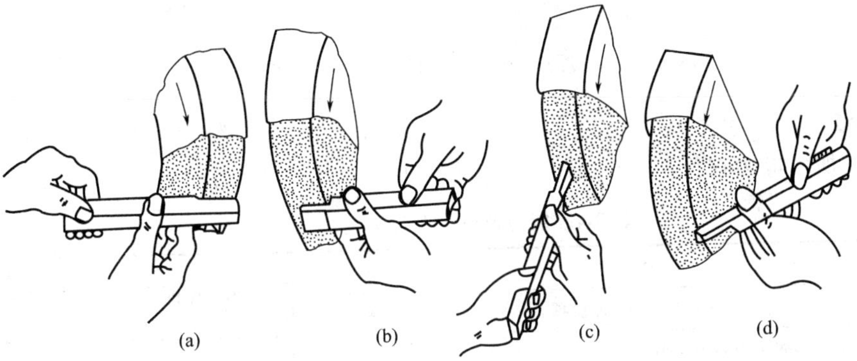

图 3-8 车刀的刃磨

项目四 车削加工基本操作

任务一 外圆车刀的装夹步骤

【任务描述】

通过学习，使学生掌握外圆车刀的装夹。

【任务分析】

车刀安装正确与否，直接影响车削顺利进行和工件的加工质量，甚至会损坏车刀。

【相关知识】

一、确定车刀的伸出长度

把车刀放在刀架装刀面上，车刀伸出刀架部分的长度约等于刀柄高度的1.5倍，车刀下面垫片的数量要尽量少，并与刀架边缘对齐，且至少用两个螺钉平整压紧。

二、车刀刀尖必须对准工件中心

移动床鞍和中滑板，使车刀刀尖靠近工件，目测刀尖与工件中心的高度差，选用相应厚度的垫片垫在刀柄下面，夹紧车刀。使车刀刀尖必须对准工件中心（图3-9），可用如下几种方法。

① 试车端面，再根据端面的中心来调整车刀。

② 也可根据车床的主轴中心高，用钢直尺测量装刀。

③ 或者根据机床尾座顶尖的高低装刀。

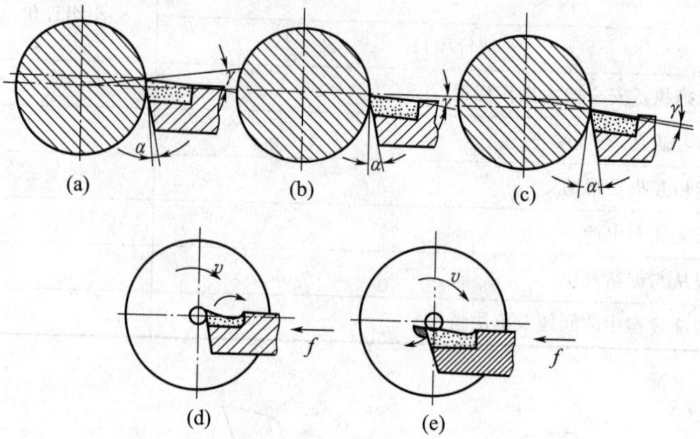

图 3-9 车刀刀尖不对准工件中心线的后果

【操作评价】

完成表 3-4 所示能力评价。

表 3-4 能力评价（车刀装夹）

内容		小组评价	教师评价
学习目标	评价项目		
应知应会	掌握车刀装夹步骤		
专业能力	正确执行安全技术操作规程		
素质能力	学习认真，态度端正		
	能相互指导帮助		
	安全文明生产		
	服从与创新意识		
	实施过程中的问题及解决情况		

任务二 车床手动进给的基本操作练习

【任务描述】

通过练习，使学生掌握车床手动进给的基本操作。

【任务分析】

普通车床加工工件要通过手动或机动进给才能实现，因此要掌握手动进给基本操作。

【技能训练】

一、变换车床主轴转速和进给量的练习

必须停车变速，改变主轴箱外的手柄位置即可得到各种不同的转速。查阅进给量铭牌，变换进给箱外的手柄位置可得到所需要的进给量值。

二、纵、横向手动进给和进、退刀动作的练习

溜板箱上安装有大、中、小滑板和刀架。大滑板与溜板箱连接，逆时针摇动手轮可以使溜板箱作纵向进刀（向卡盘方向运动），顺时针摇动则背离卡盘方向退刀。中滑板手柄与内部丝杠连接，顺时针摇动手柄，中滑板就横向进刀，逆时针摇动为退刀，用于横向车削工件

及控制切削深度。小滑板手柄与小滑板内部的丝杠连接，顺时针摇动手柄为纵向进刀，逆时针为退刀；双手交替摇动床鞍手轮及中滑板手轮要慢而匀速；进、退刀动作应敏捷，熟练。

【操作评价】

完成表 3-5 所示能力评价。

表 3-5　能力评价（车刀进给）

内容		小组评价	教师评价
学习目标	评价项目		
应知应会	掌握车刀进给的基本知识		
专业能力	正确执行安全技术操作规程		
素质能力	学习认真,态度端正		
	能相互指导帮助		
	安全文明生产		
	服从与创新意识		
	实施过程中的问题及解决情况		

任务三　车床机动进给的基本操作练习

【任务描述】

通过练习，使学生掌握车床机动进给的基本操作。

【任务分析】

普通车床加工工件要通过手动或机动进给才能实现，因此要掌握机动进给基本操作。

【技能训练】

① 主轴转速不超过 100r/min，尽量采用低速；走刀量调整一般在 0.12～0.17mm/r 之间为宜。

② 接通机床电源，并按下启动按钮。将操纵杆向上提起，主轴作顺向转动，操纵杆放在中间，主轴停止转动；如需离开车床，应按下急停按钮。

③ 先开车，将车床床鞍移向床身的中间，由于溜板箱右侧的十字槽扳动手柄的扳动方向与刀架运动方向一致，将机动进给十字槽扳动手柄扳至纵向位置，则车床床鞍向靠近卡盘或远离卡盘方向移动。将机动进给手柄按横向位置调整，则车床中滑板作横向移动。若同时按下手柄上的快速按钮，快速电动机工作，可实现快速进给。

④ 注意刀架部分的行程极限，防止碰撞三爪自定心卡盘和尾架；横向移动方刀架时，向前不超过主轴轴线，向后横溜板不超过导轨。

【操作评价】

完成表 3-6 所示能力评价。

表 3-6　能力评价（车床进给）

内容		小组评价	教师评价
学习目标	评价项目		
应知应会	掌握车床进给的基本操作		
专业能力	正确执行安全技术操作规程		

续表

内容		小组评价	教师评价
学习目标	评价项目		
素质能力	学习认真，态度端正		
	能相互指导帮助		
	安全文明生产		
	服从与创新意识		
	实施过程中的问题及解决情况		

任务四　车端面的操作步骤

【任务描述】

通过练习，使学生掌握端面的基本操作。

【任务分析】

在车床上使用不同的车刀或其他刀具，可以加工各种回转表面，如内外圆柱面、内外圆锥面、螺纹、沟槽、端面和成形面等。因此，必须掌握端面的车削技能。

【技能训练】

① 移动床鞍和中滑板，使车刀靠近工件端面后，将床鞍上螺钉扳紧，使床鞍位置固定。

② 测量毛坯长度，确定端面应车去的余量，一般先车的一面少车，其余余量在另一面车去。并且第一刀吃刀量一定要超过硬皮层。

③ 双手匀速摇动中滑板手柄进给车端面，当车刀刀尖车到端面中心时，车刀即退回。

【操作评价】

完成表 3-7 所示能力评价。

表 3-7　能力评价（端面车削）

内容		小组评价	教师评价
学习目标	评价项目		
应知应会	掌握端面车削的基本步骤		
专业能力	正确执行安全技术操作规程		
素质能力	学习认真，态度端正		
	能相互指导帮助		
	安全文明生产		
	服从与创新意识		
	实施过程中的问题及解决情况		

任务五　车外圆时试切的方法与步骤

【任务描述】

通过练习，使学生掌握车外圆时试切的方法与步骤。

【任务分析】

试切削的目的是为了准确地控制切削深度，以保证工件外圆的尺寸公差。

【技能训练】

① 启动车床，移动床鞍和中滑板，使车刀刀尖与工件表面轻微接触，然后移动床鞍，纵向退刀。

② 移动中滑板刻度圈，利用中滑板刻度值控制横向进刀深度，移动床鞍，试切外圆长度为 2mm 左右，然后车刀向右作纵向移动，退刀。

③ 停车测量。如尺寸符合要求，就可继续纵向进给车削；如尺寸还大，可加大切削深度；若尺寸过小，则应减小切削深度。

【操作评价】

完成表 3-8 所示能力评价。

表 3-8　能力评价（车削外圆试切）

内容		小组评价	教师评价
学习目标	评价项目		
应知应会	掌握车削外圆时试切的基本方法		
专业能力	正确执行安全技术操作规程		
素质能力	学习认真，态度端正		
	能相互指导帮助		
	安全文明生产		
	服从与创新意识		
	实施过程中的问题及解决情况		

任务六　机动进给粗、精车台阶外圆方法

【任务描述】

通过练习，使学生掌握机动进给粗、精车台阶外圆方法。

【任务分析】

为保证工作效率和工件质量，外圆的车削过程可分为粗车和精车两个过程。

【技能训练】

一、粗车台阶外圆

① 开车，调整进给量。

② 调整切削深度，先进行试切削。

移动床鞍，使刀尖靠近工件时合上机动进给手柄，当车刀刀尖距离退刀位置 1～2mm 时停止机动进给，改为手动进给，车至所需长度时将车刀横向退出，回起始位置，测量后再调整切削深度作第二次工作行程（具体操作见图 3-10）。

③ 粗车多阶台时的阶台长度除第一挡阶台长度略短些外（留精车余量），其余各挡可车至长度。外圆留精车余量 0.5～1mm。

二、精车台阶外圆

① 开车，调整进给量，先进行试切削，试切长度一般不超过倒角，测量后再调整切削深度。

② 精车阶台工件时，通常在自动走刀精车外圆至近阶台处时停止机动进给，改为手动进给车至所需长度。当车到阶台端面时，变纵向走刀为横向走刀，移动中滑板由里向外慢慢

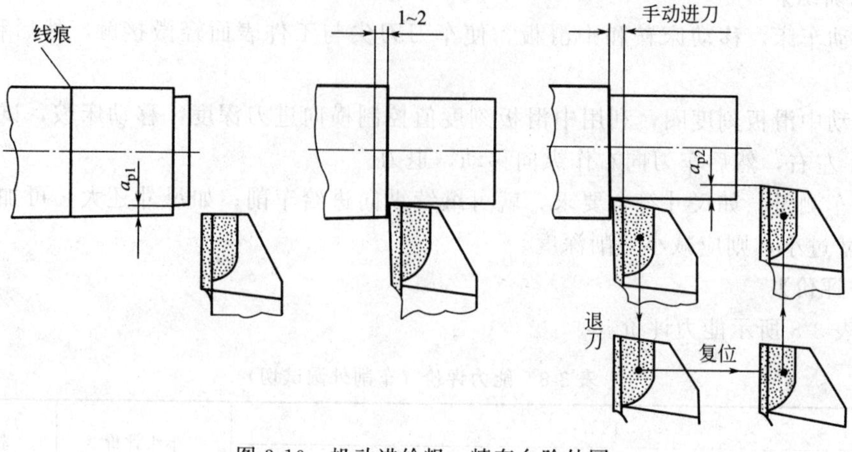

图 3-10 机动进给粗、精车台阶外圆

精车阶台端面，以确定阶台对轴线的垂直度。

【操作评价】

完成表 3-9 所示能力评价。

表 3-9 能力评价（车削外圆）

内容		小组评价	教师评价
学习目标	评价项目		
应知应会	掌握车削外圆的基本方法		
专业能力	正确执行安全技术操作规程		
素质能力	学习认真，态度端正		
	能相互指导帮助		
	安全文明生产		
	服从与创新意识		
	实施过程中的问题及解决情况		

任务七 用转动小滑板法车削外圆锥面

活动一 圆锥的基本参数和各部分尺寸计算

【任务描述】

通过练习，使学生掌握用转动小滑板法车削外圆锥面时，圆锥的基本参数和各部分尺寸计算方法。

【任务分析】

转动小滑板法车削外圆锥面，圆锥的各部分尺寸的准确性对保证工作的顺利完成十分重要。

【技能训练】

一、圆锥的基本参数（图 3-11）

① 圆锥半角（$\alpha/2$）。圆锥角 α 是在通过圆锥轴线的截面内，两条素线的夹角。圆锥角 α 的一半就是圆锥半角 $\alpha/2$。

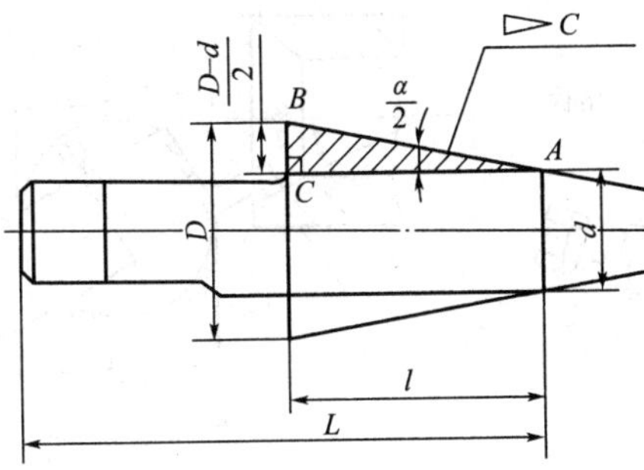

图 3-11 圆锥的基本参数

② 圆锥长度（L）。最大圆锥直径处与最小圆锥直径处的轴向距离。

③ 最大圆锥直径（D）。大端直径。

④ 最小圆锥直径（d）。小端直径。

⑤ 锥度（C）。圆锥大小端直径之差与长度之比，即 $C=(D-d)/L$。锥度不是度数。

二、计算圆锥半角 $\alpha/2$

车削前应先计算出圆锥半角 $\alpha/2$，$\alpha/2$ 也就是小滑板应转过的角度。

① 用三角函数计算并查表：

$\tan\alpha/2=(D-d)/2L$ 或 $\tan\alpha/2=C/2$

② 当圆锥半角在 6°以内时，（一般情况下，锥度小于 1∶5）可采用近似公式计算：

$\alpha/2\approx 28.7°\times(D-d)/L$ 或 $\alpha/2\approx 28.7°\times C$

活动二 用转动小滑板法车削外圆锥面的步骤

【任务描述】

通过练习，使学生掌握用转动小滑板法车削外圆锥面的基本技能。

【任务分析】

外圆锥面的车削基本分为调整小滑板的角度、对刀、粗车圆锥和精车四步。

【技能训练】

一、调整小滑板的角度

松开转盘螺母，把转盘转动至所需要的圆锥半角 $\alpha/2$，转动小滑板时一定要注意转动方向。当圆锥面小端朝向尾座时，小滑板应作逆时针旋转；当小端朝向主轴方向时，小滑板应作顺时针旋转。旋紧转盘螺母。注意：小滑板转动的角度值要稍大于计算值，不要小于计算值。因为圆锥半角 $\alpha/2$ 的值不是整数，大致对准后通过试车削找正，转动的角度值稍大一些，便于修正圆锥长度尺寸，如图 3-12 所示。

二、对刀

移动中，小滑板，使刀尖与工件轴端外圆轻轻接触后，小滑板向后退出，中滑板刻度调至零位，作为粗车圆锥的起始位置。

三、粗车圆锥

中滑板按刻度向前进给，调整切削深度后，开动机床、双手交替摇动小滑板手柄，要求手动进给的速度保持均匀而不间断。车圆锥时，切削深度会逐渐减小，当接近终端时，将中滑板退出，小滑板则快速手动后退复位。

停车，通过用万能角度尺检验圆锥角度正确与否来决定是否调整小滑板。

在原刻度的基础上调整切削深度，粗车至圆锥小端直径留 1.5～2mm 余量。

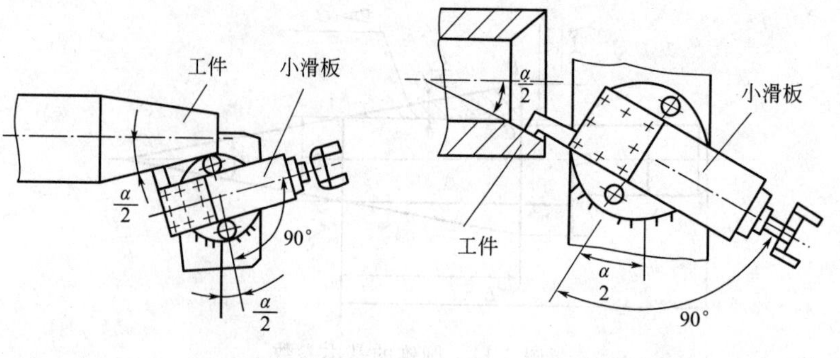

(a) 车削外锥面 (b) 车削内锥面

图 3-12 小滑板转动方向

四、精车

在粗车基础上，按原有锥度进行车削，注意吃刀深度的准确性，保证工件尺寸。

活动三 粗车检验后，圆锥角度不正确，如何调整小滑板角度的操作步骤

【任务描述】

通过练习，使学生掌握粗车检验后，圆锥角度不正确，如何调整小滑板角度的操作步骤。

【任务分析】

粗车检验后，圆锥角度不正确，要学会分析出错误原因和掌握如何调整小滑板角度的操作技能。

【技能训练】

一、松开螺母

松开转盘螺母，先旋松远离操作者一侧的螺母，再旋松靠近操作者身边的螺母，以防止变动角度。

二、调整滑板角度

微量调整角度的操作：用左手拇指按在转盘与中滑板接缝处，右手按需要调整的方向轻轻敲动小滑板，使转盘朝着正确的方向作极微小的转动。如工件圆锥角小，小滑板应作逆时针转动；如工件圆锥角大，小滑板应作顺时针转动。

三、锁紧转盘螺母

锁紧转盘螺母时，应先锁紧操作者身边的螺母。

四、小滑板角度调整后试车削操作的方法

移动中，小滑板使刀尖处在圆锥长度的中间，并与圆锥外圆轻轻接触，记下刻度值后，车刀横向退出，小滑板退至圆锥小端的端面外，中滑板进给至记下的刻度值，然后移动小滑板做全程切削，此时进给量应小于 0.1mm/r，再次用万能角度尺检验，直至圆锥角度正确。

活动四 检查锥度的方法

【任务描述】

通过练习，使学生掌握检查锥度的方法。

【任务分析】

车削外圆锥时，一定要保证锥度的正确，才能加工出合格的工件。常用的检测锥度的方法有万能角度尺检测法和涂色法。

【技能训练】

一、用万能角度尺检测

根据工件角度调整量角器的安装，量角器基尺与工件端面通过中心靠平，直尺与圆锥母线接触，利用透光法检查，人视线与检测线等高，在检测线后方衬一白纸以增加透视效果，若合格即为一条均匀的白色光线。当检测线从小端到大端逐渐增宽，即锥度小，反之则大，需要调整小滑板角度。

二、用涂色法检测面

对于配合精度要求较高的圆锥工件，一般用圆锥套规检验外圆锥。检验时，要求将圆锥车平整，表面粗糙度 Ra 应小于 32μm。检验时用显示剂（红丹粉）在工件表面顺着圆锥素线涂上三条线（可按周向均分），涂色要求薄而均匀。用手握住锥形套规轻轻套在工件圆锥上，稍加轴向推力，并将套规转动约半周，然后取下套规，观察显示剂擦去的情况；如果三条显示剂全长上擦去均匀，说明圆锥接触良好，锥度正确。如果小端擦着，大端没擦去，说明圆锥角小了；反之，说明圆锥角大了。

【操作评价】

完成表 3-10 所示能力评价。

表 3-10　能力评价（车削圆锥面）

内容		小组评价	教师评价
学习目标	评价项目		
应知应会	掌握车削圆锥面的基本知识		
专业能力	正确执行安全技术操作规程		
素质能力	学习认真，态度端正		
	能相互指导帮助		
	安全文明生产		
	服从与创新意识		
	实施过程中的问题及解决情况		

任务八　用双手控制法车成形面

【任务描述】

通过练习，使学生掌握用双手控制法车成形面。

【任务分析】

用双手控制法车成形面的基本原理是用双手控制中、小滑板或者是控制中滑板与床鞍的合成运动，使刀尖的运动轨迹与零件表面素线重合，以达到车成形面的目的（图 3-13）。

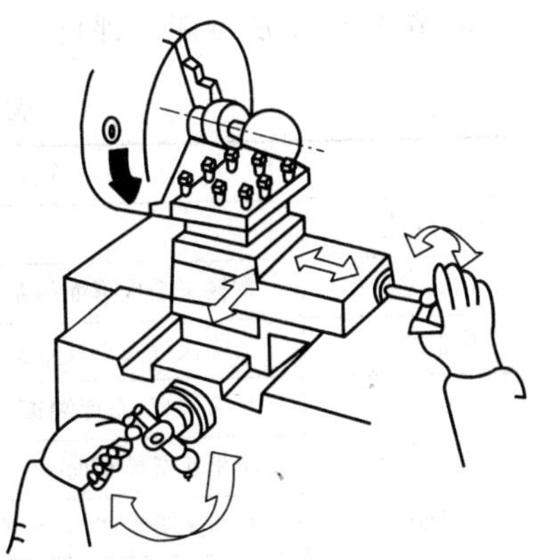

图 3-13　用双手控制法车成形面

活动一　圆球的球状部分长度计算

【技能训练】

圆球的球状部分长度 L 计算公式如下：

$$L=\frac{1}{2}(D+\sqrt{D^2-d^2})$$

式中 L——球状部分长度，mm；

D——圆球直径，mm；

d——柄部直径，mm。

活动二　车削圆球时车刀轨迹分析

【技能训练】

车削圆球时车刀轨迹分析：

车削球面时，纵、横向走刀移动的速度分析如图 3-14 所示。当车刀从 a 点出发，经过 b 点至 c 点，纵向走刀的速度是快—中—慢，横走刀的速度是慢—中—快。即纵走刀是减速度，横走刀是加速度，车削时是逐步把余量车去。此法操作的关键是：双手配合要协调、熟练。

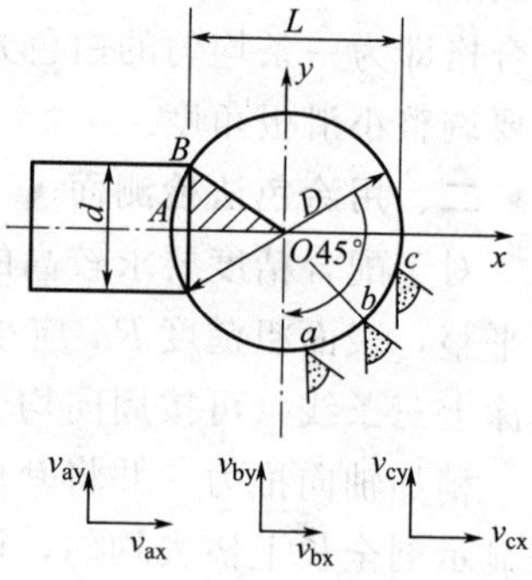

图 3-14　圆球的球状部分

活动三　成形面的检测

【技能训练】

一、样板测量成形面

精度要求不高的成形面可用样板检测，如图 3-15 所示。检测时，样板中心应通过工件轴线，并采用透光法判断样板与工件之间的间隙大小来修整成形面，最终使样板与工件曲面轮廓全部重合。

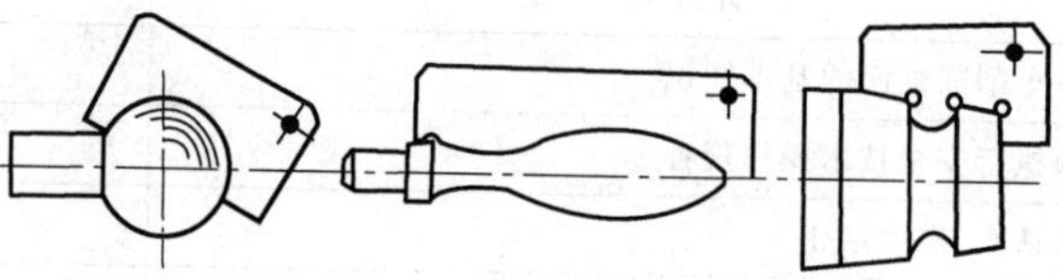

图 3-15　用样板检测成形面

二、游标卡尺测量成形面

精度要求较高的成形面除用样板检测其外形外，还须用游标卡尺或千分尺通过被检测表面的中心，用千分尺测量圆球三个以上方向的直径，来检查直径和圆度是否合格。多方位地进行测量，使其尺寸公差满足工件精度要求。

【操作评价】

完成表 3-11 所示能力评价。

表 3-11　能力评价（车削成形面）

内容		小组评价	教师评价
学习目标	评价项目		
应知应会	掌握车削成形面的基本方法		
专业能力	正确执行安全技术操作规程		
素质能力	学习认真，态度端正		
	能相互指导帮助		
	安全文明生产		
	服从与创新意识		
	实施过程中的问题及解决情况		

项目五 手锤锤头的制作示例

【任务描述】

通过练习，使学生掌握手锤锤头的制作过程，并能独立加工出此产品。

【任务分析】

手锤锤头属轴类零件。此零件结构尺寸变化较大；车削加工项目有车外圆、车端面、车外圆锥面、车成形面等。车削加工时重点加工项目是车外圆锥面 1∶5 处和车成形面。在加工方法上先采用一夹一顶的安装方法车削一端，再掉头垫铜皮装夹车削完成加工（图 3-16）。

活动一 分析零件图

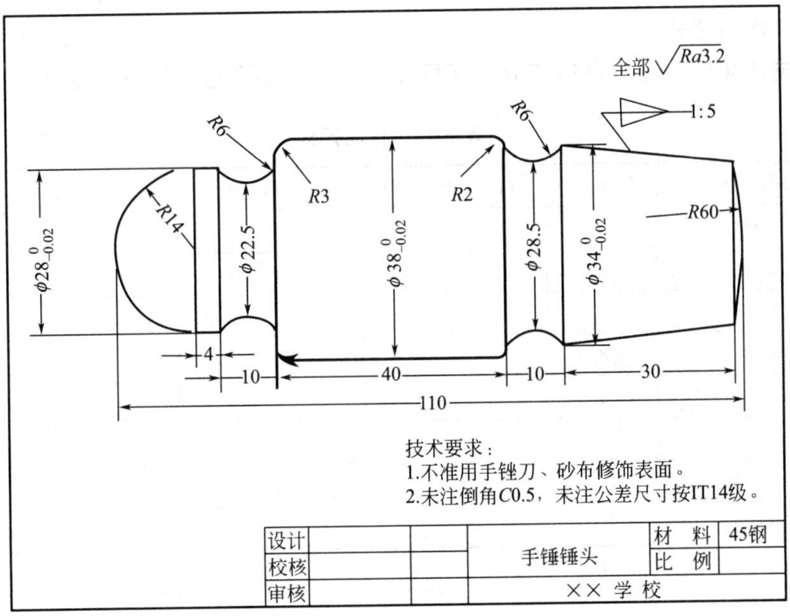

图 3-16 手锤锤头

活动二 准备通知书

此次操作练习所采用的刀具、量具、工具及相关材料见表 3-12。

表 3-12 准备通知书

序 号	名 称	主要规格及尺寸/mm	数 量	备 注
1	游标卡尺	0～150	1	
2	外径千分尺	0～25，25～50	各 1	
3	R3 球头刀	R3	1	
4	外圆车刀	90°	1	
5	切断刀	5	1	
6	成形刀	R6	1	
7	坯料	φ40×115	1	

活动三　看零件图，确定加工步骤

【技能训练】

手锤锤头（图 3-16）的加工步骤如下。

① 用三爪自定心卡盘夹持外圆长度 25mm，找正并夹紧。

② 车端面，车外圆至 ϕ38mm，长 80 mm；粗、精车锥度 1∶5 至尺寸要求。

③ 车成形面 R60 至尺寸要求；车 ϕ28.5mm 处 R6 圆弧至尺寸要求。

④ 掉头，垫铜皮，夹住 ϕ38mm 处外圆，找正，车另一端面，平总长。

⑤ 车外圆至 ϕ28mm，长 30 mm。

⑥ 车 ϕ22.5mm 处 R6 圆弧至尺寸要求。

⑦ 车 R14 球头至尺寸要求。

⑧ 检查。

活动四　检测评分

学生完成任务后，进行自检评分、互检评分、教师综合检查评分（表 3-13）。

表 3-13　检测评分

序　号	检测内容/mm	配分/分	自检得分(40%)	综检得分(60%)	实测结果终评
1	ϕ38	8			
2	ϕ34	8			
3	1∶5	20			
4	ϕ28	3			
5	ϕ28.5	3			
6	ϕ22.5	3			
7	R6 两处	5			
8	R60	10			
9	R3	4			
10	R2	4			
11	R14 球	15			
12	110	3			
13	30	3			
14	40	3			
15	4	3			
16	10 两处	5			
	安全文明生产	视违章情况倒扣 1～20			
17	终评得分				

活动五　注意事项和易产生的问题分析

【技能训练】

① 要培养目测球形的能力，双手控制进刀动作要协调、熟练，否则会把球面车成橄榄形。

② 车削球面时，纵、横向走刀移动的速度要控制好。

③ 车锥体时，车刀刀尖必须对准工件的旋转中心，避免产生双曲线（母线不直）误差。

④ 车圆锥体前，圆锥体大端直径放余量 1mm 左右。用万能角度尺检查锥度时，测量边应通过工件中心。

⑤ 在转动小滑板的角度时，应稍大于圆锥半角 $\alpha/2$，然后逐次校准。角度不正确，原因是计算错误或角度调整不正确。

⑥ 车锥体时，车刀必须对准工件旋转中心，避免产生双曲线（母线不直）误差。

⑦ 当车刀在中途刃磨以后装夹时，必须重新调整，使刀尖严格对准中心。

模块四

冷作工基本技能训练

将金属板材、型材及管材，在基本不改变其端面特征的情况下，加工成各种金属结构制品的综合工艺称为冷作工艺。

冷作工操作的基本工序有：矫正→放样→下料→零件预加工→弯曲成形→装配→连接等。按工序性质可分为：备料→放样→加工成形→装配连接四大部分。

备料是指原材料和零件坯料的准备，包括材料的矫正、除锈、检验和验收等。如果零件的坯料尺寸比原材料大，则需要进行拼接，此时备料还包括划线、切割等工作。

放样是根据产品的图样按一定的比例画出放样图，再根据放样图确定产品或零件的实际形状和尺寸，同时提供产品制造所需要的样板、数据、草图等资料。放样工序通常包含号料。

加工成形就是用剪切、冲裁、气割或等离子切割等方法，把坯料从原材料上分离下来，再采用弯曲、压延、水火弯板等成形方法，将坯料加工成一定的形状。坯料成形的过程是依据工艺要求在常温下或加热状态下进行。

装配连接是将已加工成形的零件组装成部件或产品，并用适当的方法连接成整体的工艺过程。

项目一　矫正

钢材受外力、加热等因素的影响，内部存在不同的残余应力，使结构组织中部分较长的纤维受到周围的压缩，另一部分较短的纤维受到周围的拉伸，造成了钢材表面不平、弯曲、扭曲、波浪变形等缺陷，直接影响零件和产品的制造质量，因此必须对不符合技术要求或超出制造公差要求的部位进行矫正，使之达到正确的几何形状的工艺过程，称为矫正。

矫正的目的就是通过施加外力、锤击或局部加热等方法，使结构组织中的各层纤维长度趋于一致，从而使变形减小到规定的范围之内。任何矫正方法的实质都是形成新的、相反方向的变形，以抵消原有的变形，使其达到规定的形状和尺寸要求。

矫正的方法有多种。按矫正时外力的性质和来源分为机械矫正、手工矫正、火焰矫正和高频热点矫正等。按矫正时工件的温度状态分为冷矫正和热矫正。工件在常温下进行的矫正称为冷矫正，锤击延展等形式的冷矫正将引起材料的冷作硬化，并消耗材料的塑性储备，冷矫正只适用于塑性较好的钢。

多种矫正变形的方法也可结合使用，如在火焰矫正时对工件施加外力或进行锤击，在机械矫正时对工件局部加热，或机械矫正后辅以手工矫正，都可以提高矫正效果。

任务一　机械矫正

【任务描述】

通过学习，使学生熟悉机械矫正设备的种类、特点及作用，并能正确使用。

【任务分析】

由于某些构件的断面尺寸较大，刚性较好，矫正其变形时，需要较大的矫正力，所以一些较大构件的变形矫正，都采用机械矫正。为保证正确使用矫正机械，需要熟悉矫正机械原理、使用方法和安全规程，安全知识非常重要。作业中机械的操作方法要规范，养成严格按操作规程作业的良好习惯。

【相关知识】

一、机械矫正的特点

机械矫正具有矫正力大、减轻操作者劳动强度等优点。但由于构件较大，矫正过程中构件的翻转和移动具有一定的困难，必要时要有起重设备配合。

二、机械矫正常用的设备

机械矫正常用的机床有多辊钢板矫平机、型钢矫直机、板缝碾压机、圆管矫直机等设备，普通液压机和三辊弯板机也可用于矫正。

【技能训练】

一、矫正工件图

槽钢变形的机械矫正工件如图 4-1 所示。

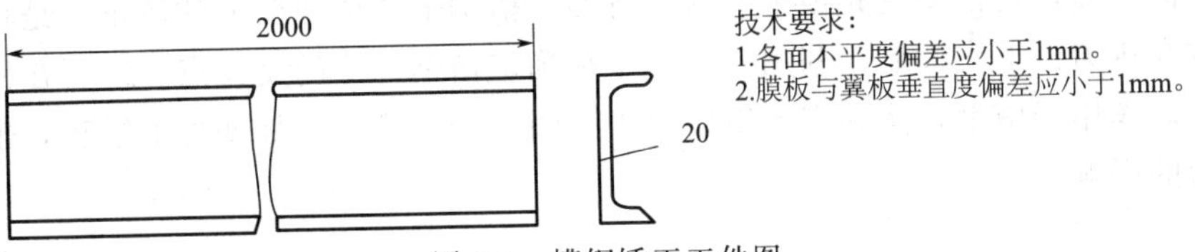

2000
20
技术要求：
1.各面不平度偏差应小于1mm。
2.膜板与翼板垂直度偏差应小于1mm。

图 4-1　槽钢矫正工件图

二、设备的使用及保养

该构件选择普通液压机进行矫正。操作时，根据工件尺寸和变形应考虑工件放置的位置、垫板的厚度和垫起的部位。合理的操作可以提高矫正质量和速度。设备使用时，首先要空车试转，注意压块的运行速度是否平稳，以便控制。设备要做到定期检查，防止泄漏。

三、矫正步骤与方法

矫正槽钢变形的基本工序是：矫正扭曲变形→矫正弯曲变形。

1. 矫正准备工作

选择矫正机械，并做好设备检查和空车试运转，确认其状态良好方可使用。清理好设备周围场地，排除妨碍工作的杂物，并保证有足够的空间完成矫正工作。准备两块下垫板（由钢板制成）、一根方钢，还要准备几根撬杠、大锤作为辅助工具。

2. 短槽钢扭曲变形的矫正

矫正时，将槽钢置于矫正机工作台上，这时槽钢因扭曲而仅在对角的两个部位与工作台面接触。应在槽钢与工作台面接触的两个部位下塞进垫板，再在槽钢向上翘起的对角上，放置一根有足够刚性的方钢（或厚钢板条等），如图 4-2 所示。然后操纵压力机滑块带动上模压下，使机械力通过方钢作用在槽钢上，使槽钢略显反向翘起。除去压力后，槽钢会有回弹，当回弹量与反翘量相抵消时，槽钢变形便得以矫正。这里，回弹量是确定反翘变形量的依据，其大小要根据操作者实践经验和具体工作条件确定。若除去压力后槽钢仍有扭曲变形或反向扭曲，要以同样的方法再进行矫正。

3. 槽钢立面弯曲的矫正

槽钢立面弯曲，是指在其腹板平面内的弯曲。矫正槽钢立面弯曲时，将槽钢外凸侧朝上放在压力机工作台上，并使凸起部位置于压力机的压力作用中心；在工作台与槽钢接触处放置垫板；在槽钢受压处的槽内，放置尺寸合适的规铁（图 4-3）。然后操纵压力机对槽钢施加压力，并使其略呈反方向弯曲。除去压力后，反向弯曲被槽钢回弹抵消，变形得以矫正。

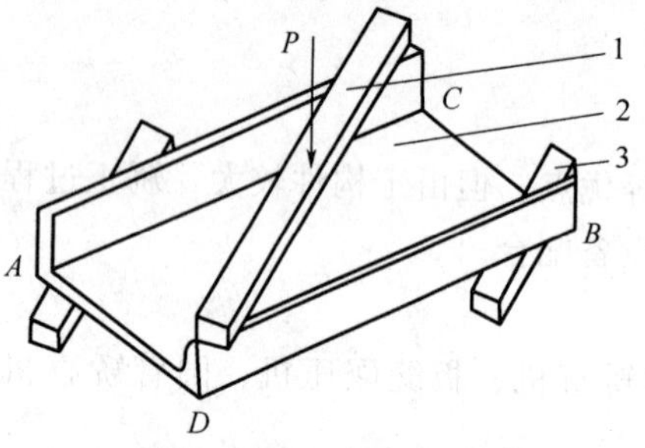

图 4-2 槽钢扭曲变形的矫正

1—上垫板；2—矫正件；3—下垫板

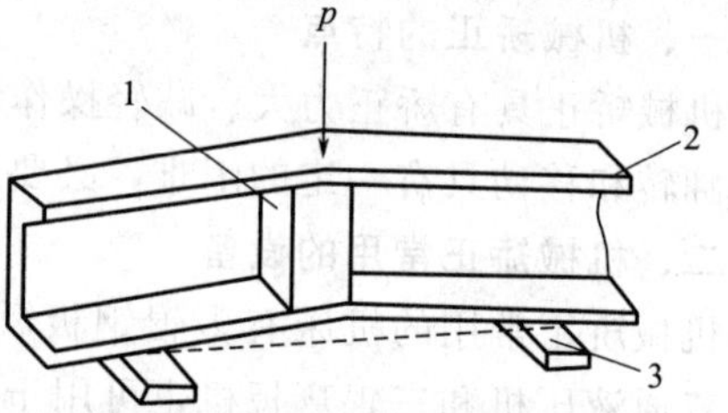

图 4-3 槽钢立面弯曲的矫正

1—规铁；2—工件；3—垫板

4. 槽钢平面弯曲的矫正

槽钢平面弯曲，是指槽钢翼板平面内的弯曲。槽钢平面弯曲变形的矫正，是将槽钢外凸侧朝上平放在压力机工作台上，利用上、下垫板确定槽钢合适的受力点，以便在机械力的作用下形成弯矩作用于槽钢，使其变形得以矫正（图 4-4）。槽钢平面变形的矫正，也要考虑槽钢回弹变形的影响。

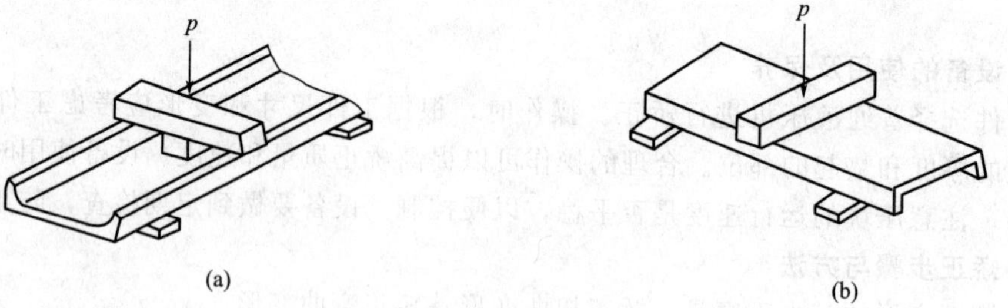

(a) (b)

图 4-4 槽钢平面弯曲的矫正

5. 槽钢矫正质量的检验

（1）扭曲矫正的检验 将矫正后的槽钢在平台或较平整的钢板上放稳，用线绳（用粉线也可）贴着槽钢腹板平面在两端对角拉紧，观察槽钢腹板与线绳间是否有间隙。若无间隙，说明扭曲已矫正。

（2）弯曲变形的检验 取与槽钢长度相等的线绳，两端拉紧，贴在槽钢腹板或翼板上，观察线绳与槽钢间是否有间隙，以检查槽钢腹板和翼板是否还有弯曲。若两者均无间隙，说明弯曲变形已经得到矫正。

检验槽钢矫正质量。也可采取目测的方法进行检验。

6. 注意事项

① 操作前熟悉设备结构性能和主要结构组成，加强设备的日常维护。

② 工作前，必须先检查操作台、油管、油路是否正常，压力机锁紧螺母是否紧固，如发现问题必须停机检查，并调节压力表。

③ 放置工件时，必须调好间隙，紧固后试压，直到调整到正常。

④ 进料时，操作人员不允许离机身过近，不允许用双手紧紧抓住工件。

⑤ 两人以上配合操作时，应指定专人指挥，并密切配合。

⑥ 工作时，严禁将手和工具等物件伸入危险区域内，禁止同时冲压两块板料，禁止超载冲压，过小板料不准放在压力机上操作。

⑦ 作业中严禁说笑、打闹，必须保证精力集中，非作业人员严禁靠近工作台，以防发生意外。

⑧ 工作完毕后关闭电源，清理场地、工具、工件、废料。

【操作评价】

完成表 4-1 所示能力评价。

表 4-1 能力评价（压力机）

内容		小组评价	教师评价
学习目标	评价项目		
应知应会	遵守安全操作规程		
	熟记压力机主要结构组成和操作规程		
专业能力	掌握机械矫正方法与步骤		
	技能训练达到技术要求		
素质能力	学习态度严谨，肯于钻研		
	具有团结合作的品质		
	听从指挥，具有沟通协调的能力		
	解决实际问题的能力		

任务二 手工矫正

【任务描述】

通过学习，使学生了解并初步掌握手工矫正的应用情况、矫正工具与使用方法，矫正过程与工艺要点，矫正安全注意事项。

【任务分析】

确定正确的矫正工序十分重要。不适当的矫正工序，会使矫正工作事倍功半。比如，若先矫正弯曲变形，后矫正扭曲变形，则不仅弯曲变形矫正的效果不好判别，而且在矫正扭曲变形的过程中，往往又会产生新的弯曲变形。

【相关知识】

一、窄钢板条变形的特点

在钢结构制造中，经常用窄钢板条（俗称扁钢）制作一些零件。这些窄钢板条，通常是由大幅钢板经斜口剪板机剪切加工而成。斜口剪出的窄钢板条，往往同时存在双向弯曲和扭曲变形。

二、矫正工序

矫正窄钢板条变形，通常选择手工矫正。

正确的矫正工序是：矫正扭曲变形→矫正立面弯曲（钢板条宽度平面内的弯曲）→矫正平面弯曲（钢板条厚度平面内的弯曲）。

当然，窄钢板条上的几种变形是互相牵连相互影响的。因此，几种变形的矫正，也难免时有交替，以求高质量和高效率。但这种交替是在基本矫正工序基础上进行的。

【技能训练】

一、矫正工件图

窄钢板条矫正工件如图4-5所示。

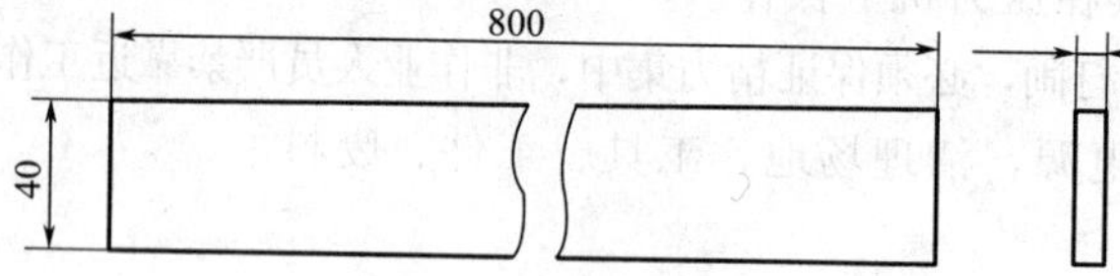

图4-5 窄钢板条矫正工件

二、矫正步骤与方法

1. 矫正工具和设备

（1）大锤 矫正工作常用的大锤锤头重量有3kg、4kg、5kg、6kg、8kg。

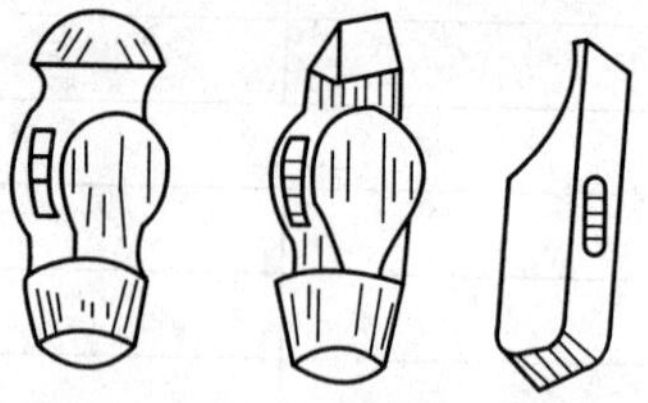

(a) 圆头 (b) 直头 (c) 方头

图4-6 手锤锤头

（2）手锤 矫正中常用的手锤锤头可分为圆头、直头、方头等（图4-6），其中以圆头最为常用。

（3）平锤 平锤的形状如图4-7所示，其工作锤面为一平面，四周边缘略呈弧形，平锤在矫正工作中用于修整工件表面。将平锤立于工件被击打的部位上，再用大锤击打平锤，使大锤的锤击力通过平锤的工作面传递于工件，避免工件被大锤击伤。

（4）扳手 扳手用来矫正窄钢板条的扭曲变形，一般由矫正操作者自制。扳手的形状如图4-8所示，中间开口的宽度要与钢板条的厚度相适应，不要过宽，钢板能插入即可，开口的深度可与钢板条的宽度相等或稍深些。

图4-7 平锤

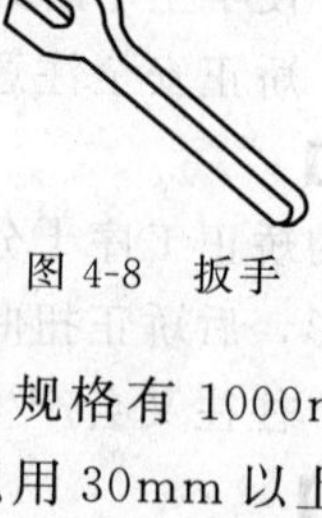

图4-8 扳手

（5）平台 平台是矫正变形的基本设备，形状为长方形，规格有1000mm×1500mm、2000mm×3000mm等几种。平台可用铸铁或铸钢铸成，也可以用30mm以上厚度的钢板焊接而成。

为了便于紧固工件，平台需要加工出一定数量的方形或圆形的通孔［图4-9(a)］，也可以在平台面上加工出一定数量的T形槽道［图4-9(b)］。钢板平台则主要用于结构装配。

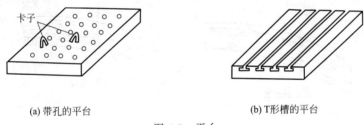

(a) 带孔的平台　　(b) T形槽的平台

图4-9　平台

2. 扭曲变形的矫正

矫正窄钢板条的扭曲变形，可采用扳扭法或锤击法。

(1) 扳扭法　扳扭法是在钢板条扭曲处的两端施加反向转矩。使钢板条新的扭曲与原扭曲变形相互抵消而使变形被矫正。图4-10所示为扳扭时先将钢板条扭曲处一端卡在平台上，另一端套在扳手上，并用力做反向扭转直到消除扭曲现象为止。若扭曲变形严重，可移动钢板条分段进行扳扭。

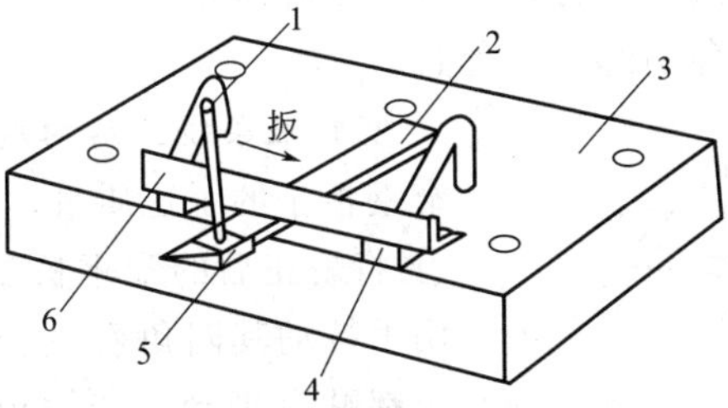

图4-10　窄钢板条扭曲变形的扳扭矫正

1—羊角卡；2—工件；3—平台；4—垫铁；5—扳手；6—压铁

(2) 锤击法　窄钢板条扭曲变形用锤击法矫正，是靠锤击力使钢板条发生反向扭曲以矫正变形。图4-11所示为锤击法矫正扭曲，将扭曲的窄钢板条放在平台边缘上，以平台边缘与钢板条的接触点为支点，将扭曲处伸在平台边缘外，沿扭曲的反向进行锤击，锤击时，落锤点要控制好。若落锤点离平台边缘过近，易损伤工件；若落锤点离平台边缘过远，工件震颤，矫正效果不好。

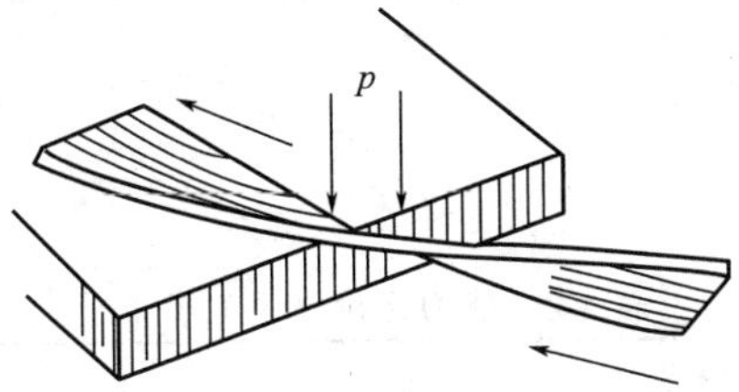

图4-11　锤击法矫正窄钢板条的扭曲变形

3. 立面弯曲变形的矫正

沿钢板条立面弯曲变形的矫正，可以采用直接击打凸面和锤击扩展凹面两种方法。

厚度较大的钢板条的立弯，可用大锤直接击打凸起面［图4-12(a)］。注意要使钢板条在平台上摆正，同时落锤要避免偏斜，以防止钢板条歪倒。

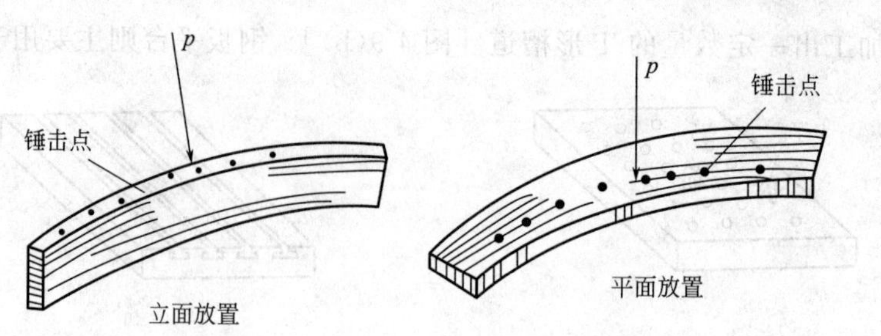

(a) 直接击打凸面　　(b) 锤击扩展凹面

图 4-12　窄钢板条立面弯曲变形的矫正

厚度较小的钢板条的立面弯曲变形，可采取锤击扩展凹侧平面的方法矫正［图 1-12 (b)］。锤击时，靠凹侧边缘的锤击点要密，向钢板内逐渐稀少。打击一面后，翻转钢板条，再打击另一面，直至调直。

4. 平面弯曲变形的矫正

矫正窄钢板条平面弯曲变形时，将工件放在平台上，用大锤垫上平锤（或用木锤），沿窄钢板条凸起面纵向中心线进行击打，即可将工件矫正（图 4-13）。但需注意，锤击时落锤点不要偏在钢板条边缘，以免引起立面弯曲。

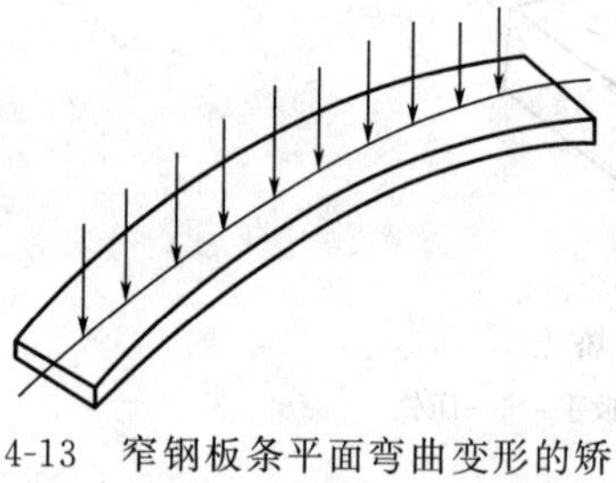

图 4-13　窄钢板条平面弯曲变形的矫正

5. 窄钢板条矫正后的质量检验

窄钢板条的矫正质量，可采取如下两种方法检验。

① 将矫正后的窄钢板条放在平台或比较平的钢板上，用手按动其四角看是否平稳，同时查看其整个平面是否都贴靠平台。若钢板条能以整个平面平稳地贴靠在平台上，说明其扭曲及平面弯曲均已矫正。然后再以同样的方法检验立面。

② 以目测检验钢板条两侧边线是否为直线并且相互平行，若两侧边线均为直线并且互相平行，说明钢板条的变形已完全矫正。

经检验后。若发现不合格之处，应进行修整，直至完全合格。

三、注意事项

① 窄钢板条是经剪切加工而成，边缘锋利而多毛刺，矫正操作中要注意防止割伤手、脚。

② 矫正质量检验以目测为主，为求准确掌握检验标准和熟练的检验操作，要加强矫正质量检验的练习。

【操作评价】

完成表 4-2 所示能力评价。

表 4-2　能力评价（手工矫正）

内容		小组评价	教师评价
学习目标	评价项目		
应知应会	熟记安全文明生产的要求		
	熟记手工矫正工艺要点		
专业能力	初步掌握手工矫正工具的使用和窄钢板条的矫正方法与步骤		
	技能训练达到技术要求		

续表

内容		小组评价	教师评价
学习目标	评价项目		
素质能力	学习态度严谨，肯于钻研		
	具有团结合作的品质		
	听从指挥，具有沟通协调的能力		
	解决实际问题的能力		

项目二 放样

放样是制造金属结构的第一道工序，它对保证产品质量、缩短生产周期、节约原材料等都有着非常重要的作用。

所谓放样，就是在产品图样基础上，根据产品的结构特点、制造工艺要求等条件，按一定比例（通常取 1∶1）准确绘制结构的全部或部分投影图，并进行结构的工艺性处理和必要的计算及展开，最后获得产品制造过程所需要的数据、样杆、样板和草图等。

通过放样，一般要完成以下任务。

① 详细复核产品图样所表现的构件各部分投影关系、尺寸及外部轮廓形状（曲线或曲面）是否正确并符合设计要求。

② 在不违背原设计基本要求的前提下，依据工艺要求进行结构处理。这是每一产品放样都必须解决的问题。

③ 利用放样图，确定复杂构件在缩小比例的图样中无法表达，而在实际制造中又必须明确的尺寸。

④ 利用放样图，结合必要的计算，求出构件用料的真实形状和尺寸，有时还要画出与之连接的构件的位置线（即算料与展开）。

⑤ 依据构件的工艺需要，利用放样图设计加工或装配所需的胎具和模具。

⑥ 为后续工序提供施工依据，即绘制供号料画线用的草图，制作各类样板、样杆和样箱，准备数据资料等。

⑦ 某些构件还可以直接利用放样图进行装配时的定位，即所谓“地样装配”。桁架类构件和某些组合框架的装配，经常采用这种方法。

任务一 桁架放样

【任务描述】

通过学习，使学生熟悉桁架类钢结构的放样理论、方法、步骤和操作要点。

【任务分析】

放样是理论性很强的一道重要工序，直接影响到工件的形状和尺寸。要求学习者具有扎实的放样理论基础和严谨认真的工作态度。

【相关知识】

一、简单的几何作图

1. 线段任意等分

作线段 AB 五等分，如图 4-14 所示。

① 过端点 A 任作一直线 AC。

② 用分规以相等的距离在 AC 量得 1、2、3、4、5 各个等分点［图 4-14(a)］。

③ 连接 $5B$，过 1、2、3、4 等分点作 $5B$ 的平行线与 AB 相交，即得等分点 1′、2′、3′、4′［图 4-14(b)］。

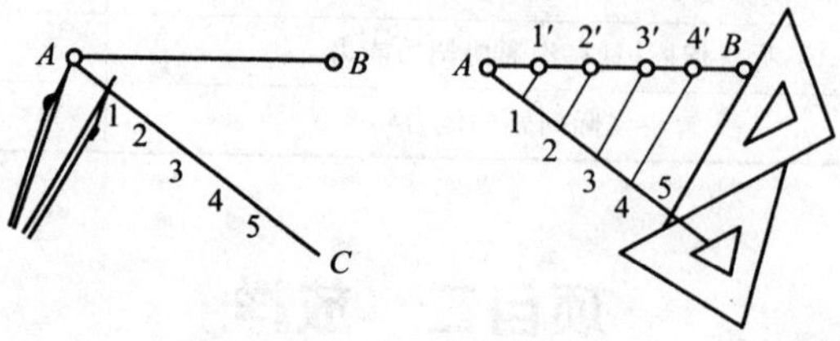

(a) (b)

图 4-14 作线段 AB 五等分

2. 圆的等分

圆的三、六、五等分如图 4-15～图 5-17 所示。

(1) 圆的三等分 以 1 点为圆心，$O1$ 为半径画弧交圆周于 3、4 点［图 4-15(a)］；连接 2、3、4 点得正三角形［图 4-15(b)］。

(2) 圆的六等分分别以 1、2 为圆心，$O1$ 为半径画弧交圆周于 3、4、5、6 点，连接 1、2、3、4、5、6 点得正六边形（图 4-16）。

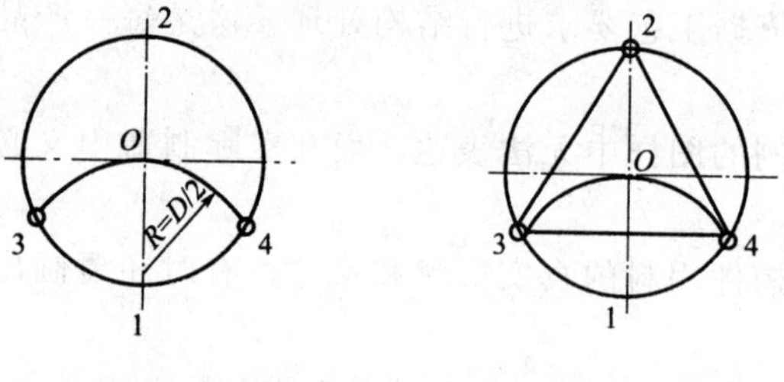

(a) (b)

图 4-15 圆的三等分

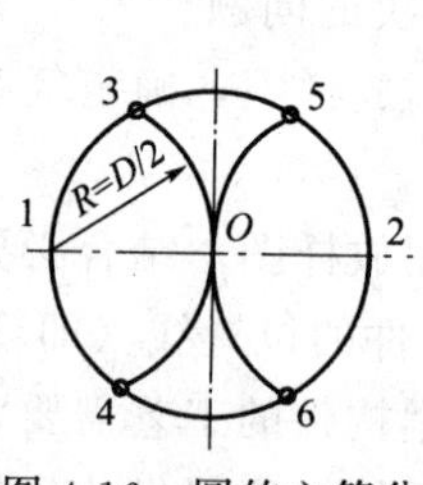

图 4-16 圆的六等分

(3) 圆的五等分 作 OB 的中点 P［图 4-17(a)］；以 P 点为圆心，PC 长为半径画弧交直径于 H 点［图 4-17(b)］；CH 弧长即为五边形边长，等分圆周得 5 个等分点［图 4-17(c)］；连接圆周各等分点，即成正五边形［图 4-17(d)］。

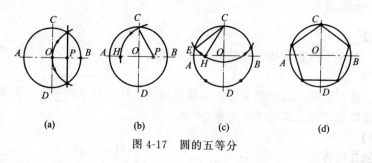

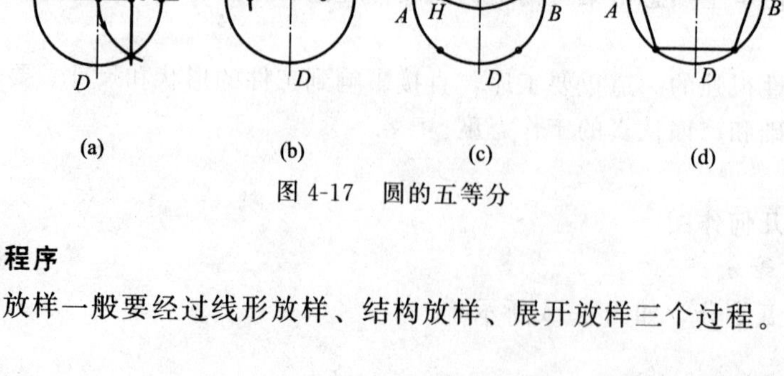

(a) (b) (c) (d)

图 4-17 圆的五等分

二、放样的程序

金属结构的放样一般要经过线形放样、结构放样、展开放样三个过程。

【技能训练】

一、放样构件图

放样构件图见图 4-18。

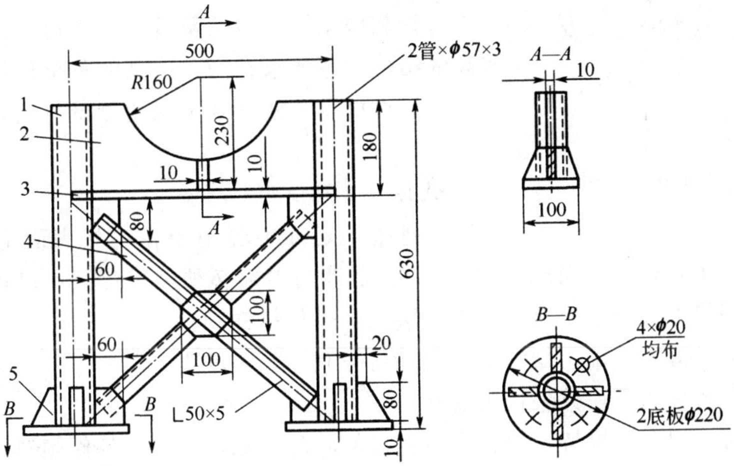

图 4-18 简单桁架放样构件

1—立柱；2—支撑板；3—连接板；4—斜杆；5—底脚肋板

二、放样量具、工具及其使用

1. 放样量具及使用

（1）木折尺 木折尺常用的有两种：四折木尺，其长度为 500mm；八折木尺，其长度为 1000mm；木折尺一般用于常温下测量精度要求不高的工件。

（2）钢直尺 钢直尺有公制和英制两种尺寸刻度。它的规格较多，铆工常用的为 1000mm 长度。

（3）钢卷尺 钢卷尺由带刻度的窄长钢片带制成，全长可卷入盒内，携带方便。常用的钢卷尺规格有 1000mm 和 2000mm 两种，较长的有 20m 和 50m 的钢卷尺，通常称为盘尺。

（4）90°角尺 90°角尺由相互垂直的长、短两直尺制成，如图 4-19 所示，主要作测量构件垂直度或画垂线用。

90°角尺在使用期间，应常对其角度进行检查，以免在测量中或画线时出现误差，检查方法如图 4-20 所示。

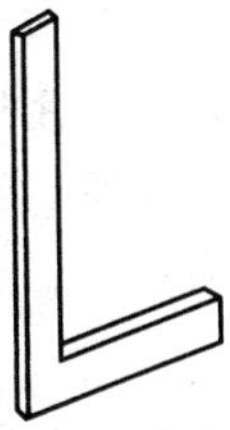

图 4-19 90°角尺

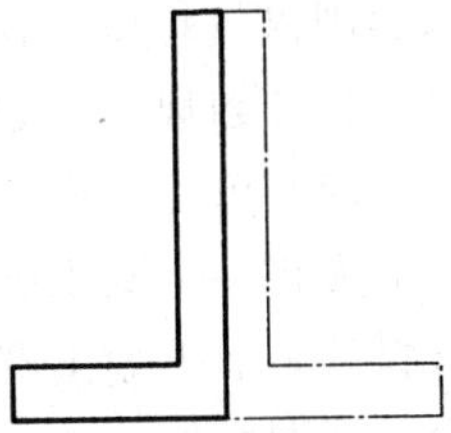

图 4-20 90°角尺角度的矫正方法

（5）内、外卡钳 内、外卡钳是辅助测量用具。内卡钳主要用于测量零件上孔或管子的内径［图 4-21(a)］；外卡钳则用于零件外部尺寸及板厚的测量［图 4-21(b)］。

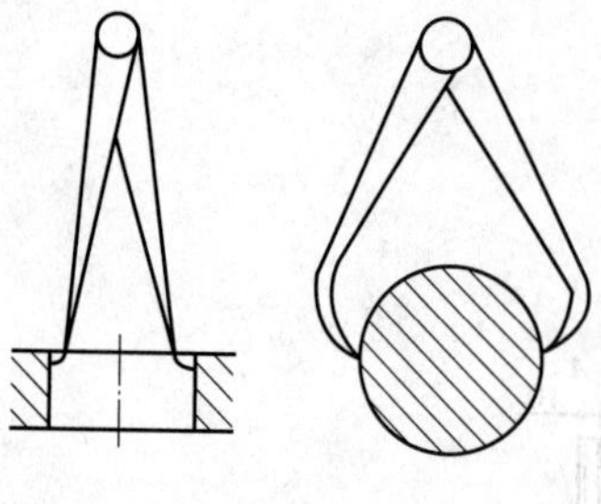

图 4-21 内、外卡钳的使用

在使用量具时，应注意以下几个问题：作为量具，要保持规定的精度，否则，将直接影响制品质量。因此，除按规定定期检查量具精度外，在进行质量要求较高的重要构件的施工前，还要进行量具精度的检查。要依据产品的不同精度要求，选择相应精度等级的量具。对于尺寸较大而相对精度又较高的结构，还要求在同一产品的整个放样过程中使用同一量具，不得更换。要学会正确的测量方法，减小测量操作误差。

2. 放样工具及使用

(1) 划针　划针主要用于在钢板表面上划出凹痕的线条，通常用碳素工具钢锻制而成（图 4-22）。划针的尖部必须经过淬火，以提高其硬度。有的划针还在尖部焊上一段硬质合金，然后磨尖，以保持锋利。

为使所划线条清晰准确，划针尖必须磨得锋利，其角度为 15°～20° [图 4-22(a)]。划针用钝后重磨时，要注意不使针尖退火变软。

使用划针时，用右手握持，使针尖与直尺的底部接触，并应向外侧倾斜 15°～20° [图 4-22(b)]，向划线前方倾斜 45°～75°。用均匀的压力使针尖沿直尺移动划出线来。用划针划线要尽量做到一次划成，不要连续几次重复划，否则线条变粗，反而模糊不清。

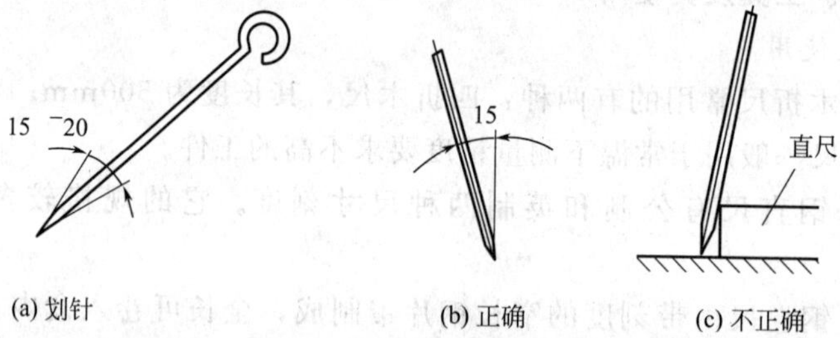

图 4-22 划针及使用方法

(2) 划规　划规用于在放样时划圆、圆弧或分量线段长度。冷作工常用的有两种规格：一种是 200mm（8in）；另一种是 350mm（14in）。

图 4-23(a)为 200mm 划规，这种划规开度调节方便，适用于量取变动的尺寸。为了避免工作中振动使量取的尺寸发生变化，可用锁紧螺钉将调整好的开度固定。

使用划规时，以其一个脚尖插在作为圆心的样冲眼内定心，并施加较大的压力 [图 4-23(b)]，另一脚尖则以较轻压力在材料表面上划出圆弧，以保持中心不致偏移位置。

(3) 地规（长杆划规）　划大圆、大圆弧或分量长的直线时，可应用地规。地规是用较光滑的钢管套上两个可移动调节的圆规脚，圆规脚位置调节后用紧固螺钉锁紧。使用地规时需两人配合，一人将一个圆规脚放入作为圆心的冲眼内，略施压力按住，另一人把住另一个圆规脚，在材料的表面上划出圆弧（图 4-24）。

(4) 粉线　样图中较长的直线，要用粉线弹画出来，以避免用直尺分段画线产生的误差（图 4-25）。画线时，先将粉线涂满白粉，然后由两人将粉线拉紧后按在钢板上，再在线的中部垂直提起适当高度后松开，这样即可在钢板上弹画出线条。弹画粉线不能在大风的情况下进行，防止把线吹斜而造成画线误差。

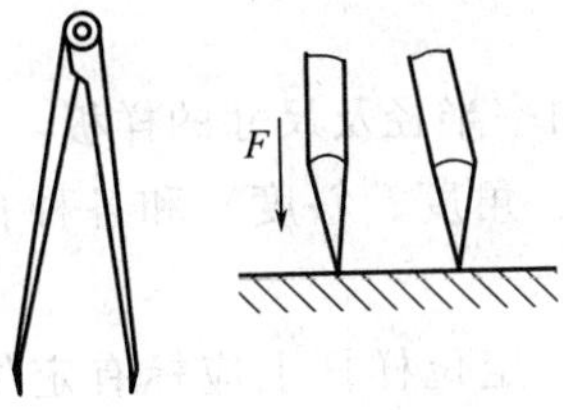

图 4-23 划规及用法

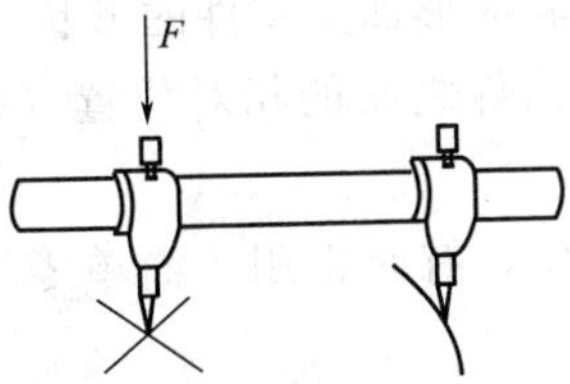

图 4-24 地规及使用

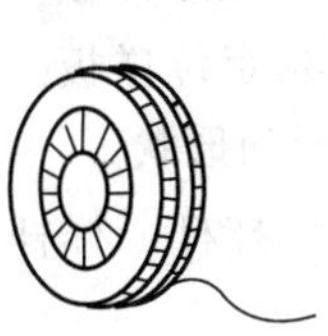
图 4-25 粉线

(5) 样冲 为了使钢板上所画的线段能保留下来，作为施工过程中依据或检查的基准，在画线后用样冲沿线打出冲眼作为标记。在使用划规划线前，也要用样冲在圆心处打上冲眼，以便定心。样冲一般用中碳钢或工具钢锻制而成，尖部磨成45°～60°的圆锥形［图 4-26(a)］，并经热处理淬硬。使用时，先将样冲略倾斜使尖端对准欲打冲眼的位置［图 4-26(b)］，然后将样冲竖直，用小手锤轻击顶端，打出冲眼。

(6) 勒子 勒子主要由勒座 1 和勒刃 2 组成。勒刃一般由高碳钢制成，使用前须经刃磨与淬火，勒子用于型钢号孔时划孔心线。勒子的使用方法见图 4-27。

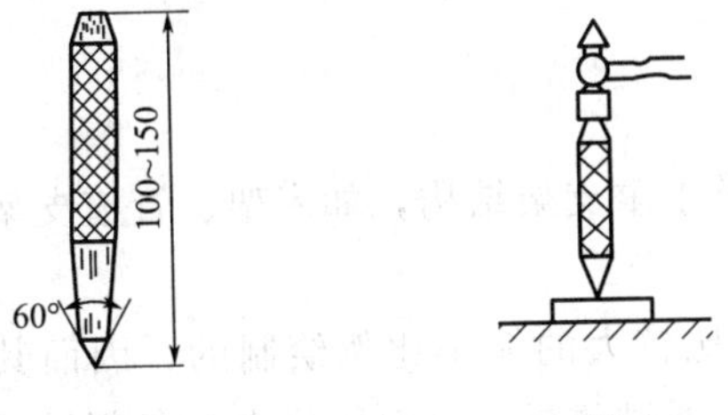

图 4-26 样冲及其使用

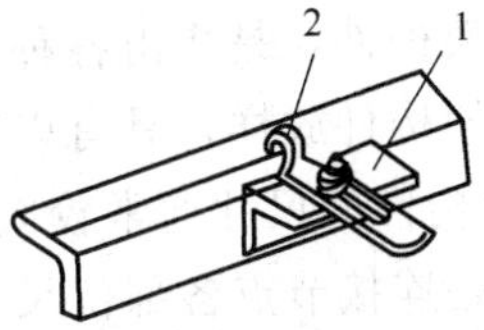

图 4-27 勒子及使用方法
1—勒座；2—勒刃

(7) 曲线尺 划线中，常常需要用平滑的曲线连接数个已知的定点，使用曲线尺可以提高工作效率。图 4-28 为曲线尺的结构，它是由定位螺钉 1、弯曲尺 2、横杆 3 及横杆 4 组成。横杆和滑杆均有长形孔，其曲率由滑杆在孔中移动调节，在各滑杆的端头与弯曲尺铰接。弯曲尺可用金属或富有弹性的纤维材料制成。使用时，调节滑杆，使弯曲尺与各已知点接触，然后旋紧定位螺钉，使其固定，再沿弯曲尺划出所需要的曲线。

(8) 辅助工具 在放样与号料过程中，常由操作者根据实际需要制作一些辅助工具。图 4-29 所示分别为角钢、槽钢号料时的过线板及角度样板。

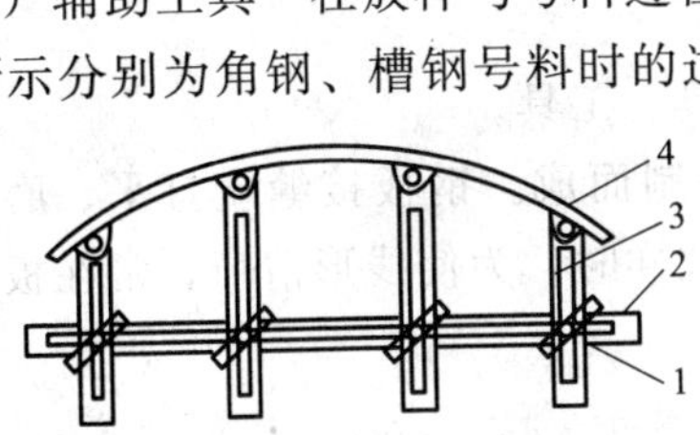

图 4-28 曲线尺
1—定位螺钉；2—弯曲尺；3，4—横杆

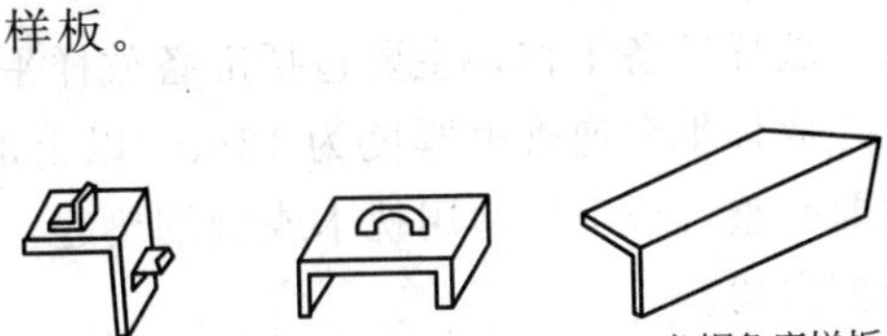

图 4-29 号料辅助工具

三、样板、样杆的制作

1. 样板的分类

样板按其用途通常分为以下几类。

① 号料样板。它是供号料或号料同时号孔的样板。

② 成形样板。它是用于检验成形加工零件的形状、角度、曲率半径及尺寸的样板。

③ 定位样板。它用于确定构件之间的相对位置（如装配线、角度、斜度）和各种孔口的位置和形状。

④ 样杆。样杆主要用于定位，有时也用于简单零件的号料。定位样杆上应标有定位基准线。

2. 制作样板和样杆的材料

① 制作样板的材料，一般采用 0.5～2mm 的薄钢板。

② 制作样杆的材料，一般用 25mm×0.8mm、20mm×0.8mm 的扁钢条或铅条。木质样杆也常有应用，但木条必须干燥，以防止收缩变形。

3. 样板、样杆的制作

样板、样杆经画样后加工而成，其画样方法主要有两种。

① 直接画样法。即直接在样板材料上画出所需样板的图样。

② 过渡画样法（又称过样法）。这种方法分为不覆盖过样和覆盖过样，多用于制作简单平面图形零件的号料样板和一般加工样板。

四、放样步骤与方法

1. 桁架构件放样工艺特点

所谓桁架构件，是指由各种型钢杆件构成的各类承重支架结构，如屋架、管道支架、输电塔架。桁架构件放样，具有以下特点。

① 桁架构件的尺寸通常较大，其图样往往是按比较大的缩小比例绘制的，因而其各部尺寸（尤其是连接节点各部位尺寸）未必十分准确。通过放样，核对图样上的各部尺寸，是桁架构件放样的重要任务。

② 由于桁架构件的基本组成零件是型钢杆件，而且在桁架的制造过程中，这些杆件通常不再进行弯曲加工，所以桁架构件放样，一般不含有展开放样的内容。

③ 桁架构件的图样，一般只给出桁架构件上各杆件轴线的位置关系和结构外形的主要尺寸，而各杆件的长度，图样上往往并不完全标注。因此，准确地求出桁架各杆件的长度，是桁架构件放样的主要内容。

④ 桁架构件通常采用“地样装配法”进行装配，放样图必须按 1：1 的比例绘制，而且要清楚地反映各杆件间的位置关系，同时作出装配所需的一些标记。

2. 准备工作

放样准备工作，主要包括准备放样平台和放样量具、工具。

放样平台通常由厚度为 12mm 以上的低碳钢板拼制而成。钢板接缝应打平、磨光，板面要平整，板下面须用枕木或型钢垫起，且调平整。放样时，为使线形清晰，常在板面上涂带胶白粉。

放样量具和工具在前面已经做了介绍。

3. 识读施工图样

在识读图样的过程中，主要解决下列问题。

① 了解工件的用途及一般技术要求，以便确定放样画线精度及结构的可变动性。本工件为一管道支架，放样精度较高。因图样上未给出中间连杆长度，需要在放样中确定。

② 了解工件的外形尺寸、重量、材质、加工数量等概况，并根据本厂的加工能力（如

矫正设备、起重设备)、施工场地等，选定施工方案。

③ 弄清楚各杆件之间的位置关系和尺寸要求，并确定可变动与不可变动的杆件。本工件各杆件轴线位置、地脚位置、圆弧托板的弧线位置是不可变动的。其他杆件尺寸，必要时可根据实尺放样情形，做适当改动。

4. 线形放样

① 确定放样画线基准。根据本工件要保证的几个主要尺寸要求，选支架底平面轮廓线和任一主管件轴线为主视图的两个放样基准，比较合适。

② 画出构件基本线型。构架结构以各杆件轴线位置为依据，进行设计时的力学计算和分析。各杆轴线的位置，对桁架的受力状态、承载能力影响很大。因此，桁架结构中各杆件的轴线，即是结构的基本线形，应该首先画出，为保证桁架能有理想的受力状态，在桁架的各节点处，杆件轴线应相交（图样上有特殊要求者除外）如图 4-30 所示。

其次，应画出主管、地脚板、上托板这些不可变动件的准确位置和必要的轮廓线。

5. 结构放样

① 在基本线形图上画出连接板和未定杆件（图 4-31），这时，应注意图样上所画出的杆件轴线是型钢的重心线，而不是型钢宽度的中心线。为提高工效，当杆件较长时，可以仅画出节点部位杆件线形图，而杆件的中间部分省去不画。

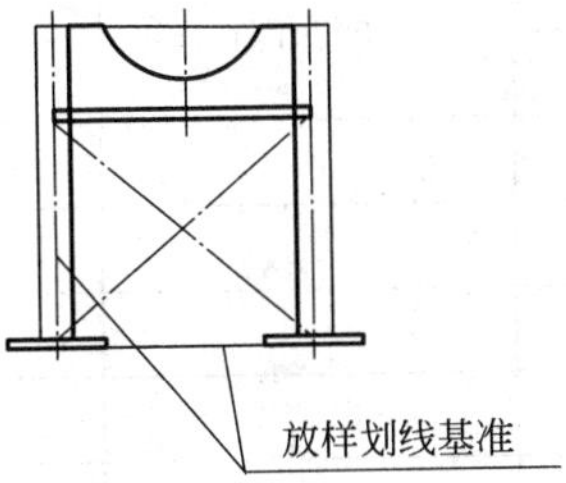

图 4-30 支架线形放样

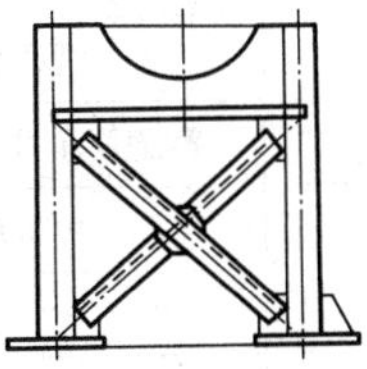

图 4-31 支架结构放样

② 图样画好后，在样图上确定中间杆尺寸，并量取、记录。确定中间杆长度时，要保证杆件与连接板搭接焊缝长度足以满足强度要求。当样图上出现杆件重叠或杆件在连接板上搭接过短时，应修正图样所给尺寸（图 4-32）。修正结构尺寸时，应注意结构主体杆件及各轴线尺寸不得改动。

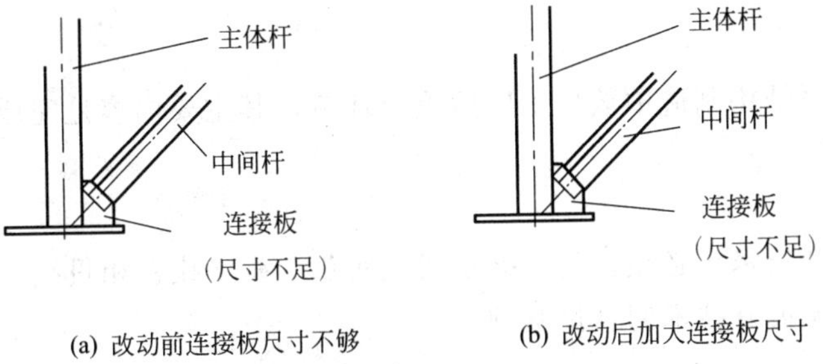

(a) 改动前连接板尺寸不够　(b) 改动后加大连接板尺寸

图 4-32 修正结构尺寸

③ 本工件需要制作的全部样板如图 4-33 所示。制作样板时，可分不同情况，采用直接画样法（如地脚板）或过渡画样法（如连接板）画出。各杆件长度样杆，则可在样图上直接量取杆件长度制作。

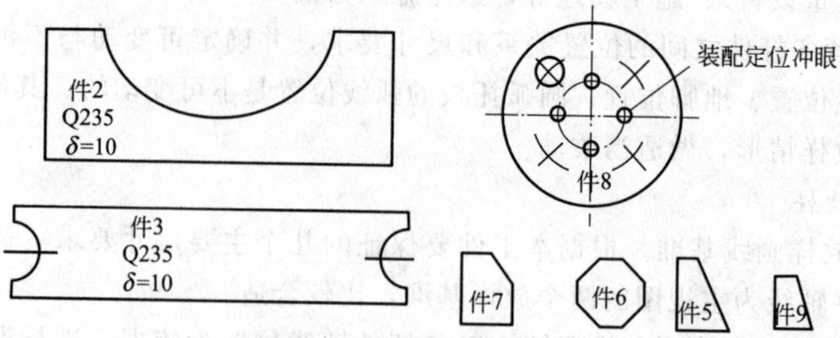

图 4-33　支架各样板

样板、样杆上应注明杆件的件号（或名称）、数量、材质、规格及其他必要的说明（如表示上、下、左、右的方位、焊缝长度等）。

④若桁架采用“地样装配”，样图上的重要位置线应打出样冲眼，并用白铅油作出标记。

【操作评价】

完成表 4-3 所示能力评价。

表 4-3　能力评价（放样）

内容		小组评价	教师评价
学习目标	评价项目		
应知应会	熟悉放样主要工作内容和工作任务		
	熟悉简单几何作图，了解桁架结构放样工艺要点		
专业能力	初步掌握放样常用工具的使用		
	技能训练达到技术要求		
素质能力	学习态度严谨，肯于钻研		
	具有团结合作的品质		
	听从指挥，具有沟通协调的能力		
	解决实际问题的能力		

任务二　放样展开

【任务描述】

展开放样是金属结构制造中放样工序的重要环节，其主要内容是完成各种不同类型的金属板壳构件的展开。

【任务分析】

要系统掌握展开技术，必须首先掌握求线段实长、截交线、相贯线、断面实形等画法几何知识，这些知识是展开技术的理论基础。

【相关知识】

一、求线段实长

在构件的展开图上，所有图线（轮廓线、棱线、辅助线等）都是构件表面上对应线段的实长线。然而，并非构件上所有线段在图样中都反映实长，因此，必须能够正确判断线段的投影是否为实长，并掌握求线段实长的一些方法。

1. 线段实长的鉴别

线段的投影是否反映实长，要根据线段的投影特性来判断。为此，我们把空间各种线段的投影特性简述如下。

（1）垂直线　正投影中，垂直于一个投影面，而平行于另两个投影面的线段称为垂直线。垂直线在它所垂直的投影面上的投影为一个点，具有积聚性；而在与其平行的另两个投影面上的投影反映实长。图 4-34 所示为三种垂直线的投影情况。

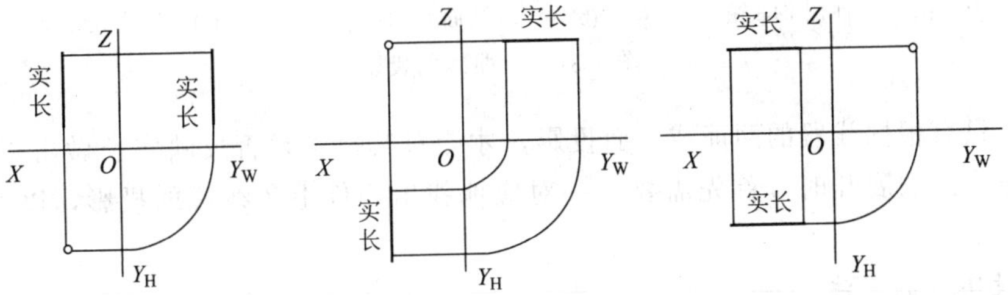

(a) 铅垂　(b) 正垂　(c) 侧垂

图 4-34　垂直线的投影

（2）平行线　正投影中，平行于一个投影面，而倾斜于另两个投影面的线段，称为平行线。平行线在其所平行的投影面上的投影反映实长；而在另两个投影面上的投影为缩短了的直线段。

图 4-35 所示为三种平行线的投影情况。

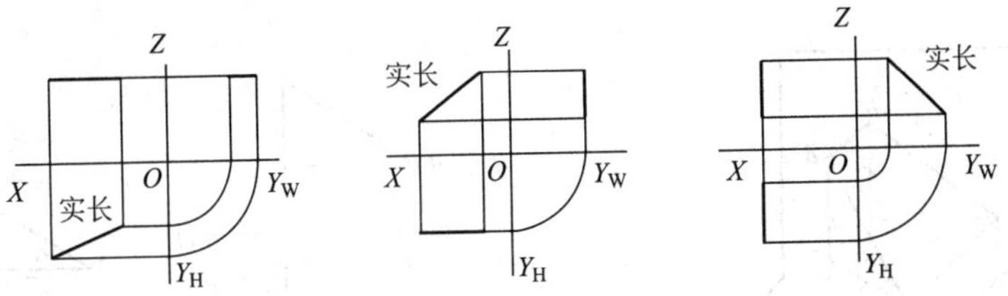

(a) 水平线　(b) 正平线　(c) 侧平线

图 4-35　平行线的投影

（3）一般位置直线　正投影中，与三个投影面均倾斜的线段称为一般位置直线。一般位置直线在三个投影面上的投影均不反映实长，见图 4-36。

（4）曲线　曲线可分为平面曲线和空间曲线。

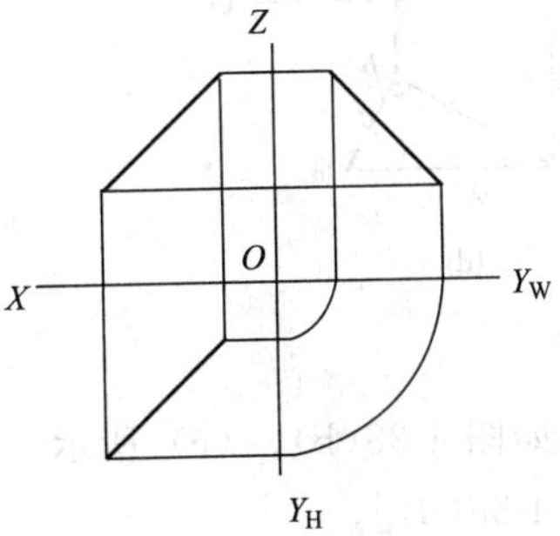

图 4-36　一般位置直线的投影

平面曲线的投影是否反映实长，由该曲线所在平面的位置来决定。位于平行面上的曲线，在与它平行的投影面上的投影反映实长，而另两面投影则为平行于投影轴的直线［图 4-37(a)］；位于垂直面上的曲线，在其所垂直的投影面上的投影积聚成直线，而在另外两投影面上的投影仍为曲线，但不反映实长［图 4-37(b)］。曲线若位于一般位置平行面上，则其三面投影均不反映实长。

空间曲线又称翘曲线，这种曲线上各点不在同一平面上，它的各面投影均不反映实长。图 4-37(c) 所示为一空间曲线的投影。

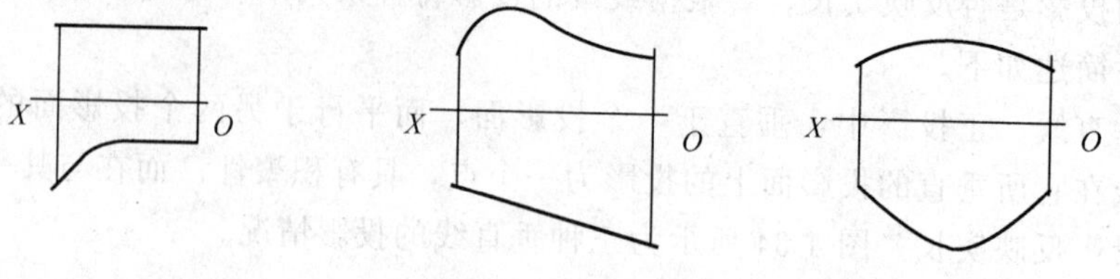

(a) 位于平行面上的曲线　(b) 位于垂直面上的曲线　(c) 空间曲线

图 4-37　曲线的投影

注意：只有根据线段的两面或三面投影，才能对其投影是否反映实长做出正确的判断。因此，在作构件的展开时，首先需要一一对应地找出构件上各线段的投影，以确定非实长线段。

2. 线段实长的求法

由前述可知，空间一般位置直线的三面投影都不反映实长。在这种情况下，就需要求出一般位置直线段的实长。

(1) 直角三角形法　图 4-38(a)所示为一般位置线段 AB 的直观图。现在分析线段和它的投影之间的关系，以寻找求线段实长的图解方法。过点 B 作 H 面垂线，过点 A 作 H 面的平行线且与垂线交于点 C，成直角三角形 ABC，其斜边 AB 是空间线段的实长。两直角边的长度可在投影图上量得：一直角边 AC 的长度等于线段的水平投影 ab；另一直角边 BC 是线段两端点 A、B 距水平投影面的距离之差，其长度等于正面投影图中的 $b'c'$。

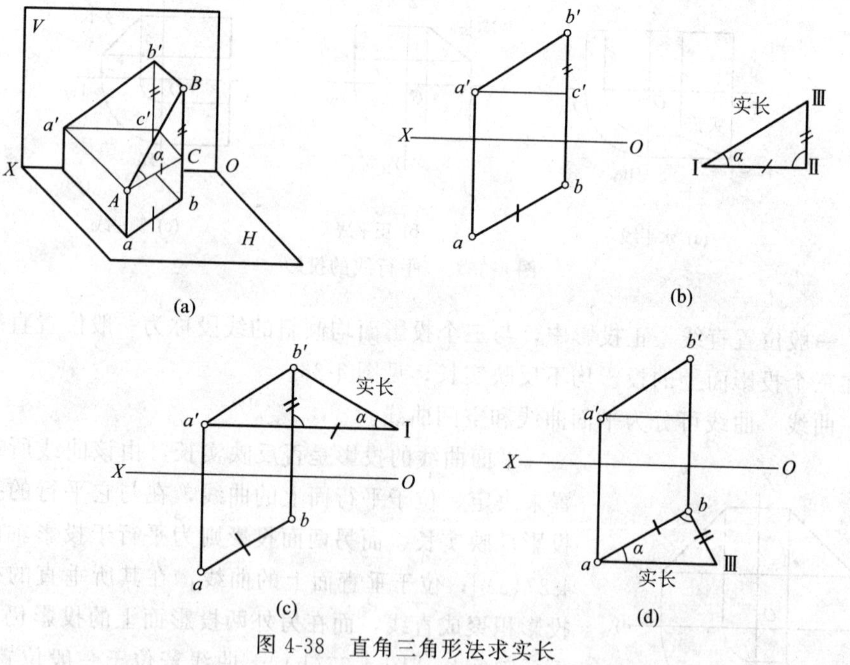

图 4-38　直角三角形法求实长

由上述分析可得直角三角形法求出实长的投影作图方法，如图 4-38(b)、(c) 所示。根据实际需要，直角三角形法求实长也可以在投影图外作图［图 4-38(d)］。

直角三角形法的作图要领：作一直角；令直角的一边等于线段在某一投影面上的投影

长，直角的另一边等于线段两端点相对于该投影面的距离差（此距离差可由线段的另一面投影图量取）；连接直角两边端点成一直角三角形，则其斜边即为线段的实长。

（2）旋转法　旋转法求实长，是将空间一般位置直线，绕一垂直于投影面的固定旋转轴旋转成投影面平行线，则该直线在与之平行的投影面上的投影反映实长。如图 4-39(a)所示，以 AO 为轴，将一般位置直线 AB 旋转至与正面平行的 AB_1 位置。此时，线段 AB 已由一般位置变为正平线位置，其新的正面投影 $a'b_1'$，即为 AB 的实长。图 4-39(b) 所示为上述旋转法求实长的投影作图。图 4-39(c)所示为将 AB 线旋转成水平位置以求其实长的作图过程。

旋转法求实长的作图要领：过线段一端点设一与投影面垂直的旋转轴；在与旋转轴所垂直的投影面上，将线段的投影绕该轴（投影为一个点）旋转至与投影轴平行；作线段旋转后与之平行的投影面上的投影，则该投影反映线段长。

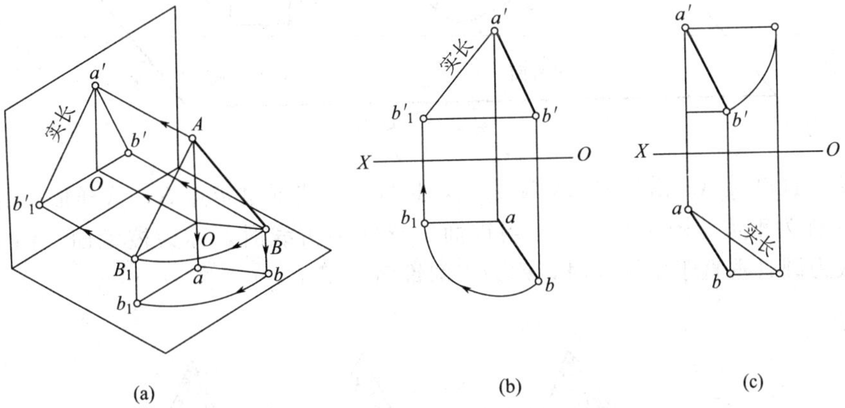

图 4-39　旋转法求实长

二、展开的基本方法

将金属板壳构件的表面全部或局部，按其实际形状和大小，依次铺平在同一平面上，称为构件表面展开（图 4-40），简称展开。构件表面展开后构成的平面图形称为展开图。

作展开图的方法通常有作图法和计算法两种，目前工厂多采用作图法展开。但是随着计算技术的发展和计算机的广泛应用，计算法作展开在工厂的应用也日益增多。

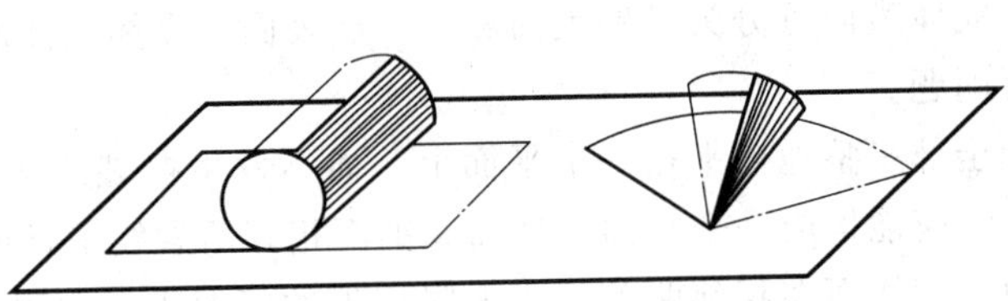

图 4-40　展开

1. 立体表面成形分析

研究金属板壳构件的展开，先要熟悉立体表面的成形过程，分析立体表面形状特征，从而确定立体表面能否展开及采用什么方式展开。

任何立体表面，都可看作是由线（直线或曲线）按一定的要求运动而形成。这种运动着的线，叫作母线。控制母线运动的线或面，叫作导线或导面。母线在立体表面上的任一位置叫作素线。因此，也可以说立体表面是由无数条素线构成的。从这个意义上讲，表面展开，就是将立体表面素线按一定的规律铺展到平面上。所以，研究立体表面的展开，必须了解立体表面素线的分布规律。

（1）直纹表面　以直线为母线而形成的表面，称为直纹表面，如柱面、锥面等。

柱面是由直母线 AB 沿导线 BMN 运动，且保持相互平行，这样形成的面称为柱面［图 4-41(a)］。当柱面的导线为折线时，称为棱柱面［图 4-41(b)］。当柱面的导线为圆且与母线垂直时，称为正圆柱面。

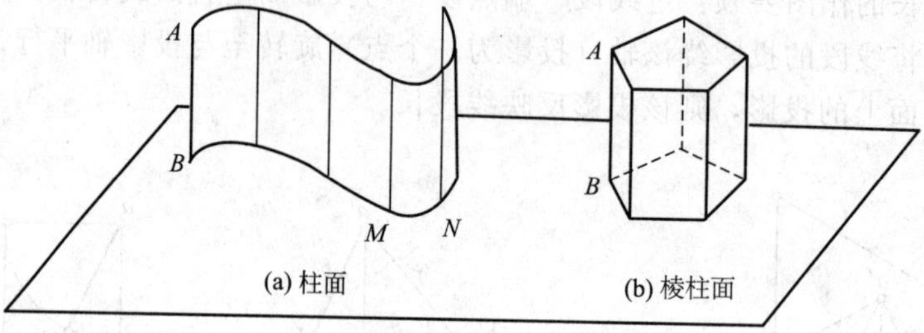

图 4-41　柱面

锥面是由直母线 AS 沿导线 AMN 运动，且母线始终通过定点 S，这样形式的面称为锥面，定点 S 称为锥顶［图 4-42(a)］。当锥面的导线为折线时，称为棱锥面［图 4-42(b)］。当锥面导线为圆且垂直于中轴线时，称为正圆锥面［图 4-42(c)］。

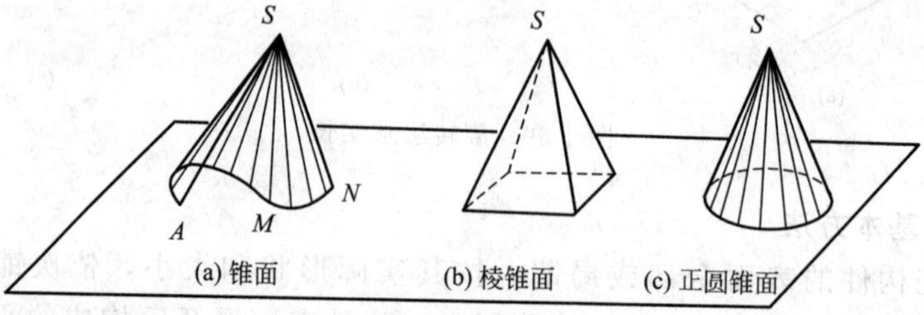

图 4-42　锥面

（2）曲纹面　以曲线为母线，并作曲线运动而形成的面称为曲纹面，如圆球面、椭球面和圆环面等。曲纹面通常具有双重曲度。

2. 可展表面与不可展表面

就可展性而言，立体表面可分为可展表面和不可展表面。立体表面的可展性分析，是展开放样中的一个重要问题。

立体的表面若能全部平整地摊平在一个平面上，而不发生撕裂或皱折，称为可展表面。可展表面其相邻两素线应能构成一个平面。柱面和锥面相邻两素线平行或是相交，总可构成平面，故是可展表面。切线面在相邻两条素线无限接近的情况下，也可构成一微小的平面，因此亦可展。此外，还可以这样确认：凡是在连续的滚动中以直素线与平行面相切的立体表面，都是可展的。

如果立体表面不能自然平整地摊平在一个平面上，称为不可展表面。圆球等曲纹面上不存在直素线，故不可展，螺旋面等扭曲面虽然由直素线构成，但相邻两素线是异面直线，因而也是不可展表面。

3. 展开的基本方法

展开的基本方法有平行线法、放射线法和三角形法三种。这三种方法的共同特点是：先按立体表面的性质，用直素线把待展表面分割成许多小平面，用这些小平面去逼近立体表面。然后求出这些小平面的实形，并依次画在平面上，从而构成立体表面的展开图。这一过程可以形象地比喻为“化整为零”和“积零为整”两个阶段。

(1) 平行线展开法　平行线展开法主要用于表面素线相互平行的立体，首先将立体表面用其相互平行的素线分割为若干平面，作展开时就以这些相互平行的素线为骨架，依次做出每个平面的实形，以构成展开图。

(2) 放射线展开法　放射线展开法适用于表面素线相交于一点的锥体，将锥面表面用呈放射形的素线，分割成共顶的若干小三角形平面，求出其实际大小后，以这些放射形素线为骨架，依次将它们画在同一平面上，即得所求锥体表面的展开图。

(3) 三角形展开法　三角形展开法，是以立体表面素线（棱线）为主，并画出必要的辅助线，将立体表面分割成一定数量的三角形平面，然后求出每个三角形的实形，并依次画在平面上，从而得到整个立体表面的展开图。

三角形展开法适用于各类形体，只是精度程度有所不同。

【技能训练】

一、四棱锥筒的展开

四棱锥筒的展开如图 4-43 所示。

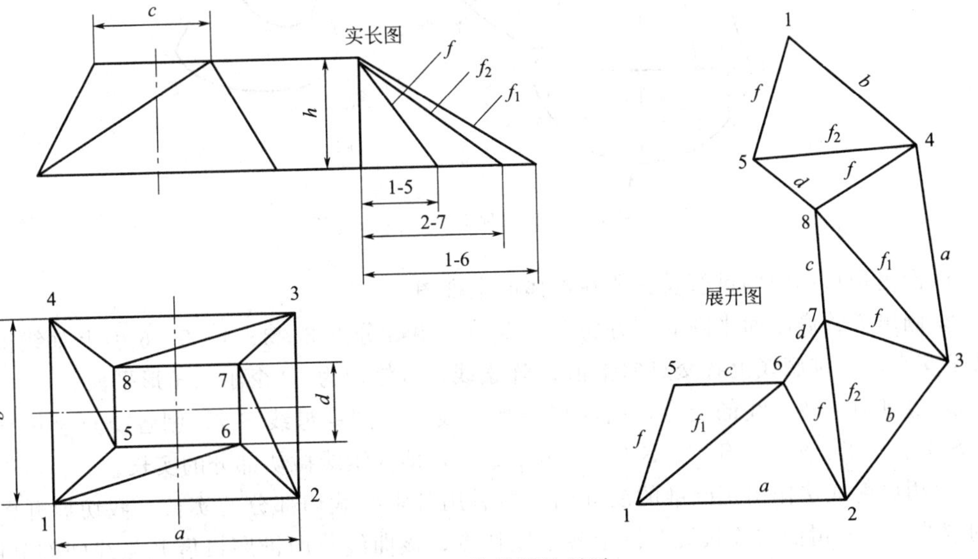

图 4-43　四棱锥筒的展开

具体作法如下。

① 画出四棱锥筒的主视图和俯视图。

② 在俯视图上依次连出各面的对角线 1-6、2-7、3-8、4-5，并求出它们在主视图上的对应位置，则锥筒侧面被划分为八个三角形。

③ 由主、俯两视图可知，锥筒的上口、下口各线在视图中反映实长，而四个棱线及对角线不反映实长，可用直角三角形法求其实长（见实长图）。

④ 利用各线实长，以视图上已划定的排列顺序，依次作出各三角形的实形，即为四棱锥筒的展开图。

二、顶口倾斜圆锥管的展开

顶口倾斜圆锥管可视为圆锥被正垂面截切而成，其展开图可在正圆锥展开图中截去切缺部分后得出。但是圆锥被斜截后，各素线长度不再相等，因此正确求出各素线实长是作展开的重要环节。

展开作法如图 4-44 所示。

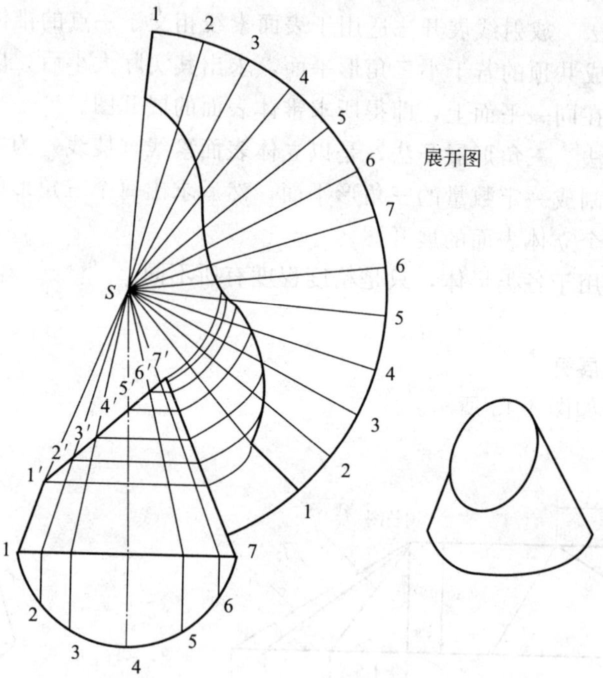

图 4-44 顶口倾斜圆锥管的展开

① 画出顶口倾斜圆锥管及其所在锥体的主视图。

② 画出锥管底断面半圆周，并将其六等分。由等分点 2、3、4、5、6 引上垂线得与锥底 1-7 交点，又锥底线上各交点向锥顶 S 连素线，分锥面为 12 个小三角形平面。

③ 过锥口与各素线的交点，引底口线平行线交于圆锥母线 S-7，则各交点至锥顶的距离，S-1′、S-2′、S-3′、S-4′、S-5′、S-6′、S-7′，即为素线截切部分的实长。

④ 用放射线法作出正圆锥的展开图，然后用各素线截切部分的实长，截切展开图上对应的素线。用光滑曲线连接展开图上各素线切点，该曲线与圆锥底口展开弧线间部分图形，即为顶口倾斜圆锥管的展开图。

三、斜切圆管的展开

斜切圆管的展开如图 4-45 所示。

① 画出斜切圆管的主视图和俯视图。

② 八等分俯视图圆周，等分点为 1、2、3、…。由各等分点向主视图引素线，得与上口交点为 1′、2′、3′、…，则相邻两素线组成一个小梯形，每个小梯形近似一个小平面。

③ 延长主视图的下口线作为展开的基准线，将圆管正截面（即俯视图）的圆周展开在

延长线上，得1、2、3、…、1各点。过基准线上各分点引上垂线（即为圆管素线），与主视图1′～5′各点向右所引水平线相交，对应交点连接成光滑曲线，即为展开图。

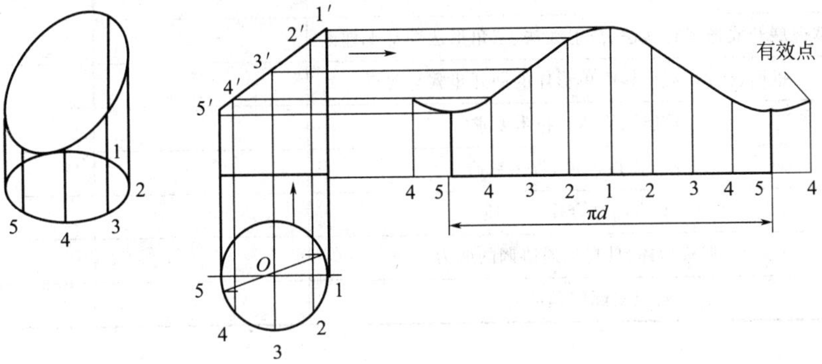

图 4-45 斜切圆管的展开

四、圆方过渡接头的展开

圆方过渡接头，是工厂应用较多的变口型连接管。由四个全等斜圆锥面和四个等腰三角形平面组合而成，通常用三角形法作出其展开图。具体作法如下（图4-46）。

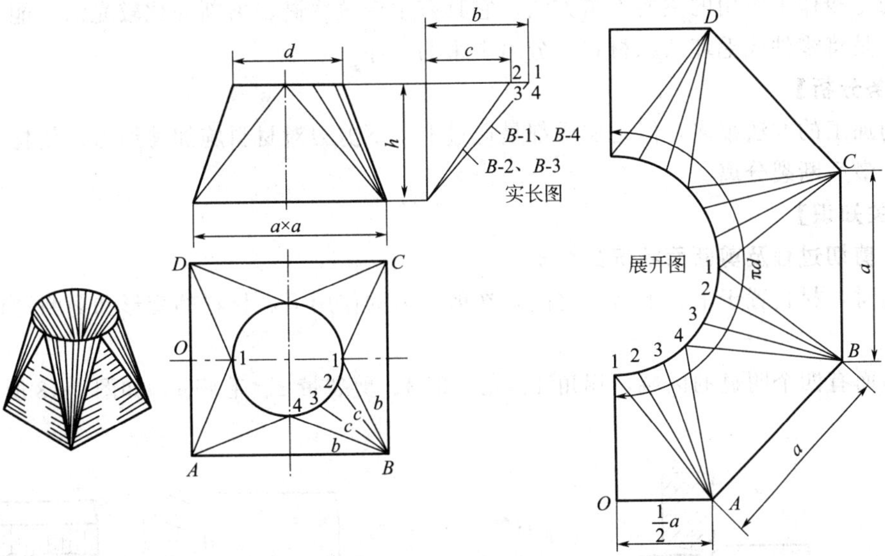

图 4-46 圆方过渡接头的展开

① 用已知尺寸 a、b、h 画出主视图和俯视图。三等分俯视图1/4圆周，等分点为1、2、3、4。连接各等分点与 B，则分 B 角斜圆锥面为三个小三角形，其中 B-1＝B-4，B-2＝B-3，并以 b、c 表示各线长度。

② 用直角三角形法求出它们的实长（见实长图）。

③ 用三角形法作出展开图。

【操作评价】

完成表4-4所示能力评价。

表 4-4 能力评价（线段实长）

内容		小组评价	教师评价
学习目标	评价项目		
应知应会	掌握线段实长求法		
	掌握展开放样平行线法、放射线法、三角形法等基本理论		
专业能力	锥面、柱面、棱柱等简单形体的展开步骤与要点		
	技能训练达到技术要求		
素质能力	学习态度严谨，肯于钻研		
	具有团结合作的品质		
	听从指挥，具有沟通协调的能力		
	解决实际问题的能力		

项目三 下料

任务一 机械剪切

【任务描述】

剪切是冷作工应用的主要下料方法，它具有生产效率高、剪断面比较光洁、能切割板材等优点，是将零件或毛坯从原材料上分离下来的工序。

【任务分析】

剪切加工的方法很多，但是实质都是通过上、下剪刃对材料施加剪切力，使材料发生剪切变形，最后断裂分离。

【相关知识】

一、剪切过程及剪断面状况的分析

剪切时，材料置于上、下剪刃之间，在剪切力的作用下，材料的变形和剪断过程如图 4-47 所示。

剪断面有四个明显的区域，塌角 4、光亮带 3、剪裂带 2、毛刺 1，如图 4-48 所示。

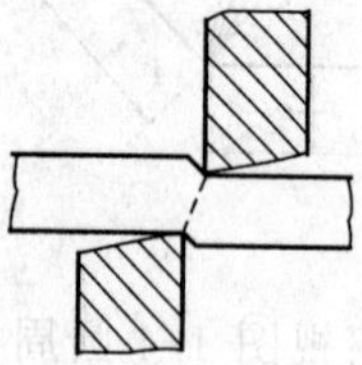

图 4-47 剪切过程

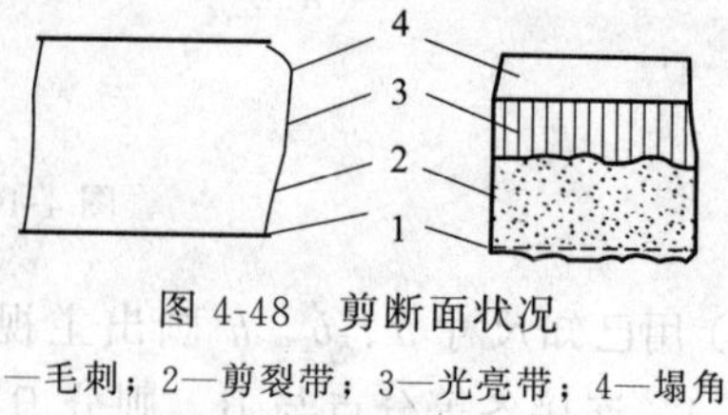

图 4-48 剪断面状况

1—毛刺；2—剪裂带；3—光亮带；4—塌角

要获得较好的剪断面质量，就是减小塌角和毛刺，增大光亮带。具体措施是：增加刃口的锋利程度，取合理剪刃间隙的最小值。

二、常用剪切设备

剪切机械的种类很多，冷作工较常用的有：龙门式斜口剪床、横入式斜口剪床、圆盘剪床、振动剪床和联合剪冲机床。

三、定位方式

剪切时，材料的定位方式有：目测或灯影对正、角挡板对正、前挡板对正、后挡板对正。选择合理的定位方法，可以有效地提高剪切质量和生产效率。

【技能训练】

一、剪切工件图

剪切工件如图 4-49 所示。

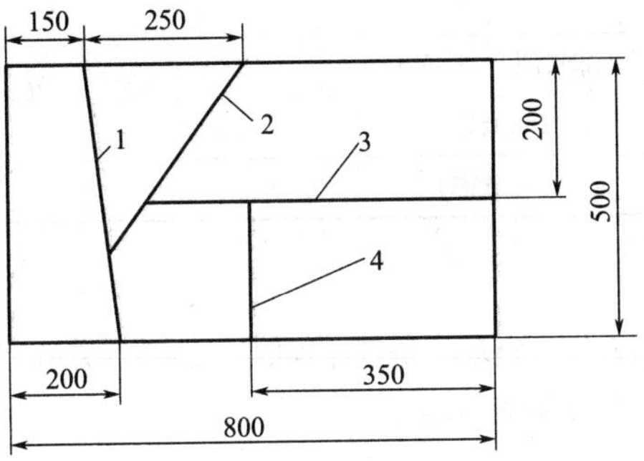

技术要求

1. 各尺寸线长度公差为±1mm。
2. 两边垂直度公差为0.5/100。
3. 板料厚度δ=8mm。

图 4-49　剪切工件

二、剪切工艺特点分析

① 剪切工件往往有多条剪切线，在龙门式斜口剪床进行剪切时，其剪切顺序必须符合“每次剪切都能把板料分成两块”的原则。图 4-49 所示工件的剪切顺序，可按剪切线序号进行剪切。

② 因板料面积较大，剪切时不能一人单独操作，可安排三人配合作业。这时，应指定一人指挥，使动作协调一致。

③ 本工件确定采用龙门式斜口剪床剪切，其工艺装备如图 4-50 所示。

④ 本工件采取以下几种定位的方法对线。

a. 第一条剪切线，以直接目测对正法或灯影对正法剪切。

b. 第二条剪切线，以角挡板对正法剪切。

c. 第三条剪切线，以后挡板对正法剪切。

d. 第四条剪切线，以前挡板对正法剪切。

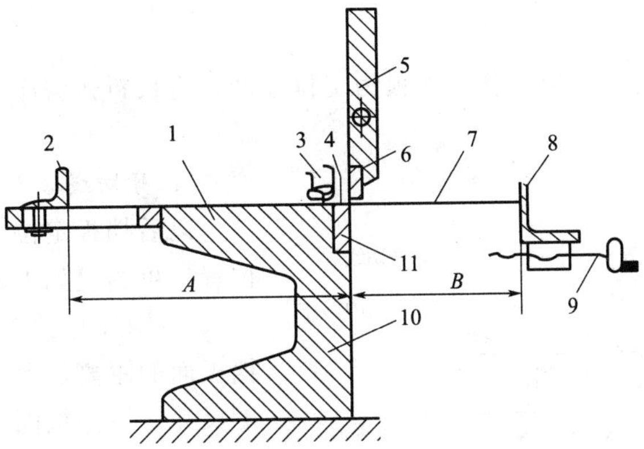

图 4-50　龙门式斜口剪床工艺装备

1—床面；2—前挡板；3—压料板；4—栅板；5—剪床滑块；6—上刀片

7—板料；8—后挡板；9—螺杆；10—床身；11—下刀片

三、剪切步骤与方法

1. 调整间隙

根据剪切材料的性质、厚度，检查并调整剪刃的间隙。若剪床附有剪刃间隙调整数据表，应依据其调整剪刃间隙。否则可参照表 4-5 确定剪刃间隙。

表 4-5 剪刃合理间隙的范围

材料	间隙(以板厚的百分数表示)	材料	间隙(以板厚的百分数表示)
纯铁	6～9	不锈钢	7～11
软钢(低碳钢)	6～9	铜(硬态、软态)	6～10
硬钢(中碳钢)	8～12	铝(硬态)	6～10
硅钢	7～11	铝(软态)	5～8

2. 上料

检查调整好剪刃间隙后，可开动空车运转，确认设备工作状态良好，方可上料。上料前，应将板料表面清理干净，并检查剪切线是否清晰无误。

3. 剪切线 1

将板料置于剪床床面上，推入剪口，目测剪切线两端，使其对正下剪刀刃口（图 4-51）。然后，操作者双手撤离剪口至压料板之外，按下或用脚踩下开关，剪断板料。另外，也可利用灯影线进行对线，即在上、下剪刃的正上方，设置两个光源，利用灯光在板面上形成明、暗分界线，调整钢板，使划线恰好与明、暗分界线重合，即表示刃口与剪切线对齐（图 4-52）。

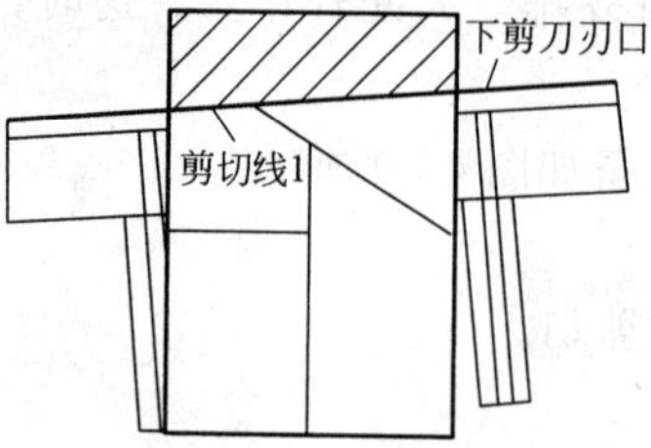

图 4-51 直接目测对正剪切

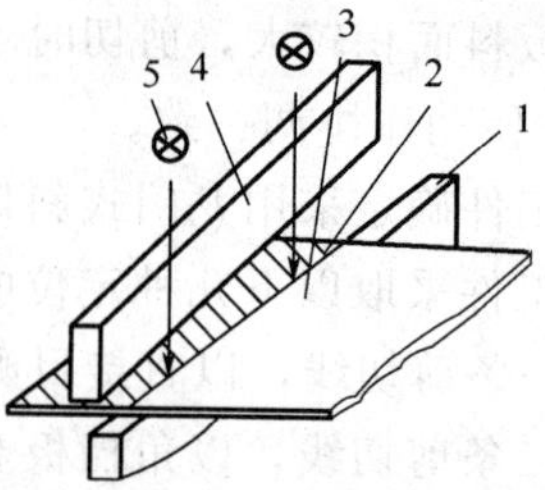

图 4-52 利用灯影线对正剪切线

1—下剪刃；2—灯影线；3—钢板；4—上剪刃；5—光源

4. 剪切线 2

调整、固定好角定位挡板，并以挡板为定位基准，将板料在剪床上放好，沿剪切线 2 剪断板料（图 4-53）。

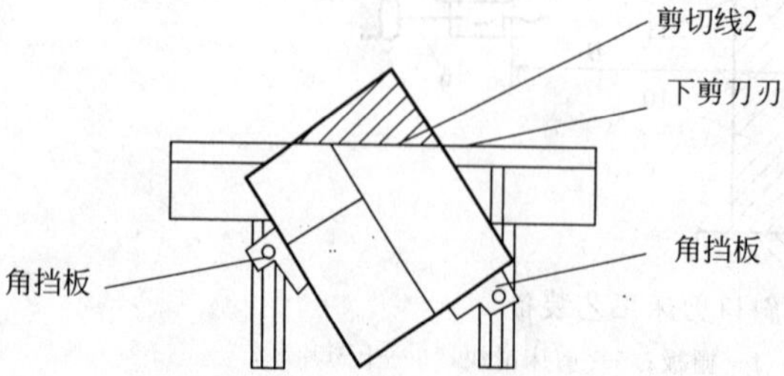

图 4-53 角挡板定位剪切

5. 剪切线 3

以后挡板定位剪切线 3 时，后挡板的位置，可通过如下两种方法确定。

① 钢尺直接测量。使上下剪口至后挡板面的距离，等于欲剪下部分板料的宽度尺寸。后挡板固定后，要测量复检，以确保定位准确。

② 样板定位法。把与欲剪材料等宽的样板置于下剪刀刃口与后挡板之间，以

确定后挡板位置。后挡板位置确定后，即可以其定位，剪断剪切线 3（图 4-54）。

6. 剪切线 4

以前挡板定位剪切线 4 时，确定前挡板位置的方法与确定后挡板位置的方法相同。前挡板定位剪切的情形如图 4-55 所示。

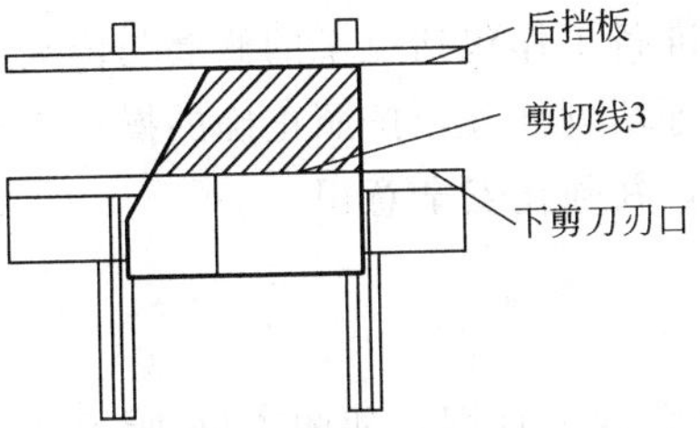

图 4-54 后挡板定位剪切

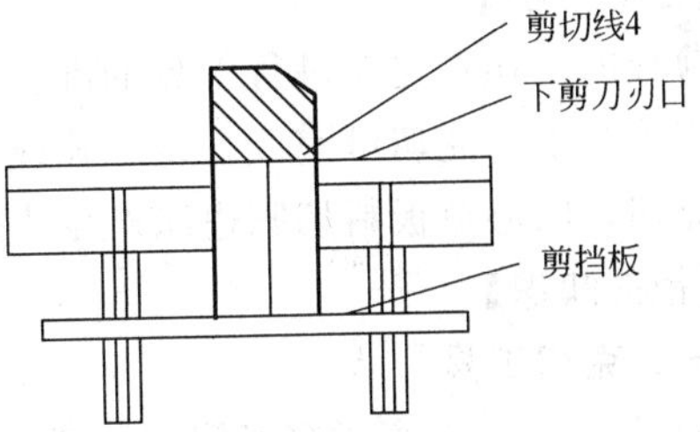

图 4-55 前挡板定位剪切

7. 质量检查

① 测量剪切工件各部分尺寸，是否符合图样要求。

② 检查板料剪断面质量。

四、安全与注意事项

① 开动剪床前，对剪床各部分要认真检查，并加注润滑油。启动开关后，应检查操纵装置及剪床运转状态是否良好，确认正常后，方可使用。

② 剪切作业中，精力要集中。多人操作时，剪切开关要由专人操纵，严禁把手伸入剪口。

③ 不得剪切过硬或经淬火的材料。

④ 剪切前，应清理一切妨碍工作的杂物。剪床床面上不得摆放工具、量具及其他物品。

⑤ 工作后，剪切工件要摆放整齐，并清理好工作现场。

【操作评价】

完成表 4-6 所示能力评价。

表 4-6 能力评价（剪切）

内容		小组评价	教师评价
学习目标	评价项目		
应知应会	熟记剪切安全操作规程		
	熟记剪板机主要结构组成和操作要点		
专业能力	掌握剪板机使用方法与步骤		
	技能训练达到技术要求		
素质能力	学习态度严谨，肯于钻研		
	具有团结合作的品质		
	听从指挥，具有沟通协调的能力		
	解决实际问题的能力		

任务二　克切

【任务描述】

对于薄板的切割可采用克切，具有适用灵活、工具简单、易于操作的特点。

【任务分析】

薄板的克切首先要进行工具的准备，手工克切的准备工作包括克子的修磨与淬火、场地的清理等。手工克切可完成直线、弧线、内孔、外圆等切割任务，按照正确的操作工艺要点进行克切，以避免板料切割边缘产生飞边毛克等缺陷，并强化安全意识。

【相关知识】

一、克切工具

① 上克子。上克子多经锻制而成，材质一般选取碳素工具钢，如图 4-56 所示。上克子在使用前，应按图 4-56 所示的标准几何形状和尺寸修磨好。在使用过程中，若上克子刃部变钝、破损及顶部产生卷边时，都必须在砂轮机上修磨，使刃部及顶部符合使用要求。

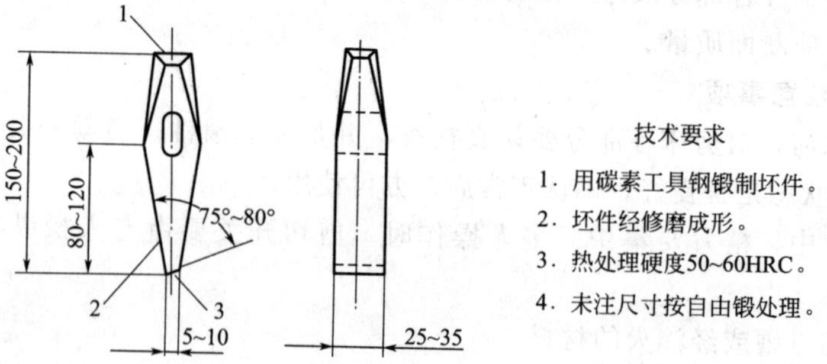

图 4-56　上克子

1—顶部；2—后面；3—前面

② 下克子。可根据实际情况利用废剪刃片或用钢轨加工而成（图 4-57）。

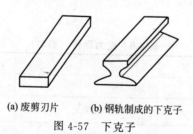

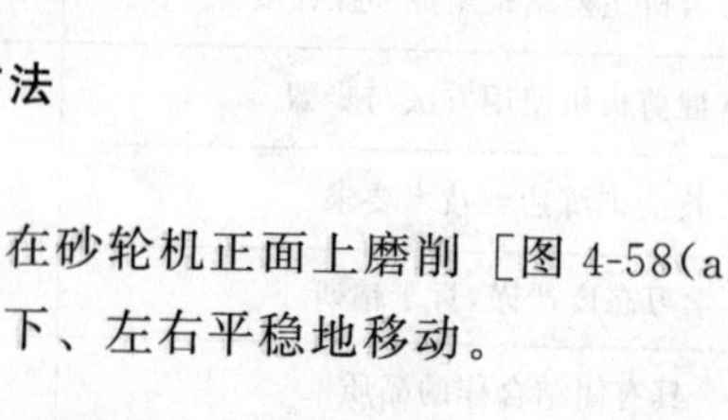

图 4-57　下克子

二、克子修磨的步骤与方法

1. 克子后面的修磨

修磨时，双手握住克子，在砂轮机正面上磨削［图 4-58(a)］。为使克子后面磨得平，磨削时应将克子贴着砂轮面作上下、左右平稳地移动。

2. 克子前面的修磨

克子后面修磨好后，要正确磨削前面，来保证克子准确的楔角。磨削时，双手握住克子置于砂轮正面，使克子后面与砂轮磨削点的切线间夹角为 75°～80°［图 4-58(b)］。同时，注意使克子平稳地上下、左右略作移动，而且克子对砂轮的压力不要过大。为避免克子刃部在磨削中过热而退火，可经常将克子浸入水中冷却。

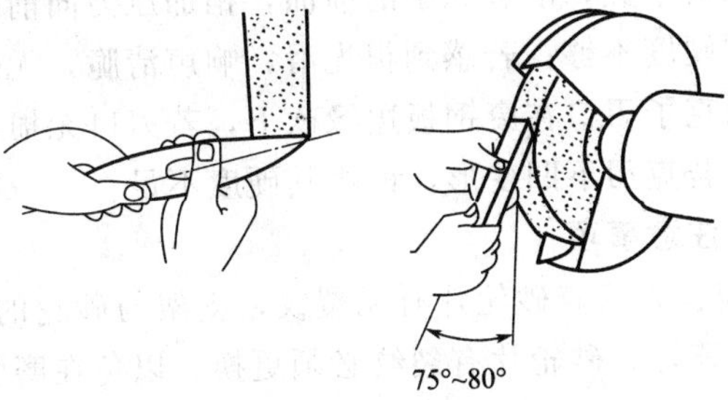

(a) 修磨克子的后面　　(b) 修磨克子的前面

图 4-58 克子的刃磨

3. 克子整体形状的修磨

锻制而成的上克子，整体形状未必很规则，要按照标准形状修磨。

4. 修磨质量检查

① 检查克子后面的平直度时，用钢尺立放在克子后面上（图 4-59），并举至与眼睛平行的位置，对着光亮处观察，看钢板尺与克子后面是否严实贴合，以此来判断克子后面的平直程度。

② 目测刃口及前面是否平直，并检查有无粗糙磨削痕迹及退火现象。

③ 用样板检查克子的楔角（图 4-60）。

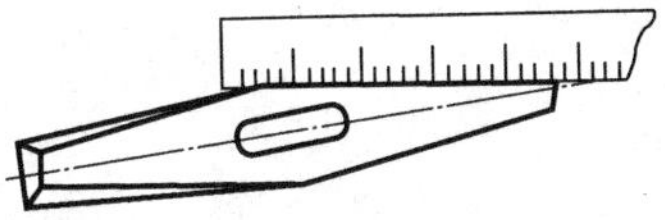

图 4-59 检查克子后面的平直度

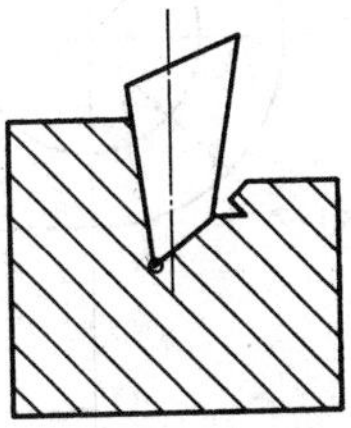

图 4-60 用样板检查克子楔角

三、克子淬火

1. 淬火准备

准备焦炭炉、焦炭等；准备水槽并装好冷却水；准备火钳子等工具。

2. 淬火操作

克子的淬火过程分为淬火、余热回火两个阶段。淬火时，将克子竖直放在焦炭炉中，其切削刃部稍埋入焦炭中。当克子的切削刃部高 20～30mm 加热至 770～800℃（樱红色）时，用火钳子将克子从炉中取出，迅速垂直放入水中 5～8mm 深，并沿水面缓缓移动，以加速冷却，提高淬火硬度，并使淬硬部分与不淬硬部分无明显界线，以防断裂。

当克子露出水面的部分刚呈黑色时，由水中取出，利用上部余热回火（相当于低温回火）。这时，要注意观察克子刃部的颜色。一般刚出水时克子刃部的颜色为白色，刃口的温度逐渐上升后，颜色也随之改变，由白变黄，再由黄变蓝。当刃部呈现黄色时，将克子全部放入水中冷却，这种回火温度称为“黄火”；当克子刃部呈现蓝色时，全部放入水中冷却，这种回火温度称为“蓝火”。实践证明，冷作工的克子采用介于“黄火”和“蓝火”之间的回火温度时，克子的硬度及韧性即符合要求。

3. 硬度检查

用一把六七成新的中齿平锉，沿着克子的前面，稍加压力向前推进，如果感到有一定的阻力，并有铁屑锉下，则硬度不够；若感到很光滑，响声清脆，无铁屑锉下，则硬度合适。

手握克子的顶部，以克子刃口在废钢板边缘砍下，若刃口无损，表明克子硬度、韧性适宜，如有崩裂则太硬；而若克刃下凹变形，说明其硬度不足。

四、克子修磨与淬火注意事项

① 使用砂轮机前，应首先检查砂轮片有无裂纹，支架与砂轮的间隙（约为 3mm）是否合适。间隙若不合适要调整好，砂轮片有裂纹必须更换，以免在磨削过程中，造成砂轮片破碎或工件卡入而发生事故。

② 砂轮机启动后，要待其正常运转后再使用。磨削时，操作者应站在砂轮机的侧面，而不能正对砂轮机站立。

③ 刃磨时，要戴好防护眼镜。

④ 克子淬火应用清水，水温一般在 15℃左右。

【技能训练】

一、克切工件图

克切工件如图 4-61 所示。

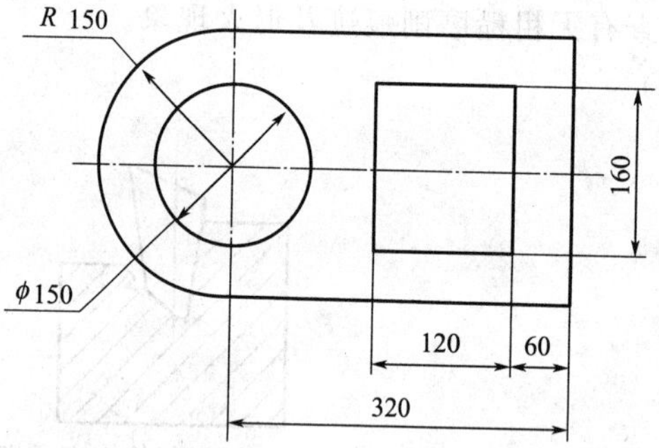

技术要求
1. 直线度公差为±0.5。
2. 内孔转角处不得破裂。
3. 钢板厚度为1mm。

图 4-61　克切工件

二、克切工艺特点分析

1. 克切顺序

对于较复杂的克切件，合理安排工艺步骤，对提高克切质量影响极大，一般采取先外后内、先直后弧、先短后长的克切顺序。

2. 克切件放置

若克切件尺寸较大或克切件转动后不利于扶持，为保持工件平稳，可在上克子旁边放置垫板支撑，但要保证板料与下克子上平面贴合。

3. 操作者的站位及姿势

克切作业主要由掌克者及打锤者配合完成，掌克者自然下蹲，左手将板料平扶在下克子上，右手持上克子，眼睛注意观察克刃对准克切线；打锤者站在下克刃一侧，两人互成 90°为宜。如果钢板较厚，打锤者可用大锤，其站位及姿势如图 4-62 所示。

三、克切步骤与方法

1. 划线

板料准备好后，把图样按 1∶1 的比例（或按样板）划在板料上。为了便于起克时对线准确，应先确定起克点，再把起克线划至板料边缘处，以便于下克子刃口对正（图 4-63）。

图 4-62 克切站位及姿势

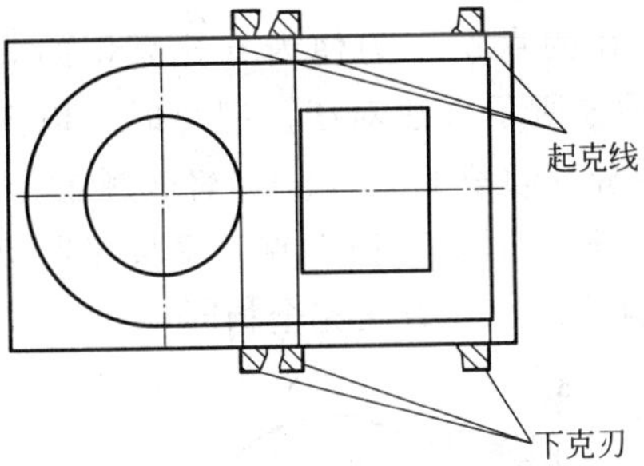

图 4-63 起克线对正下克子刃口

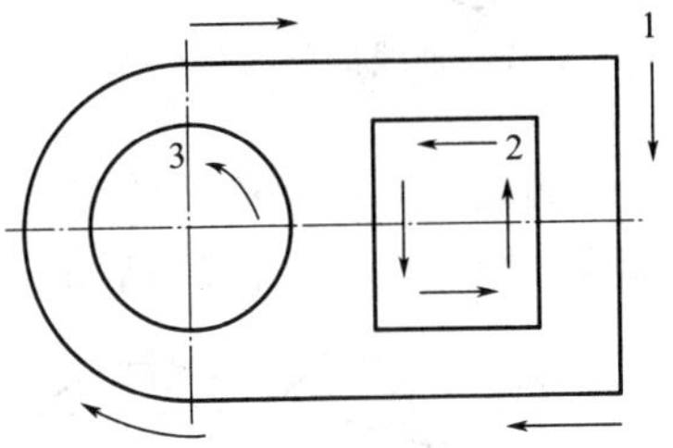

图 4-64 克切顺序

2. 确定克切顺序

(1) 分析图纸 分析克切工件图，其克切顺序安排如图 4-64 要探出 1/3 克刃宽，并与下克子刃相靠。同时，保持上克子的前面与被切钢板垂直，刃口与钢板成 10°～15°的倾角（图 4-65）。

起克时，锤击力要小些，以便当起克不准时，修正和防止钢板克断后上、下克子刃相撞损坏刃具。克出开口，并确认开口线准确后，即以上克子下部分侧边靠在下克子侧面，作为找正的依据，开始直线逐段克切。

(2) 克切 在克切过程中，钢板的克切线应始终与下克子刃对齐，保持上克子合适倾角，并使上、下克刃靠紧。否则，不但不能克断板料，还回产生折曲变形（俗称压马腿），如图 4-66 所示。克切时，为提高质量，要随时纠正克切偏向，不断变换锤击力。这就要求操作者应注意观察，密切配合，击锤者必须听从掌克者的指挥。

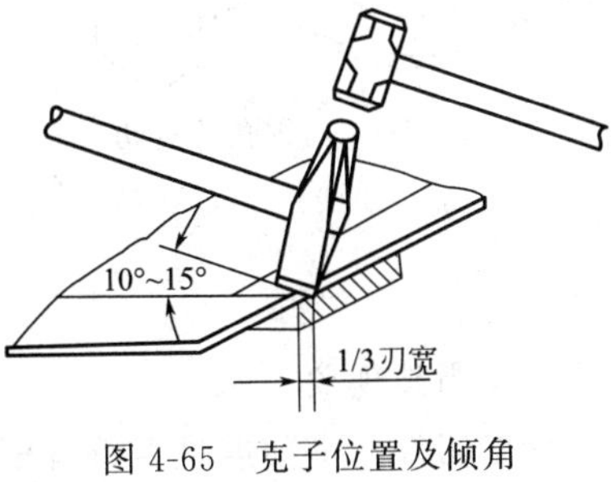

图 4-65 克子位置及倾角

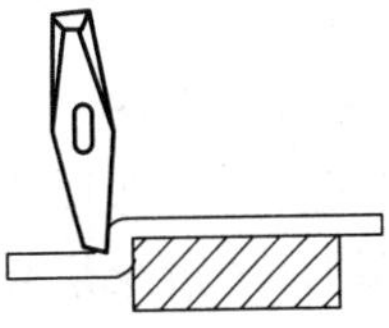

图 4-66 克切中板料的折曲变形

（3）曲线部分的克切

① 起克。当克切至工件的曲线部分时，应先切断已克下直线部分的余料，使之不致妨碍曲线克切时的找正。为了减少板料在克切时的变形，应将工件圆形部分放在下克子上；应不断转动工件，为了防止克下的余料抵触下克子，而影响工件转动，要始终利用下克子的端部进行克切（图 4-67）。

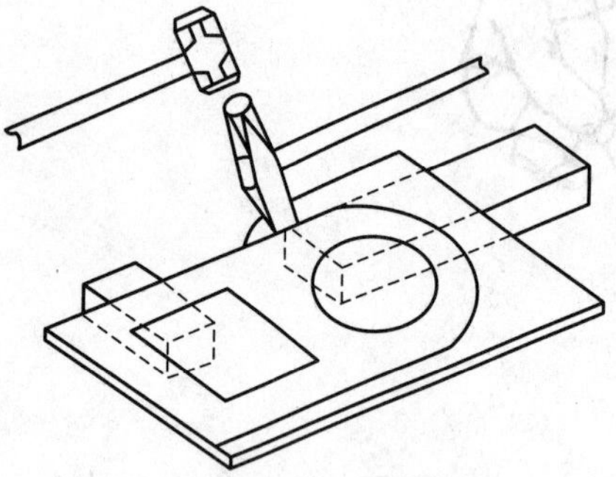

图 4-67 曲线部分的起克

② 克切。在板料上克切曲线时，因上、下克刃均为直线，每一次克切也只能克切出一段直线。因此，克切曲线的实质是沿曲线的切线位置，克切出直线段，围绕曲线形成一个外切多边形，克切出的直线段越短，就越接近曲线。这就要求：每次的克切量要尽量小些，并频繁地转动板料；锤击要短促，力量适当。

（4）内方孔的克切 为使内方孔克切的开口准确，可按图 4-68 所示方法对线。起克时，以上克刃尖角与板料接触（倾角 10°～15°），轻轻锤击开口处。此时，工件起克处并未切透，待克切出 2～3 倍刃宽的长度时，再把上克刃平放于起克处清根切透即可（图 4-69）。开好口后的克切方法与前述直线的克切方法完全相同。

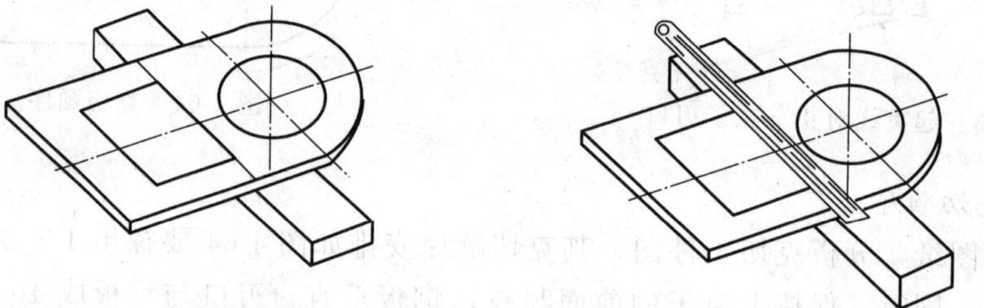

(a) 划线对正　(b) 直尺过线对正

图 4-68 内方孔起克对线

（5）内圆孔的克切 内圆孔的克切首先应选好起克点。为了便于起克，一般应把起克点选在便于扶持板料的位置，过起克点作内圆的切线，使起克点对正下克刃（图 4-70）。内圆孔的克切方法与前述曲线部分的克切方法相同。

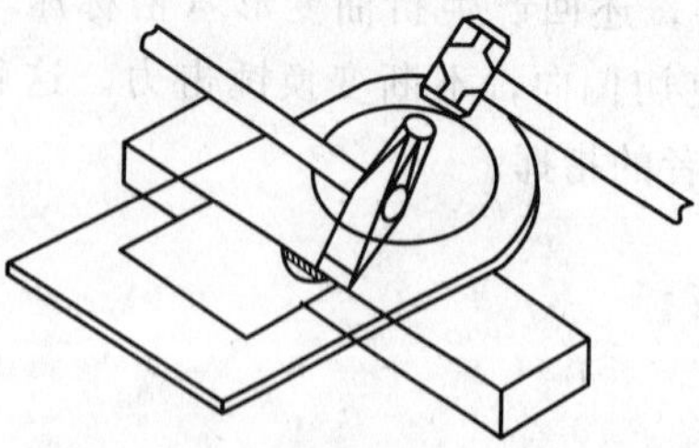

图 4-69 内方孔起克

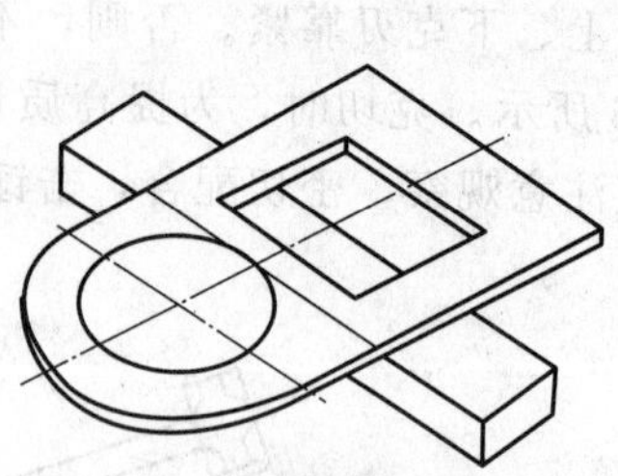

图 4-70 内圆孔的克切

3．克切件的质量检查

① 检查克切件的各部尺寸是否符合图样要求。

② 检查克切件的边缘是否整齐，有无较大飞边、毛刺及撕裂现象。

③ 检查克切件直线段的直线度、曲线部分的圆度以及克切件的平面度是否符合要求。

四、安全与注意事项

① 打锤前应检查锤柄的安装是否牢固，打锤者不能戴手套，以防脱锤伤人。

② 克刃变钝或顶部产生卷边应及时修磨。

③ 克切过程中，应始终保持板料放置平稳，准确对线。

④ 掌克者与扶钢板者要戴好手套，以防钢板毛刺划伤手。

⑤ 克下的工件要摆放整齐，余料或废料应及时清理，做到文明生产。

【操作评价】

完成表 4-7 所示能力评价。

表 4-7 能力评价（克切）

内容		小组评价	教师评价
学习目标	评价项目		
应知应会	熟记安全注意事项		
	熟记克切的工艺要点与工具的使用方法		
专业能力	初步掌握克子的修磨与淬火方法		
	技能训练达到技术要求		
素质能力	学习态度严谨,肯于钻研		
	具有团结合作的品质		
	听从指挥,具有沟通协调的能力		
	解决实际问题的能力		

项目四 弯曲成形

任务一 滚弯

【任务描述】

通过学习，使学生熟悉滚弯设备的种类、特点及作用，并能正确使用。

【任务分析】

根据板料的尺寸和厚度，调整设备状态，严格按照滚弯工艺要点进行操作，以避免产生歪扭、直边等滚弯缺陷。操作要规范，养成遵守安全规程的好习惯。

【相关知识】

一、滚板机的类型及特点

滚弯机床包括滚板机和型钢滚弯机。由于滚弯加工大多是板材，而且滚板机若附加一些工艺装备，也能进行一般的型钢滚弯，所以滚弯机床以滚板机为主。

滚板机的基本类型有对称式三辊滚板机、不对称式三辊滚板机和四辊滚板机三种。这三种类型滚板机的轴辊布置形式和运动方向如图 4-71 所示。

对称式三辊滚板机的特点，是中间的上轴辊位于两个下辊的中线上［图 4-71(a)］，其结构简单，应用普遍。其主要缺点是弯曲件两端有较长的一段，位于弯曲变形区以外，在滚弯后成为直边段。因此，为使板料全部弯曲，需要采取特殊的工艺措施。

不对称式三辊滚板机，其轴辊的布置是不对称的，上轴辊位于两下轴辊之上而向一侧偏

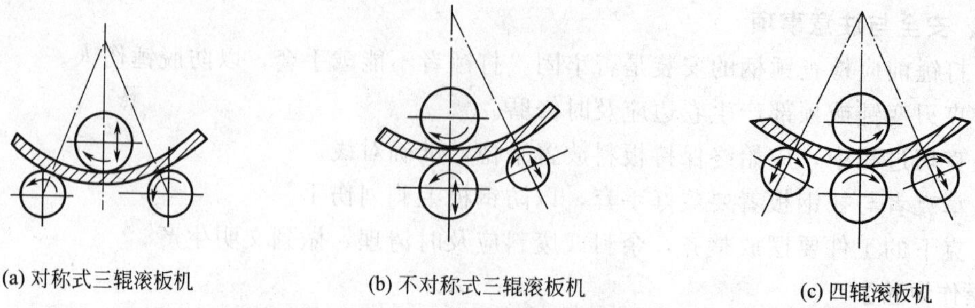

图 4-71 滚板机轴辊的布置形式及运动方向

移［图 4-71(b)］。这样，就使板料的一端边缘也能得到弯曲，剩余直边的长度极短。若在滚制完一端后，将板料从滚板机上取出掉头，再放入进行弯曲，就可使板料接近全部得到弯曲。这种滚板机的缺点，是由于支点距离不相等，使轴辊在滚弯时受力很大，易产生弯曲，而影响弯曲件精度，而且弯曲过程中的板料掉头，也增加了操作工作量。

四辊滚板机相当于在对称的三轴滚板机的基础上，又增加了一个中间下辊［图 4-71(c)］。这样不仅能使板料全部得以弯曲，还避免了板料在不对称三辊滚板机上需要掉头滚弯的麻烦。它的主要缺点是结构复杂、造价高，因此应用不太普遍。

二、对称式三辊滚板机的基本结构和工作原理

机械传动对称式三辊滚板机，是冷作工最常用的滚弯机床（图 4-72）。其基本结构是由上下轴辊、机架、减速箱、电动机和操纵手柄等组成。工作时，控制操纵手柄，能使上轴辊作铅垂方向运动，两下轴辊作正、反方向转动。

为使封闭的筒形工件滚弯后能从滚板机上卸下，在上轴辊的左端装有活动轴承，右端设有平衡螺杆。只要旋下平衡螺杆压住上轴辊右侧伸出端，使上轴辊保持平衡，即可将活动轴承卸下来，使工件能沿轴辊的轴线方向向左移动，从轴辊间取出。

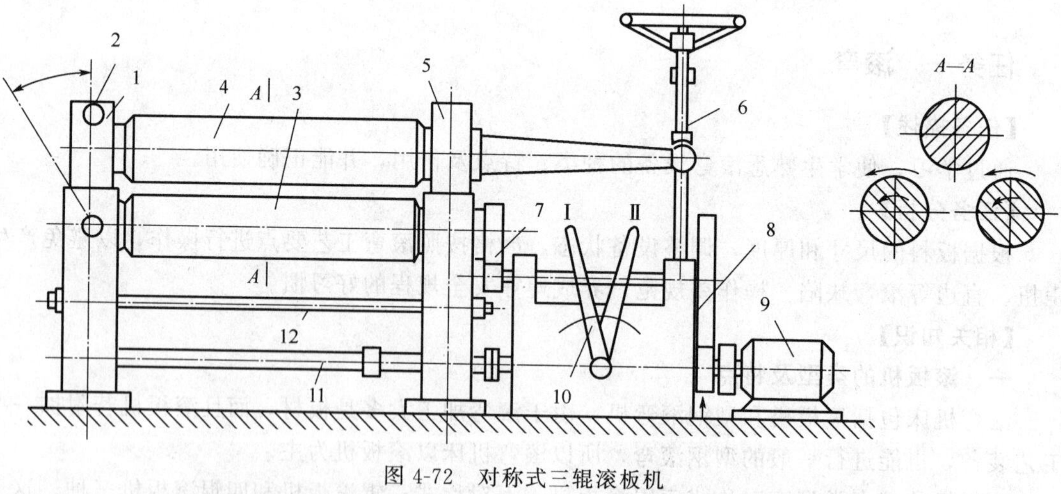

图 4-72 对称式三辊滚板机

1—活动轴承；2—插销；3—下辊；4—上辊；5—固定轴承；6—卸料装置；7—齿轮；8—减速器；9—电动机；10—操纵手柄；11—上辊压下传动蜗杆轴；12—拉杆

三、简单的弯曲料长计算

1. 圆弧弯板的展开长度

如图 4-73 所示，当板料弯曲成曲面时，外层材料受拉而伸长，内层材料受压而缩短，

而在板厚中间，存在着一个长度保持不变的纤维层，称为中性层。既然圆弧弯板的中性层长度弯曲变形前后保持不变，就应取其中性层长度作为圆弧弯板的展开长度。

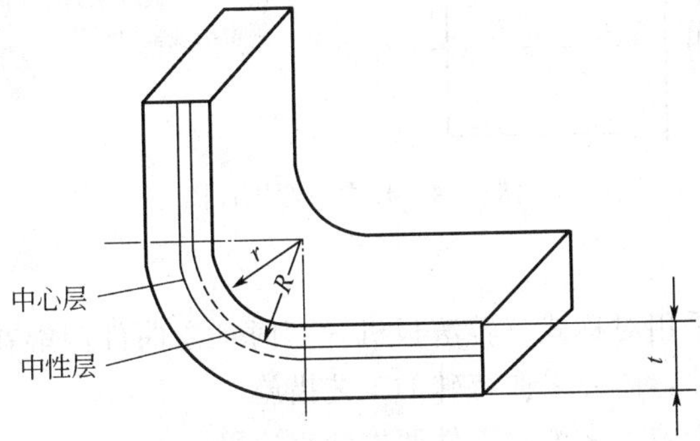

图 4-73 圆弧弯板的中性层

板料弯曲中性层的位置，与其相对弯曲半径 r/t 有关。当 $r/t>5.5$ 时，中性层位于板厚的 1/2 处，即与板料的中心层相重合；当 $r/t\leqslant 5.5$ 时，中性层位置将向弯曲中心一侧移动。

中性层的位置可由下式计算：

$$R=r+Kt \tag{4-1}$$

式中 R——中性层半径，mm；

r——弯板内弧半径，mm；

t——板料厚度，mm；

K——中性层位置系数，见表 4-8。

表 4-8 中性层位置系数 K、K_1 的值

r/t	≤0.1	0.2	0.25	0.3	0.4	0.5	0.8	1.0	1.5	2.0	3.0	4.0	5.0	>5.5
K	0.23	0.28	0.3	0.31	0.32	0.33	0.34	0.35	0.37	0.40	0.43	0.45	0.48	0.5
K_1	0.3	0.33	0.35			0.36	0.38	0.40	0.42	0.44	0.47	0.475	0.48	0.5

注：K——适于有压料情况的 V 形或 U 形压弯。

K_1——适于无压料情况的 V 形压弯。

其他弯曲情况下，通常取 K 值。

2. 柱面弯曲料长计算

柱面弯曲时，中性层的位置可按式（4-1）确定。

【例 4-1】 工件图如图 4-73 所示。板厚 $t=8$mm，$r=150$mm，试计算其展开料长。

解：由于相对弯曲半径 $r/t=150\div 8=18.75>5.5$，查表 4-2 得：$K=0.5$。

根据式（4-1）得中性层弯曲半径为：

$$R_{中}=r+Kt=300\div 2+0.5\times 8=154\ (\text{mm})$$

所以，该圆筒的展开料长为：

$$L=2\pi R_{中}=2\times 3.14\times 154=967.12(\text{mm})$$

【技能训练】

一、图样与尺寸

滚弯工件图样见图 4-74。

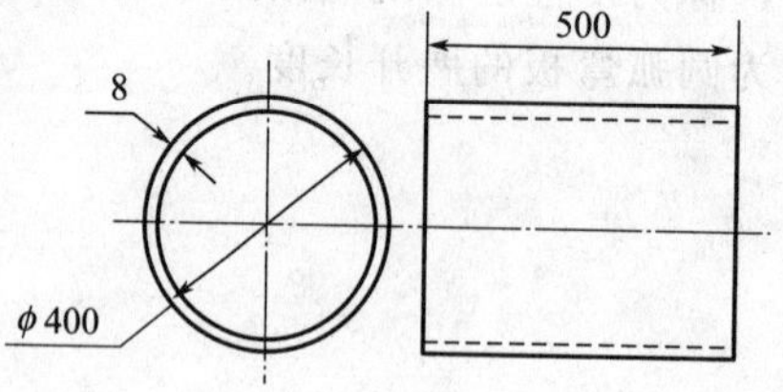

500
8
φ400
技术要求
1. 用卡形样板测量圆度，间隙最大值应小于1mm。
2. 不得出现歪扭现象。

图 4-74 柱面滚弯工件图

二、消除直边段

前面已经叙述，当采用对称式三辊滚板机滚弯时，弯曲件两端在滚弯后将成为直边段。因此，为使板料全部弯曲，需要采取特殊的工艺措施。

通常采用下列两种措施，来消除工件两端的直边段。

1. 板料两端预弯

板料两端预弯时，可利用模具在压力机上进行（图 4-75）。当板料较薄时，也可采取手工预弯（俗称槽头），或是用一块已经弯成适当曲率的垫板，在三辊滚板机上对板料预弯（图 4-76），垫板厚度应大于工件板厚的 2 倍。

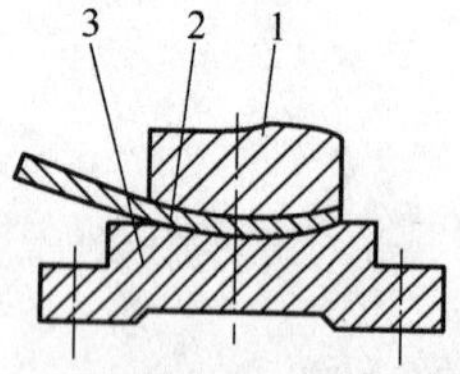

3
2
1

图 4-75 在压力机上预弯板料端部

1—下模；2—板料；3—上模

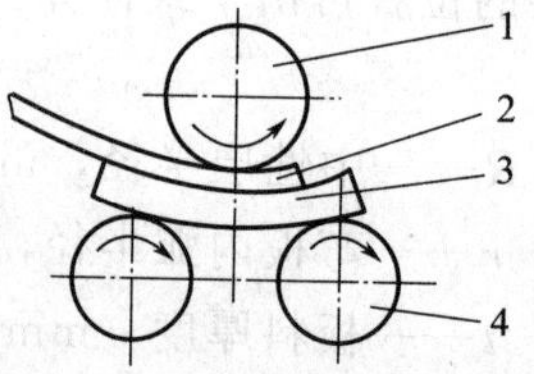

1
2
3
4

图 4-76 在滚板机上预弯板料

1—下轴辊；2—垫板；3—板料；4—上轴辊

2. 板料两端留余量

下料时，在板料两端留出稍大于直边长度的余量，待滚弯后再割去，但割下的余料如不能使用，则会造成材料的浪费。有时也可采用少留余量，再用废料拼接，以保证足够直边长度的办法。

三、柱面的滚弯

1. 柱面滚弯工艺分析

① 柱面的几何特征是表面素线相互平行，因此，在滚制柱面工件之前，要求滚板机的上、下轴辊应平行，不能带有斜度，否则会使滚出的工件带有锥度。

② 用对称式三辊滚板机滚弯，要在滚弯前采取板料两端预弯或预留余量的方法消除板料两端的直边段。

③ 为了保证不使滚弯工件出现歪扭现象（图 4-77），板料放入滚床后，要注意找正位置。找正的方法主要有：利用挡板或轴辊上的定位槽找正，还可以用目测或 90°角尺找正。

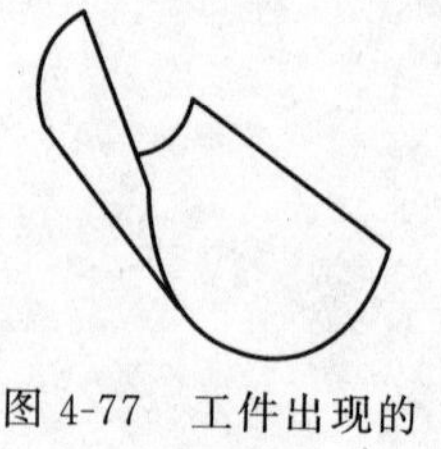
图 4-77 工件出现的歪扭现象

④ 较大工件滚弯时，为了避免其自重引起的附加变形，应将板料分成三个区域，先滚压两端，再滚压中间。必要时，还要由吊车予以配合。

2. 滚弯的步骤及方法

① 准备工作。滚弯前应准备工件内圆的卡形样板、大锤、压弧锤、槽头胎具等工具。

② 小圆筒一般整筒滚制，大圆筒则要分两半滚制。为使学生多掌握滚弯技术，本工件分两半滚制。

③ 检查滚板机的上下轴辊是否平行，若不平行，应将其调整平行。

④ 用手工的方法预弯板料两端，预弯长度应略大于两下辊中心距的一半，一般为 180～200mm。在预弯过程中，要用卡形样板进行检查，直至达到图样要求工件的曲率为止（图 4-78）。

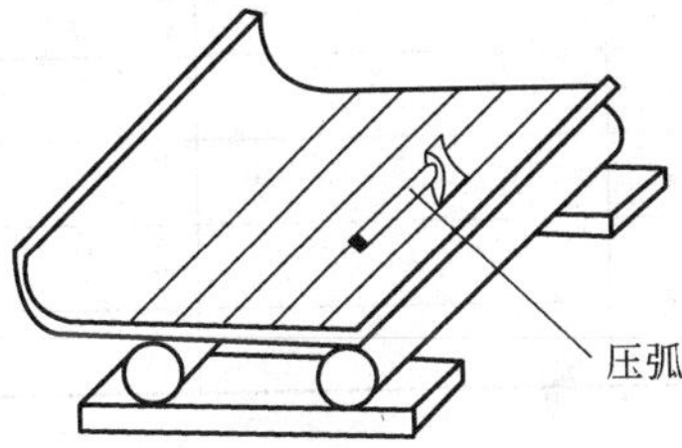

图 4-78 槽头预弯板料两端

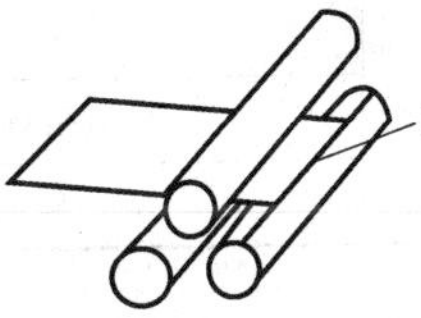

图 4-79 工件找正

⑤ 工件放入滚床后，利用滚板机轴辊上的定位槽进行找正。方法是：将下辊的定位槽转到最上端位置，使放入滚板机的板料边缘与定位槽平行（图 4-79）。

⑥ 在滚弯过程中，由于弹复的影响，往往不能一次滚压至工件要求的曲率。一般要凭经验初步调节上辊压下量，然后再滚压，并用样板测量。根据测量结果，对上辊压下量进一步调节，再滚压、测量，直至达到要求的曲率为止。

⑦ 滚压中若出现歪扭现象要及时调整。其方法是用手工矫正（图 4-80）。在矫正过程中，应根据工件的歪扭方向和程度，确定锤击位置，施加相应的锤击力量，避免因矫正失误而引起工件反向歪扭或曲率过大。

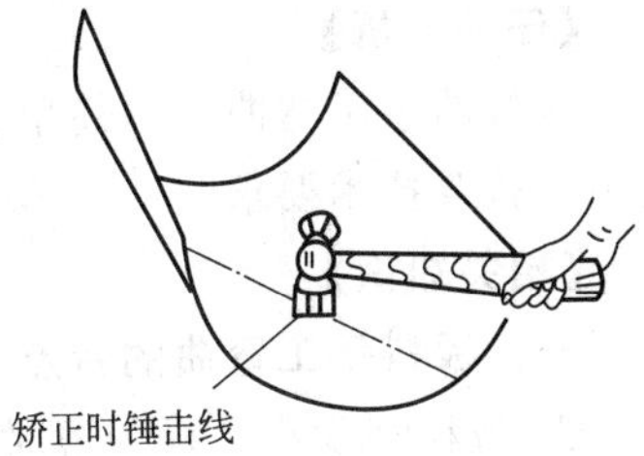

图 4-80 手工矫正

四、质量检查

① 用卡形样板沿圆筒的内表面、上下边沿检查整个工件的曲率，若有不合格处，应及时修整。

② 检查半圆筒两直边是否平行（即共面），方法如图 4-81 所示。若两直边都与平台贴合，说明两边平行；若不能与平台贴合，说明工件出现歪扭现象。要按图 4-82 所示的方法矫正。

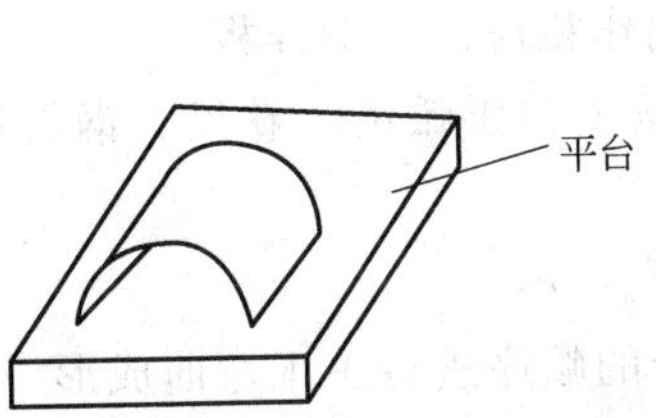

图 4-81 圆筒直边是否平整的检查方法

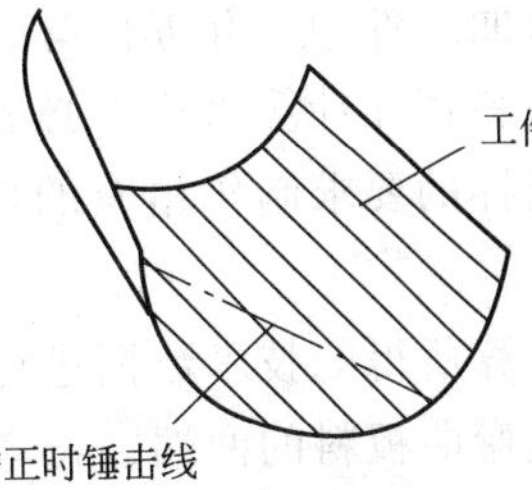

图 4-82 歪扭现象的修整方法

【操作评价】

完成表 4-9 所示能力评价。

表 4-9 能力评价（滚板机）

内容		小组评价	教师评价
学习目标	评价项目		
应知应会	熟记安全操作规程		
	熟记滚板机主要结构组成和操作规程		
专业能力	掌握滚弯圆柱面与圆锥面的方法与步骤		
	技能训练达到技术要求		
素质能力	学习态度严谨，肯于钻研		
	具有团结合作的品质		
	听从指挥，具有沟通协调的能力		
	解决实际问题的能力		

任务二 手工弯曲

【任务描述】

通过学习，使学生熟悉手工弯曲工具的种类、特点及作用，并能正确使用。

【任务分析】

薄板的手工弯曲工具简单、操作灵活，要正确选择锤击点，控制锤击力度，保证弯曲面光顺，符合技术要求。

【相关知识】

一、板料手工弯曲的特点

① 板料刚度小，板较薄时，进行弯曲加工通常不需很大的弯曲力。因此，板料的手工弯曲多采取冷加工的方法。

② 板料弯曲件成形面积往往较大，难于采用整体成形胎模，同时为了省力，一般用自由弯曲模进行手工弯曲。这样，就需要在弯曲过程中及时地进行测量，以保证成形质量。

③ 板料弯曲往往要求较高的表面质量，因此，弯曲过程中要采取相应的工艺措施和加工工具。例如，薄板手工弯曲时，应使用硬度较小的软金属锤或木锤。

二、弯曲工具的准备

手工弯曲时所需的工具较多，弯曲前应准备好大锤、平锤、锤子、压弧锤、弯曲胎具、卡形样板等工具和用具。

三、手工弯曲的步骤与方法

① 识读弯曲工件图，并进行弯曲工艺分析。

② 进行用料情况计算以获得必要的技术数据，并制作相应的卡形样板。

③ 按照图样的要求制作相应的弯曲胎具，准备好锤子、压弧锤、卷尺、钢板尺等工具和量具。

④ 利用计算所得的技术数据进行正确的号料与下料。

⑤ 按照先弯曲板料的两端、再弯曲板料的中间部分的顺序进行手工弯曲成形。

⑥ 按照图样的技术要求检验弯曲件的弯曲质量，如有不合格之处应予以修正。

【技能训练】

一、柱面手工弯曲

1. 弯曲工件图

弯制柱面工件如图 4-83 所示。

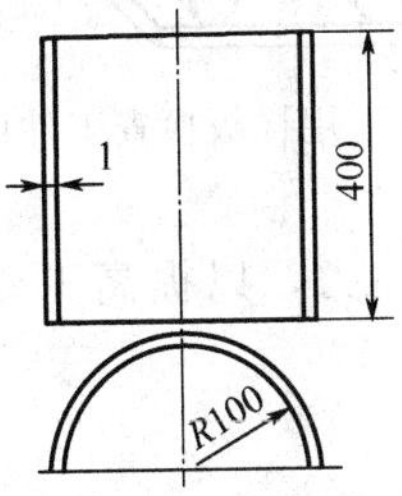
1
400
R100
技术要求：
1. 用卡形样板测量圆度，间隙最大值应小于1mm。
2. 两竖直边应平行，以两边能同时与平台面贴合为标准。
3. 工件表面不得有划伤。

图 4-83 弯制柱面工件

2. 弯曲工艺分析

柱面的几何特征是表面素线相互平行。因此，为了加工出合格的工件，弯制柱面过程中，压弧锤应始终准确地沿素线移动，同时胎具与坯料的接触线也应与素线平行。手工弯制柱面的操作顺序是：先弯板料两端，再弯中间部分。

3. 弯曲步骤与方法

① 准备工作。准备大锤、压弧锤（图 4-84）、卡形样板等。制作弯曲胎具（图 4-85），胎具上的两圆钢相应平行，中间间隔距离，应根据所弯柱面的直径大小适当确定。

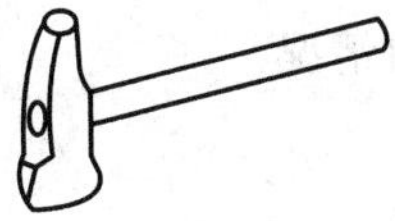

图 4-84 压弧锤

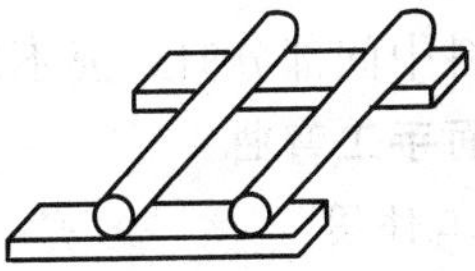

图 4-85 弯制柱面的胎具

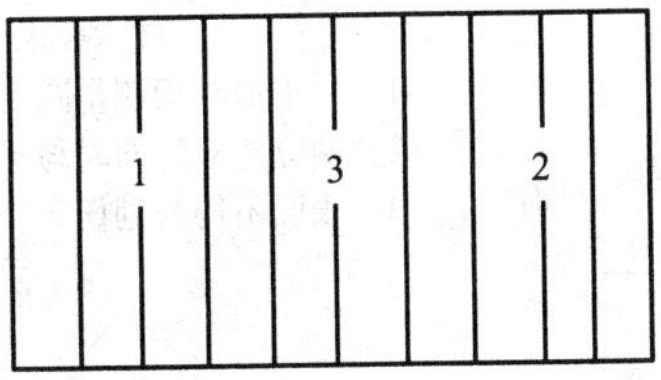

图 4-86 在板料上画弯曲线

② 在板料上画出柱面的若干等分素线，作为弯曲时的锤压基准，同时将整个板料按加工顺序分为三个区域（图 4-86）。

③ 弯曲板料两端（区域 1、2），这时应将压弧锤靠近胎具上的圆钢（图 4-87），这样可使板料端部无直边段而成形较好。还要注意：在弯曲过程中，压弧锤应始终沿柱面的素线位置压下，并要交错排列，以保证工件既不会产生歪扭现象，又能形成光滑的表面。

弯曲时，要经常用样板检查工件的曲率，以指导弯曲工作，直至端部曲率符合要求。用样板检查工件的曲率时，样板应与工件表面垂直，以保证测量精度（图 4-88）。同时，还要通过目测（或其他方法），检查弯曲件两端边棱是否平行，以此来判断工件有无扭曲，以便及时纠正。

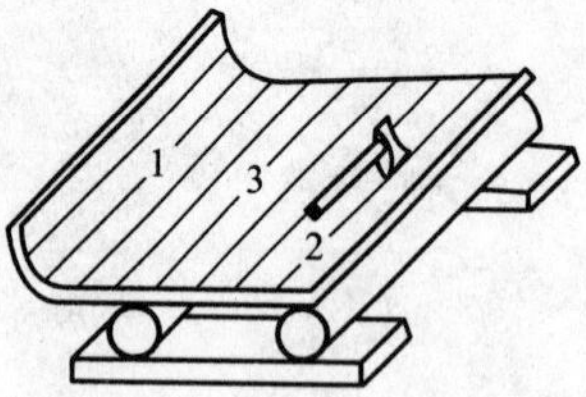
1
3
2

图 4-87 弯曲板料两端

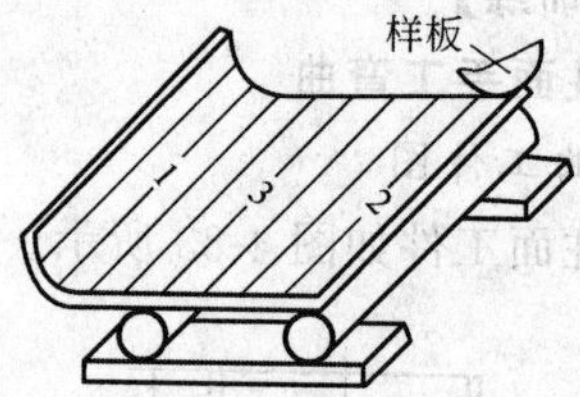

图 4-88 用样板检查工件曲率

④ 弯曲板料中间部分（区域 3）。这时，为获得较大的弯曲力，以提高工效，应使板料每次被压的部位，置于两圆钢间的中线位置上（图 4-89）。

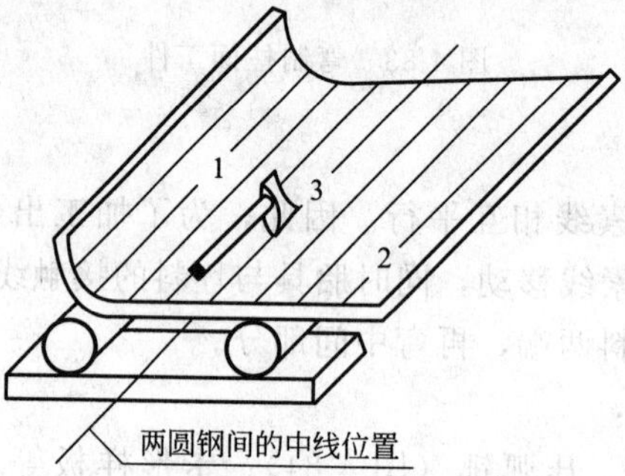

图 4-89 弯曲板料中间部分（区域 3）

弯曲板料中间部分时，要不时地检测工件曲率和控制扭曲情况。

二、锥面手工弯曲

1. 弯曲工件图

弯制锥面工件如图 4-90 所示。

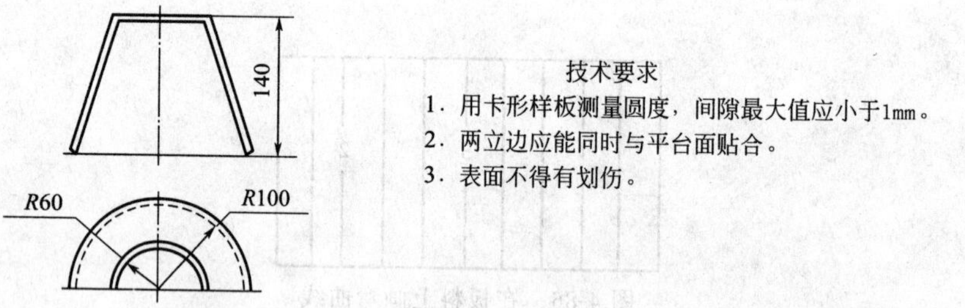
140
R60
R100
技术要求
1. 用卡形样板测量圆度，间隙最大值应小于1mm。
2. 两立边应能同时与平台面贴合。
3. 表面不得有划伤。

图 4-90 弯制锥面工件

2. 弯曲工艺分析

板材弯曲锥面，需在胎具上完成。锥面的几何特征是表面素线汇交于一点（或素线延长线汇交），而且沿素线各点工件曲率不同，因此，锥面弯制工艺特点如下。

① 胎具上的两圆钢应成一定锥度放置，锥度的大小可与工件的锥度相近，以保证胎具与工件基本在素线位置接触。

② 弯曲前需在板料上画出一定数量的锥面素线，并在弯曲中使压弧锤始终沿锥面素线移动。

③ 为使锥面素线上各点形成不同的曲率，弯曲时，锤击力随各点曲率不同而有均匀变化。

④ 要准备锥面大、小口两个卡形样板，以便在弯曲中分别检查工件大、小口的曲率。

锥面弯制，要按先两端再中间的顺序进行，如图 4-91 所示。其操作步骤与方法和柱面的弯曲步骤与方法基本一致，不再重复叙述。

图 4-91　锥面弯制

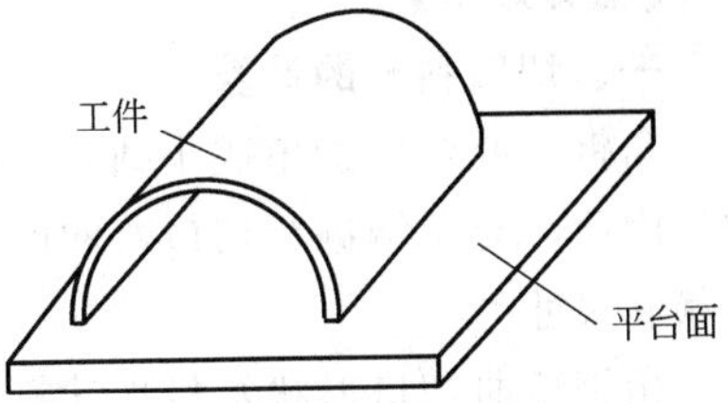

图 4-92　工件两竖直边平行度检查

三、质量检查

1. 柱面成形质量检验

① 用卡形样板沿柱面上下边沿，检查整个工件曲率，发现不合格处，要进行修整。

② 将工件扣放在平台上，检查其两竖直边是否平行（图 4-92）。若工件的两竖直边与平台接触无缝隙，说明其平行；否则，表明有误差，要进行修正。若工件上下口曲率已经合格，工件两竖直边仍不平行，则一定是工件有扭曲，此时应修正扭曲。

2. 锥面成形质量检验

用大、小口卡形样板检查工件两端的曲率，发现不合格处，要进行修整。

【操作评价】

完成表 4-10 所示能力评价。

表 4-10　能力评价（压力机）

内容		小组评价	教师评价
学习目标	评价项目		
应知应会	熟记安全操作规程		
	熟记压力机主要结构组成和操作规程		
专业能力	掌握机械矫正方法与步骤		
	技能训练达到技术要求		
素质能力	学习态度严谨，肯于钻研		
	具有团结合作的品质		
	听从指挥，具有沟通协调的能力		
	解决实际问题的能力		

项目五　装配

任务一　角钢框的装配

【任务描述】

通过学习，使学生熟悉角钢框装配的准备工作、相关工具的使用以及质检测量。

【任务分析】

为保证角钢框的拼接后开形尺寸符合技术要求，必须精确计算料长，准确开切口，装配时正确划线，保证平面度和线性尺寸。

【相关知识】

一、切口料长的计算

角钢若要弯成折角或小圆角，必须在角钢的适当位置作出一定形状的切口，才能完成弯曲。因此，对角钢进行切口弯曲时，除需计算其料长外，还要在放样中确定其切口的位置、形状和尺寸。

角钢弯曲切口形状及料长计算如下。

（1）角钢 90°角内折弯　料长及切口形状如图 4-93 所示。

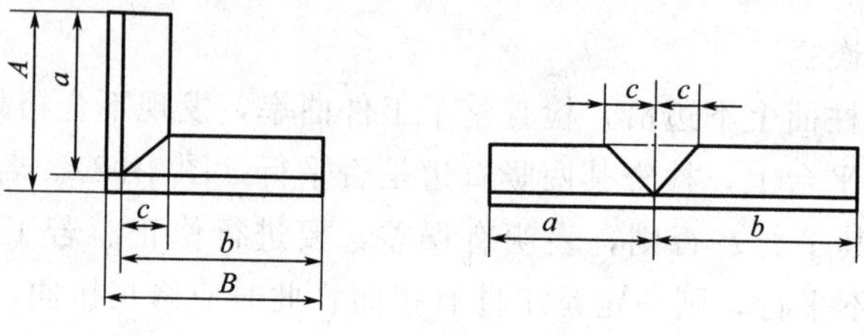

图 4-93　角钢内弯 90°料长及切口形状

（2）角钢任意角内折弯（锐角）　料长及切口形状如图 4-94 所示。

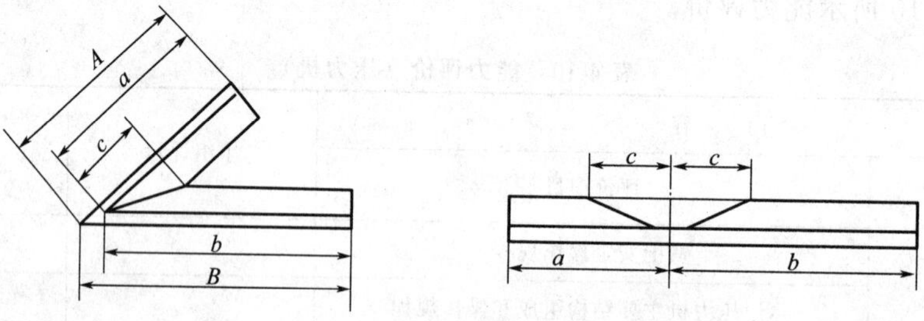

图 4-94　角钢内弯任意角料长及切口形状

（3）角钢 90°小圆角折弯　料长及切口形状如图 4-95 所示。其中图 4-95(a) 切口位于分角线上，图 4-95(b) 为图 4-95(a) 切口形状及料长，图 4-95(c) 切口位于直角边线上，图 4-95(d) 为图 4-95(c) 切口形状及料长。

$$c=\frac{\pi}{2}\left(R+\frac{d}{2}\right)$$

式中　c——弯曲面的中心弧长，mm；

R——内圆弧半径，mm；

d——角钢的厚度，mm。

二、角钢框装配的方法

角钢框的装配首先应以装配平台为装配基准面，然后在装配平台上画出角钢框的外框线作为装配定位线，并以挡铁作为定位基准，装配时，将角钢按装配定位线摆放定位，经检测角钢框的各项尺寸、角度等指标均合格后，施以定位焊。

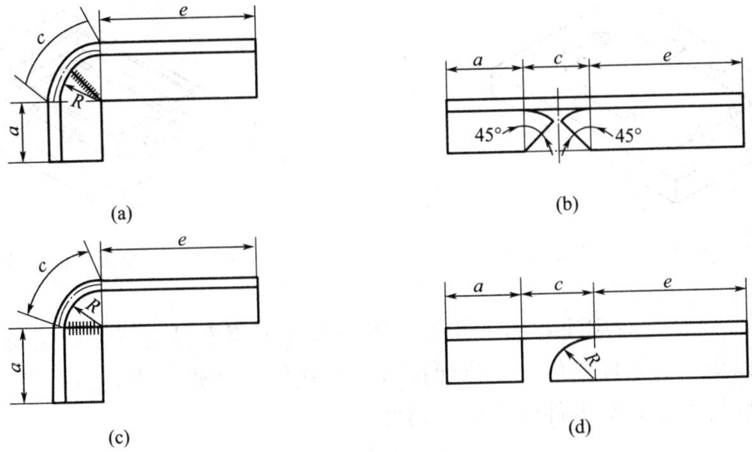

图 4-95　角钢内弯 90°圆角料长及切口形状

【技能训练】

一、图样与尺寸

角钢框图样如图 4-96 所示。

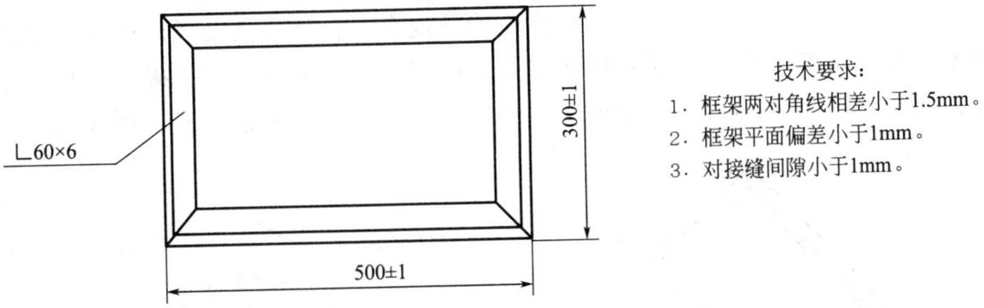

∟60×6
300±1
500±1
技术要求：
1．框架两对角线相差小于1.5mm。
2．框架平面偏差小于1mm。
3．对接缝间隙小于1mm。

图 4-96　角钢框

二、装配前的准备工作

① 熟悉工件图样，了解工件结构特点、数量和装配技术要求，确定装配方法。本工件为简单平面框架，数量为一件，装配技术要求比较高。根据上述条件，确定采取平台上画线定位装配。

② 准备好平台、大锤、手锤、画线工具等。

③ 准备好钢卷尺、钢直尺、90°角尺等量具。

④ 制作所需的定位挡铁。

⑤ 检查角钢零件的规格、尺寸、数量是否与图样要求相符。

三、角钢框装配步骤与方法

① 在装配平台上画出装配定位线　因工件为内折弯角钢框，装配定位应以外框线为依据，所以装配平台上仅画角钢外框线（图 4-97）。然后，沿定位线在适当位置焊好定位挡铁。

② 按装配定位线将角钢零件摆放定位（图 4-98）　通常情况下，这样简单框架的装配，可以靠零件自重来保证定位的可靠性，而不必采取特殊的夹紧装置。

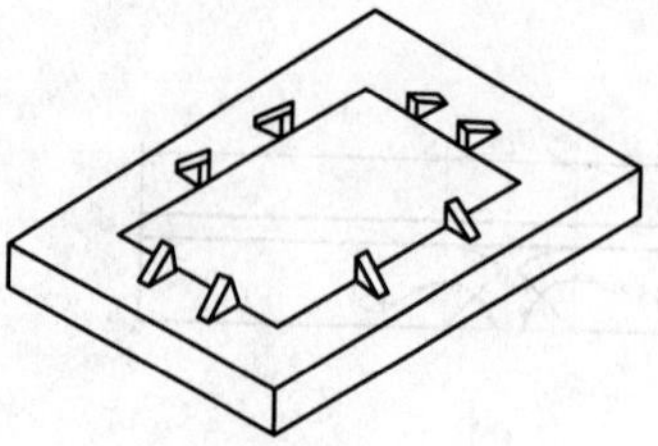

图 4-97　在平台上画出定位线

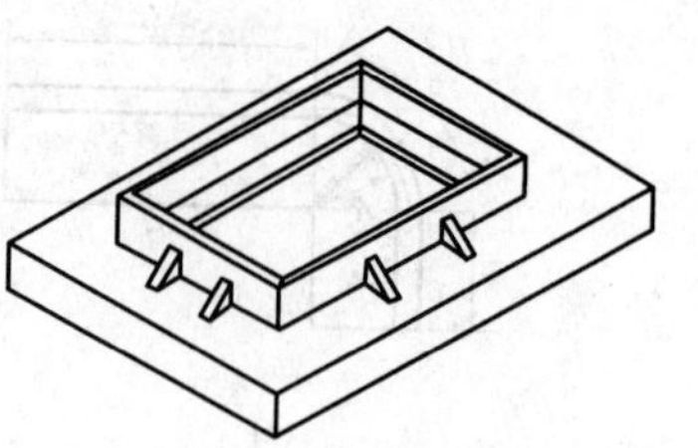

图 4-98　角钢零件摆放定位

③ 定位焊　定位焊时应注意如下几点：因为零件未用夹具夹紧，故定位焊引弧时不要使零件移动，以免造成零件错位。定位焊接每条对接缝只能焊一点，且焊缝长度不能过大。否则，定位焊后将无法调整零件间位置、角度。

四、质量检查

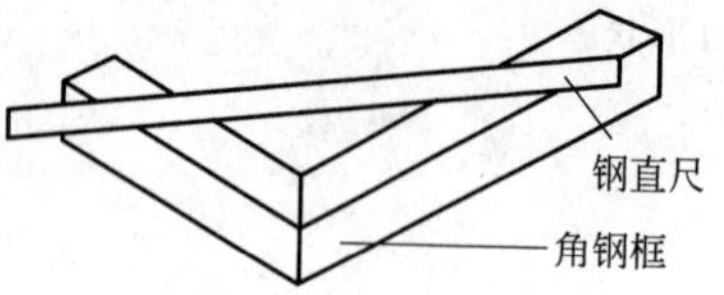

图 4-99　检验角钢框平面度

① 测量检查并矫正。

a. 用钢卷尺检验角钢框长度、宽度及对角线的尺寸。

b. 用 90°角尺检验角钢框四角的垂直度。

c. 目测角钢框平面的平整程度，也可用钢直尺放在角钢框平面上，检验平面度（图 4-99）。

经检验若发现有不合格之处要予以矫正。如果零件错位或尺寸不正确，应断开定位焊缝并重新定位、点焊；若框架角度不正确，可将其立在装配台上，撞击矫正（图 4-100）；角钢平面不平整时，可在平台上锤击矫正（图 4-101）。

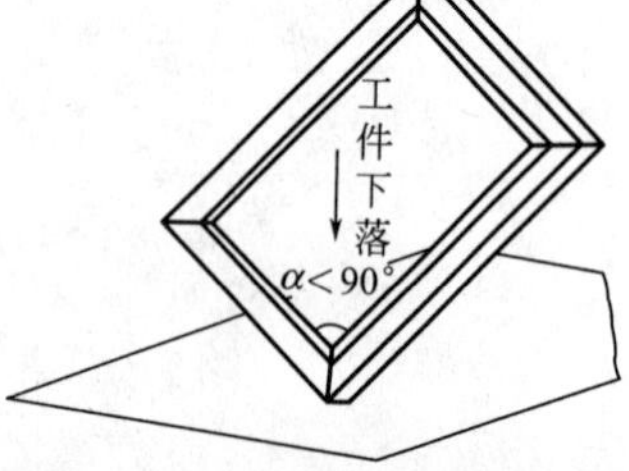

图 4-100　矫正框架角度图

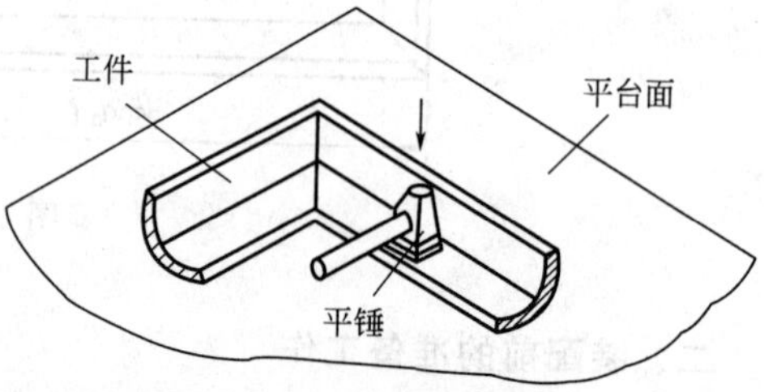

图 4-101　矫正框架平面度

② 角钢框经检查、矫正后，即可完全定位焊。这时，每条焊缝至少应焊接两点，若仅焊一点，将达不到完全定位的目的。

③ 工件施行完全定位焊后，要按照图样要求进行全面质量检验。

【操作评价】

完成表 4-11 所示能力评价。

表 4-11　能力评价（装配）

内容		小组评价	教师评价
学习目标	评价项目		
应知应会	掌握料长计算，确定切口形状和尺寸		
	熟记装配要点和质检内容		

续表

内容		小组评价	教师评价
学习目标	评价项目		
专业能力	掌握平台画线定位装配的方法与步骤		
	技能训练达到技术要求		
素质能力	学习态度严谨,肯于钻研		
	具有团结合作的品质		
	听从指挥,具有沟通协调的能力		
	解决实际问题的能力		

任务二 等径三通管的装配

【任务描述】

通过学习，使学生装配常用工具的种类、特点及作用，并能正确使用。

【任务分析】

装配前分析图纸所表达的部件装配关系和技术要求，掌握装配的定位、夹紧、测量等工艺要点，正确使用各种夹具等工具，完成拼缝和焊接后进行质检测量，确认各项线性尺寸、平面度、垂直度符合图纸要求。

【相关知识】

一、装配的基本条件

进行金属结构的装配，必须具备定位、夹紧和测量三个基本条件。

1. 定位

定位是指确定零件在空间的位置或零件间的相对位置。图 4-102 所示为在平台 1 上装配工形梁，工形梁的两翼板 6 的相对位置，是由腹板 5 和挡板 7 来定位，腹板的高低位置，是由垫块 4 来定位，而平台工作面，则既是整个工形梁的定位基准面，又是结构装配的支承面。

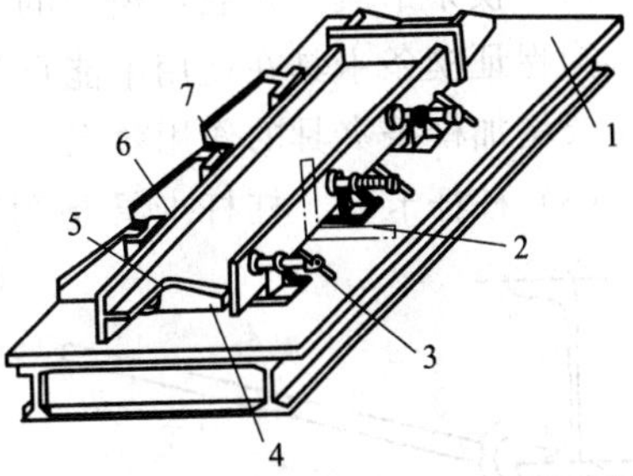

图 4-102 工形梁的装配

1—平台；2—直角尺；3—调节螺杆；4—垫块；5—腹板；6—翼板；7—挡板

2. 夹紧

夹紧是指借助外力，使零件准确定位，并将定位后的零件固定。图 4-102 中翼板与腹板间相对位置确定后，是通过调节螺杆 3 来实现夹紧的。

3. 测量

测量是指在装配过程中，对零件间的相对位置和各部分尺寸，进行一系列的技术测量，从而衡量定位的准确性和夹紧的效果，以指导装配工作。图 4-102 中所示的工形梁装配中，在定位并夹紧后，需要测量两翼板的平行度、腹板与翼板的垂直度、工形梁高度尺寸等项指标。例如，通过用直角尺 2 测量两翼板与平台面的垂直度，来检验两翼板的平行度是否符合要求。

上述三个基本条件是相辅相成的，缺一不可。若没有定位，夹紧就变成无的放矢；若没有夹紧，就不能保证定位的准确性和可靠性；而若没有测量，就无法进行正确的定位，也无法判定装配的质量。因此，研究装配技术，总是围绕这三个基本条件进行的。

二、装配卡具的种类及应用

装配过程中的夹紧，通常是通过装配卡具实现的。装配卡具是指在装配中，用来对零件施加外力，使其获得可靠定位的工艺装备。它包括简单轻便的通用卡具和装配胎架上的专用卡具。

装配卡具按其对零、部件的紧固方式有夹紧、压紧、拉紧、顶紧（或撑开）四种，如图 4-103 所示。

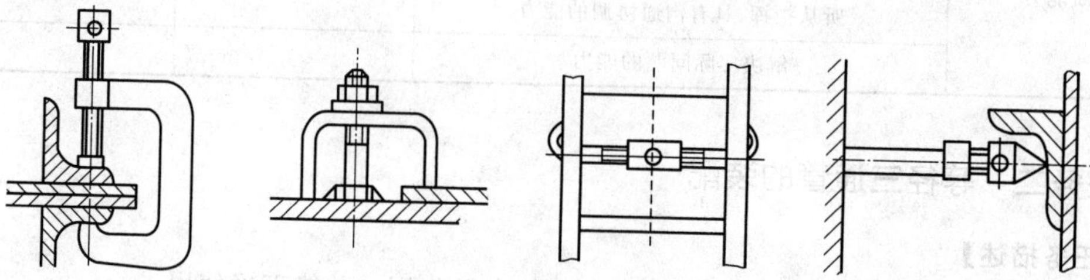

(a) 夹紧　(b) 压紧　(c) 拉紧　(d) 顶紧

图 4-103　装配卡具的夹紧方式

装配卡具按其夹紧力的来源，可分为手动卡具和非手动卡具两大类。手动卡具包括螺旋卡具、楔条卡具、杠杆卡具、偏心卡具等；非手动卡具包括气动卡具、液压卡具、磁力卡具等。

1. 手动卡具

（1）螺旋卡具　螺旋卡具是通过丝杆与螺母间的相对运动，传递外力以紧固零件的，它具有夹、压、拉、顶、撑等多种功能。

（2）楔条卡具　是利用楔条的斜面，将外力转变为夹紧力，从而达到夹紧零件的目的。为保证楔条卡具在使用中能自锁，楔条的楔角 α 应小于其摩擦角，一般采用 10°～15°。若需要增加楔条夹具的作用效果，可在楔条下面加入适当厚度的垫铁。

（3）杠杆卡具　杠杆卡具是利用杠杆的增力作用，夹持或压紧零件的，由于它制作简单，使用方便，通用性强，故在装配中应用较多，如图 4-104 所示。

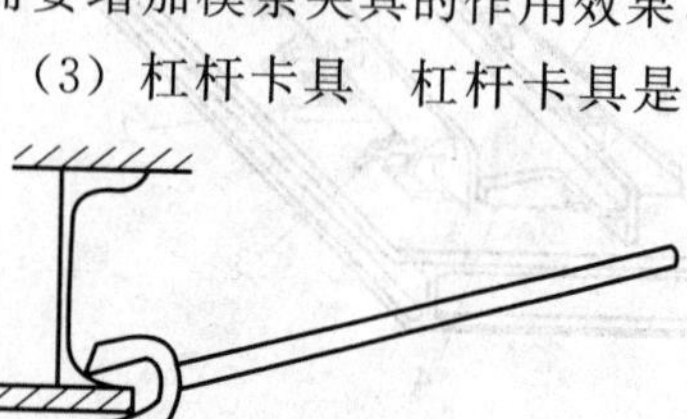

图 4-104　杠杆卡具的应用

此外，撬杠也常作杠杆卡具使用。

（4）偏心卡具　偏心卡具是利用一种转动中心与几何中心不重合的偏心零件来夹紧的。生产中应用的偏心卡具，根据工作表面外形不同，分为圆偏心轮和曲线偏心轮两种形式。前者制造容易，应用较广。

偏心卡具一般要求能自锁。

2. 非手动卡具

（1）气动卡具　气动卡具是利用压缩空气的压力，通过机械运动施加夹紧力的夹紧装置，其结构主要由汽缸和夹紧两部分组成。

（2）液压卡具　液压卡具的工作原理与气动卡具相似，工作方式也基本相同，液压卡具的优点是：比气动卡具有更大的压紧力，夹紧可靠，工作稳定。缺点是液体易泄漏，且辅助装置多，维修不便。

在薄板结构的装配中，广泛采用气动、液压联合卡具，这种卡具的特点是，把气动灵敏、反应迅速等优点用于控制部分；把液压工作平稳、能产生较大的动力等优点用于驱动部分。

(3) 磁力卡具　磁力卡具主要靠磁力吸紧工件，分为永磁式和电磁式两种类型，应用较多的是电磁式磁力卡具。磁力卡具操作简便，而且对工作表面质量无影响，但其夹紧力通常不是很大。

【技能训练】

一、图样与尺寸

等径三通管的图样如图 4-105 所示。

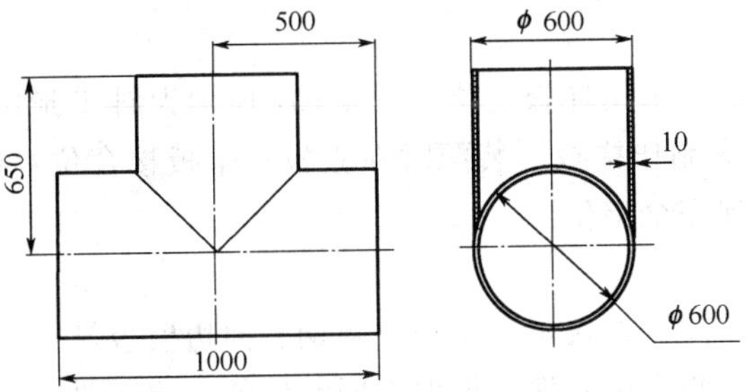

技术要求：
1. 装配后各接缝间隙应小于1mm。
2. 全部焊缝均采用焊条电弧焊焊接。
3. 板厚为10mm。

图 4-105　等径三通管

二、简单装配卡具的制作

在装配过程中，两个将要被连接的零件或部件，经常会出现一些如间隙过大、错边、错口等问题，解决这些问题的通常方法就是应用装配卡具。

但是，有时一些通用卡具往往不一定实用，这就要求我们施工者能够根据被装配零、部件的构造特点，自行设计与制作一些简单而实用的专用卡具，这些专用卡具通常是采用钢板、型钢等材料，通过切割、钻孔、弯曲、焊接等方式加工制作而成的。所以，一名合格的冷作工必须具有根据被装配零、部件的结构特点进行设计简单装配卡具的能力。我们冷作工经常制作的装配卡具有楔铁、杠杆卡具、螺旋卡具等。

三、装配时定位的方法

根据零件的具体情况，灵活地运用六点定位规则，来确定适宜的定位方法，以完成工件上各零件的定位，是装配工作的一项主要内容。装配时常用的定位方法，有画线定位、样板定位、定位元件定位三种。

1. 画线定位

画线定位是利用在零件表面、装配平台、胎架上画出工件的中心线、接合线、轮廓线等，作为定位线，来确定零件间的相互位置。

图 4-106 所示为利用画在零件表面的定位线，进行零件定位的两个例子。图 4-106(a) 所示为以画在工件底板上的中心线和接合线作定位线，来确定槽钢、立板和三角形加强板的位置；图 4-106(b) 所示为利用大圆筒盖板上的中心线和小圆筒上的等分线（也常称其为中心线）来确定两者的相对位置。

2. 样板定位

样板定位是指根据工件形状，制作相应的样板，作为空间定位线，来确定零件间的相对

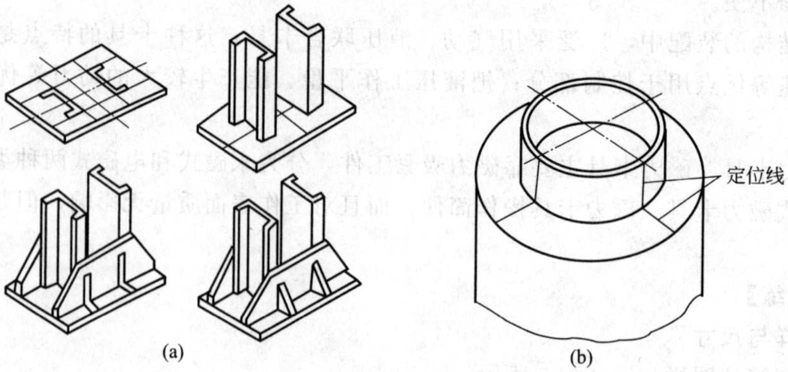

图 4-106 画线定位举例

位置。装配时对零件的各种角度位置，通常采用样板定位。图 4-107 所示为斜 T 形结构的装配，根据斜 T 形结构立板的倾斜度，预先制作样板。装配时在立板和平板接合位置确定后，即以样板来确定立板的倾斜度，使其得到完全定位。

3. 定位元件定位

定位元件定位是用一些特定的定位元件（如板块、角钢、圆钢、曲边模板等）构成空间定位点或定位线，来确定零件的位置。这些定位元件，根据不同元件的定位需要，可以固定在工件或装配台上，也可以是活动的。

图 4-108 所示为在装配大圆筒外部钢带圈时，在大圆筒外表面焊上若干定位挡板，以这些挡板为定位元件，确定加强带圈在大圆筒上的高度位置。

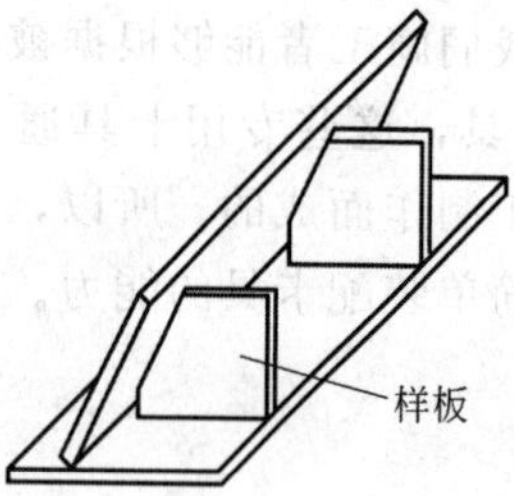

图 4-107 样板定位

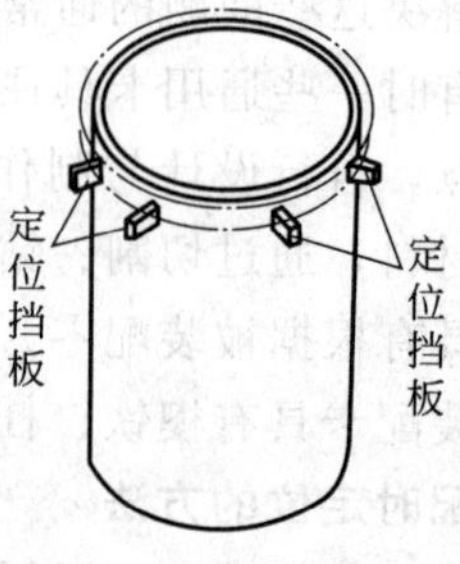

图 4-108 挡板定位

上述三种定位方法，在装配定位时，可以单独使用，也可以同时使用，互为补充，以方便定位操作和保证定位准确。

四、装配步骤与方法

1. 准备工作

① 识读工件图样（图 4-105），进行工艺分析。本工件为两圆筒正交，属容器结构，装配工艺较复杂。因工件为单件加工，故选择自由装配。装配中应重点保证主管端面与支管轴线间的距离，以及两圆筒间的垂直度。

② 准备装配卡具（图 4-109）。

其他准备工作与角钢框装配准备工作基本相同。

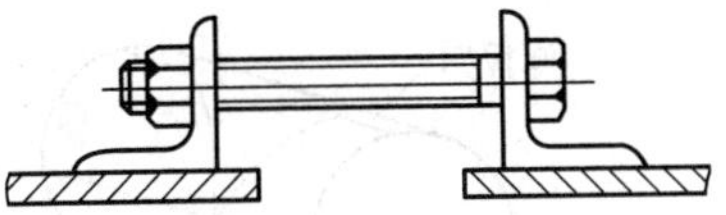

(a) 螺旋卡具

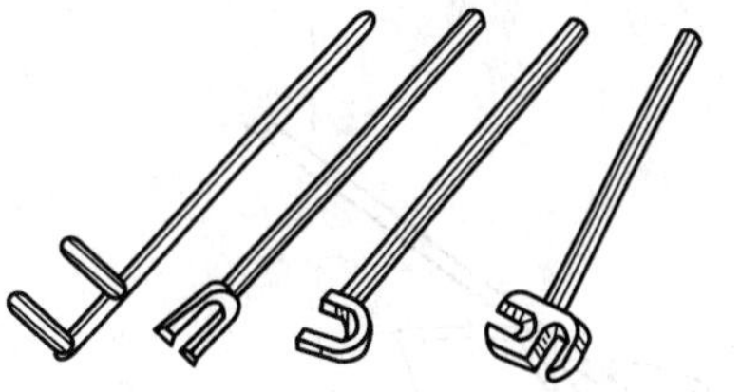

(b) 杠杆卡具

图 4-109 装配卡具

2. 圆筒纵缝的对接

滚制成的圆筒，常会存在板边搭头、间隙过大、两板边高低不平等缺陷（图 4-110）。

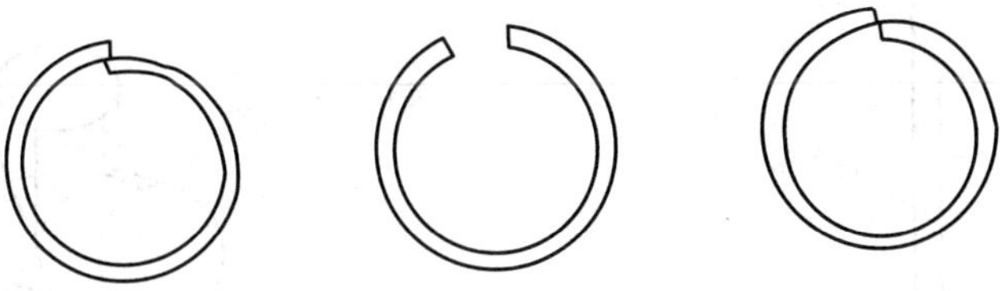

(a) 板边搭头　(b) 间隙过大　(c) 两板边高低不平

图 4-110　滚制圆筒常见的缺陷

圆筒纵缝对接时，针对圆筒所存在的不同缺陷，应分别采取措施加以解决。

① 放开板边搭头。先以卡形样板测量圆筒各处曲率，找出曲率大于样板曲率处，用大锤击打其外壁，使圆筒曲率变小，直至与样板曲率相符。当圆筒各处曲率均达到标准时，板边搭头则自然放开。

② 消除间隙。在筒体纵缝两边对应处，分别焊上钻有通孔的角钢，穿入螺栓，拧上螺母（图 4-111）。逐渐旋紧螺母，即可将两板间隙缩小，直至达到要求。

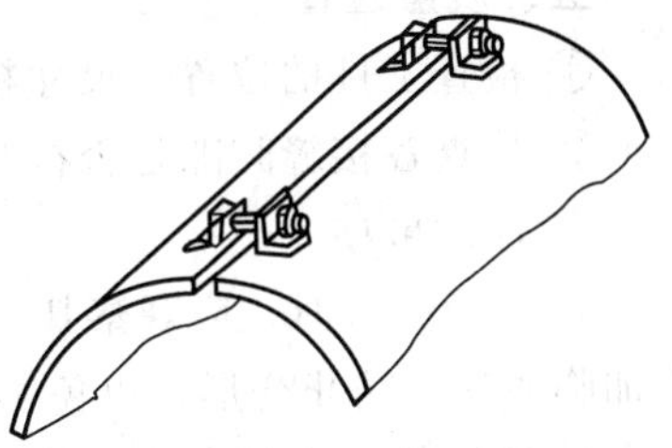

图 4-111　消除接缝间隙

③ 调平两板边高度。将杠杆卡具插在圆筒端部板缝处，压动杠杆（图 4-112），便可调平圆筒纵缝两板边的高度。

经上述装夹调整，确认圆筒缝对接处已平顺接合，便可施行定位焊。

两圆筒纵缝对接后，均进行质量检验和矫正。

3. 两圆筒组合装配

① 将主管卧置于装配平台上，并选一规格合适的槽钢作为支承，使主管保持稳定（图 4-113）。然后，在主管外壁上画出装配定位线。

② 在支管表面画出装配定位线（图 4-114）。

③ 将支管放在主管上（图 4-115），并按定位线找准位置。用两圆筒表面的定位线，矫正支管轴线距主管端面的尺寸（属间接测量）；支管端面至主管轴线的尺寸，可通过测量主管上端定位线上定位点至支管端面的尺寸来矫正（亦属间接测量）；两圆筒间的垂直度，则可用 90°角尺直接测量矫正。

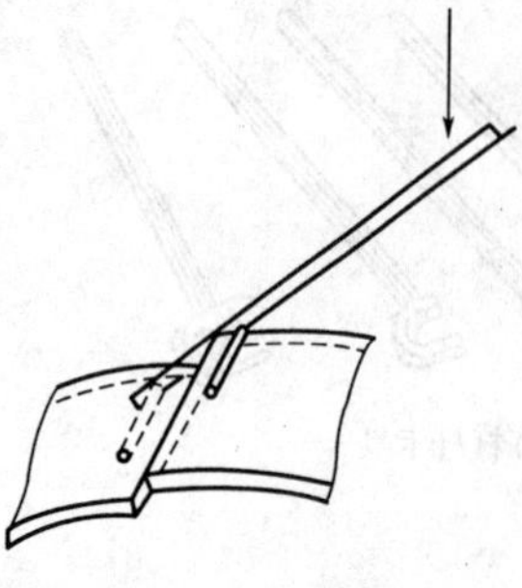

图 4-112 调平两板边高度

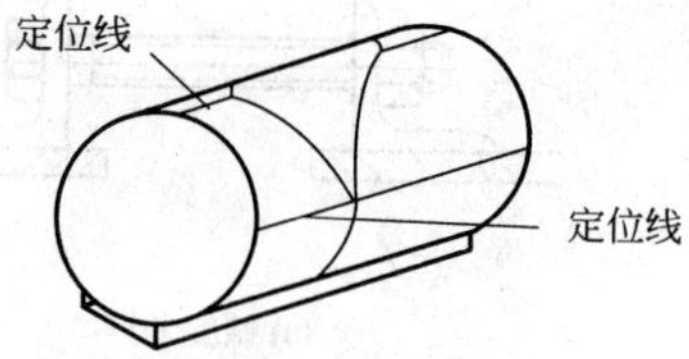

图 4-113 大圆筒的支承形式

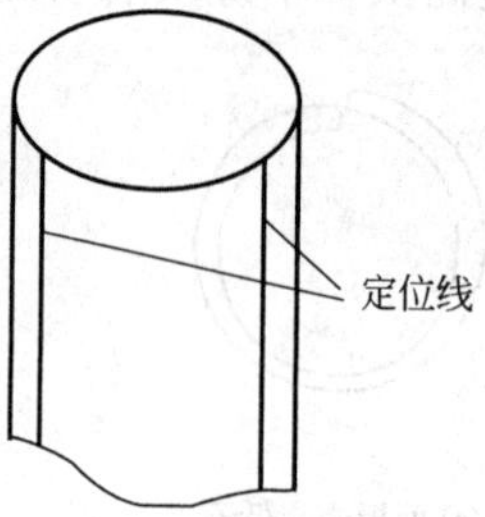

图 4-114 在支管上画出定位线

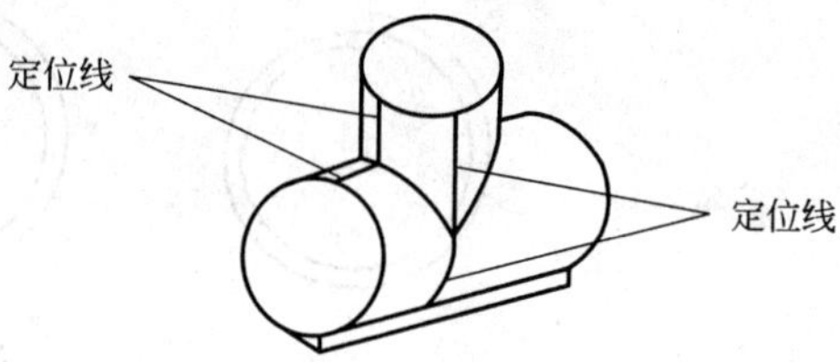

图 4-115 两圆筒组合装配

④ 两圆筒之间的相对位置、尺寸矫正好后，便可施行定位焊。这时，应使焊接点对称分布，以免因焊接变形而影响工件准确定位。

五、质量检查

① 检查工件的位置、尺寸精度是否符合图样要求。

② 检查各接缝间隙是否符合要求。

③ 注意事项。

a. 主管卧置时，应观察其圆度是否发生变化，若圆筒因自重而发生变形，则应在圆筒内加临时支撑防止变形，以免影响装配精度。

b. 两圆筒组合装配中，若局部接缝间隙大，不可强行装夹来缩小间隙，以免引起筒体变形或产生很大的装配应力。

【操作评价】

完成表 4-12 所示能力评价。

表 4-12 能力评价（画线定位）

内容		小组评价	教师评价
学习目标	评价项目		
应知应会	熟记画线定位装配工艺要点		
	熟记常用装配工具、夹具、卡具的使用方法		
专业能力	掌握装配定位、夹紧、测量、焊接、质检等各操作步骤的方法		
	技能训练达到技术要求		

续表

内容		小组评价	教师评价
学习目标	评价项目		
素质能力	学习态度严谨，肯于钻研		
	具有团结合作的品质		
	听从指挥，具有沟通协调的能力		
	解决实际问题的能力		

项目六　连接

任务一　铆接

【任务描述】

通过学习，使学生熟悉铆接设备与工具的种类、特点及作用，并能正确使用。

【任务分析】

铆接是冷作工专业中的一个组成部分，金属结构应用铆接已有较长的历史。近年来，由于焊接和高强度螺栓摩擦连接的发展，铆接的应用已逐渐减少。但由于铆接不受金属种类和焊接性能的影响，而且铆接后构件的内应力和变形都比焊接小，所以对于承受严重冲击或振动载荷构件的连接，某些异种金属和轻金属（如铝合金）的连接中，铆接仍被经常采用。

【相关知识】

一、简介铆接的特点

利用铆钉把两个或两个以上的零件或构件连接成为一个整体称为铆钉连接，简称铆接（图 4-116）。

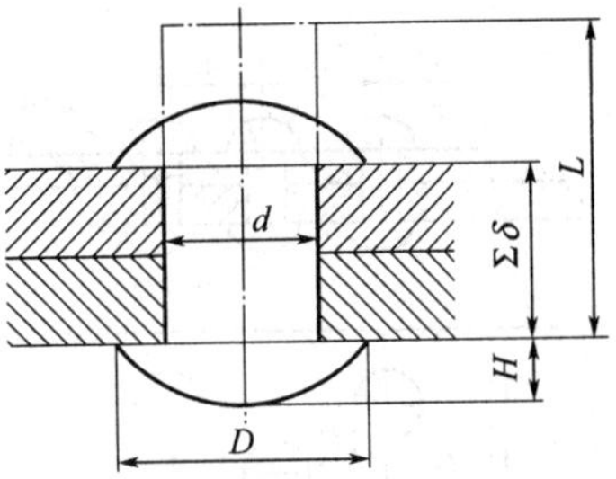

图 4-116　铆接

二、铆接的种类

根据构件的工作性能和应用范围的不同，铆接可分为以下几种。

（1）强固铆接　强固铆接只要求铆钉和构件有足够的强度以承受较大的载荷，而对接缝处的严密性无特殊要求。如房架梁、桥梁、车辆和塔架等桁架类构件，均属于这类铆接。

（2）密固铆接　密固铆接，既要具备足够的强度，承受一定的作用力，同时还要求接缝处有良好的严密性，保证在一定压力作用下，液体或气体均不致渗漏。这类铆接常用于高压容器构件，如锅炉、压缩空气罐、压力管路等。

（3）紧密铆接　这种铆接不能承受较大的作用力，但对接缝处的严密性要求较高，以防止漏水、漏油或漏气，一般多用于薄壁容器构件的铆接，如水箱、油罐等。

三、铆钉长度的计算

铆接质量与选定铆钉杆长度有直接关系，若钉杆过长，铆钉的镦头就过大，且钉杆也容易弯曲；若钉杆过短，则镦粗量不足，铆钉头成形不完整，将会严重影响铆接的强度和紧密性。铆钉长度应根据被连接件的总厚度、钉孔与钉杆直径间隙及铆接工艺方法等因素确定。

采用标准孔径的铆钉杆长度，可按下列公式计算：

半圆头铆钉 $L=(1.65\sim1.75)d+1.1\sum\delta$

沉头铆钉 $L=0.8d+1.1\sum\delta$

半沉头铆钉 $L=1.1d+1.1\sum\delta$

式中 L——铆钉杆长度，mm；

d——铆钉杆直径，mm；

$\sum\delta$——被连接件总厚度，mm。

以上各式计算的铆钉长度都是近似值，大量铆接时，铆钉杆实际长度还需试铆后确定。

四、铆接方法

铆接若按温度划分则分为冷铆和热铆两种。

1. 冷铆

铆钉在常温状态下的铆接称为冷铆，冷铆要求铆钉有良好的塑性。铆接机冷铆时，铆钉直径最大不得超过 25mm。铆钉枪冷铆时，铆钉直径一般限制在 12mm 以下。

2. 热铆

铆钉加热后的铆接称为热铆。铆钉受热，钉杆强度降低，塑性增加，铆头成形容易。铆接所需外力与冷铆相比明显减小。所以直径较大铆钉和大批量铆钉铆接时，通常采用热铆。热铆时，钉杆一端除形成封闭的钉头外，同时被镦粗充实钉孔。冷却时，铆钉长度收缩，对被铆件产生足够的压力，使板缝贴合得更严密，从而获得足够的连接强度。

【技能训练】

一、图样与尺寸

铆接工件图样见图 4-117。

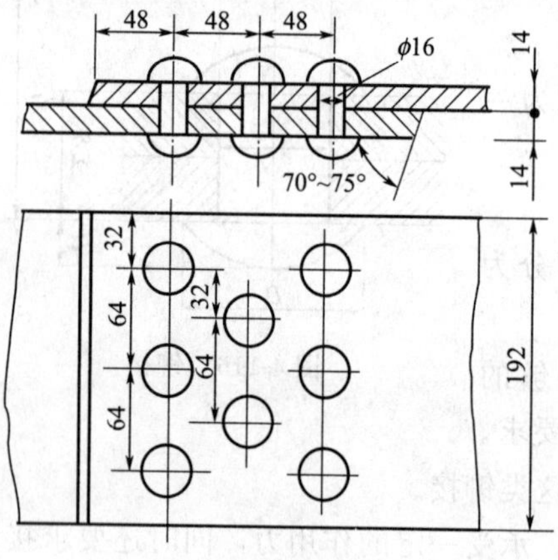

图 4-117 铆接工件

二、手工冷铆

先将铆钉穿入钉孔内，用顶把顶紧铆钉头，压紧板料接头后用手锤将伸出钉孔部分的钉杆锤击镦粗。当镦粗呈伞状后，再用窝头罩在镦头上锤击柄端，同时将窝头绕铆钉轴线倾斜转动，直至镦头外表面与窝头内腔完全吻合，即可得到理想的半球形铆钉头。在镦粗钉杆时，锤击次数不可过多，否则材质将由于冷作硬化，致使钉头产生裂纹。

三、热铆

1. 作业组织

常规铆接为 4 人一组，其中 1 人负责烧钉并扔钉；1 人负责接钉与穿针；1 人顶钉；1 人铆钉，共同协作完成铆接过程。

2. 铆接准备工作

按图样要求将工件装配好，用少量相应规格的螺栓作临时连接。螺栓分布要均匀，数量不得少于铆钉数的 1/4。螺栓紧固后，板缝接合面要严密。

① 工件装配后，可能出现部分钉孔板孔位相错，必须用矫正冲或铰刀修整钉孔，使板孔同心，以便顺利穿钉。另外，在预加工中留有余量的钉孔，还要进行扩孔修理。

② 确定铆钉杆长度。工件中所采用的半圆头铆钉钉杆长度可按公式计算：

$$L=(1.65\sim1.75)d+1.1\sum\delta$$

由上式计算出的铆钉杆长度，只是近似值，当铆钉数量较多时，还应通过试铆，最后确定钉杆长度。

③ 准备好烧钉、接钉、顶钉和铆钉的工具。

④ 布置好铆接作业场地。

3. 铆钉加热

用铆钉枪热铆时，铆钉需加热至1000℃左右。加热铆钉一般使用小焦炭炉，焦炭炉安放的位置不可远离铆接现场，便于及时输送加热后的铆钉。加热时，铆钉在炉内要摆放有序，钉头朝外且稍高些，钉与钉之间应有间隔。然后提高炉温，快速加热，待铆钉加热呈橙黄色时（900～1000℃），应减少向炉内进风，改为缓火焖烧，使铆钉温度内外均匀。

接到索要铆钉的信号后，将加热好的铆钉迅速从炉中取出，扔送给接钉者，并及时向炉内空位补充待加热的铆钉，使铆接能连续进行。

4. 接钉与穿钉

接钉与穿钉由1人完成，要根据作业进度适时索要铆钉，待接到烧好的铆钉后，用穿钉钳夹持铆钉迅速穿入钉孔。若铆钉上有氧化铁皮，则应先将铆钉在钉桶上敲掉氧化铁皮，再穿入钉孔。

5. 顶钉

顶钉是在铆钉穿入钉孔后，用顶把顶住钉头的操作，常用的手顶把如图4-118所示。顶把上的窝头形状、规格均应与预制的铆钉头相符，为了更有利于铆接时钉头与工件表面贴靠紧密，顶把上的凹窝宜浅些。

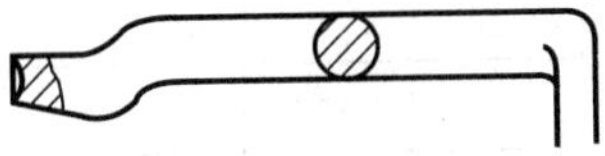

(a) 抱顶把

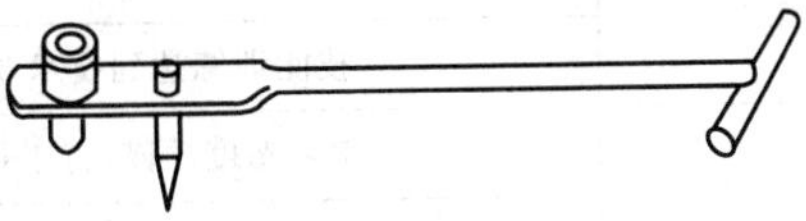

(b) 压顶把

图4-118 手顶把

顶钉时，动作要正确而迅速。顶钉初始要用力，顶把窝头轴线应与铆钉轴线重合，待钉杆镦粗胀紧钉孔后，可适当减小顶钉力，同时根据铆钉成形中的实际情况，调节顶把角度，使铆接更加紧密。

对较小的铆接工件，也可将窝头固定在台架上，代替手顶把顶钉。小台架形式如图4-119所示。

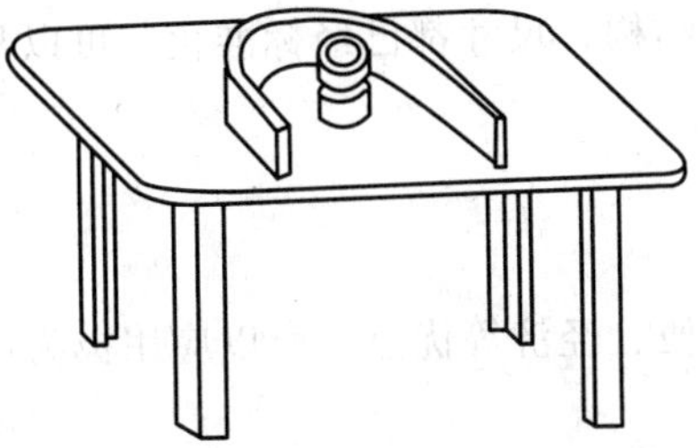

图4-119 铆接小台架

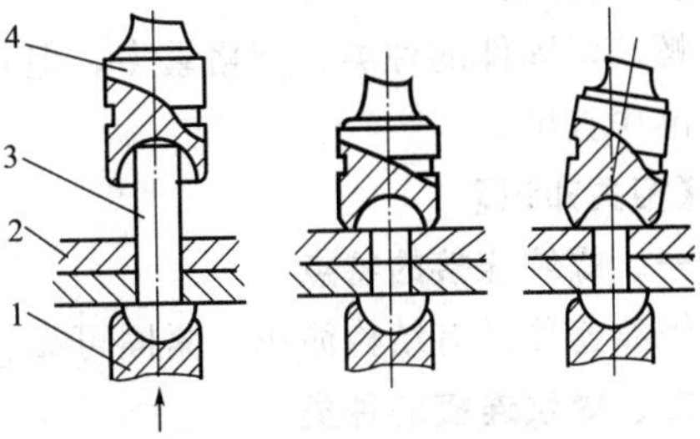

图4-120 铆接过程示意图

1—顶把；2—工件；3—铆钉；4—凹头

6. 铆接

铆接过程如图4-120所示，先用顶把1把穿入钉孔的铆钉头部顶住，然后用铆钉枪前端的凹头4罩在铆钉3上端进行打击。开始时，风量要小些，并采取断续送风法镦粗铆钉杆。待钉杆镦粗后，加大送风量，先将钉杆头打成蘑菇形，然后逐渐打成完整的钉头形状。如果出现钉杆弯曲或钉头偏斜时，可将铆钉枪对应倾斜适当角度进行矫正，待钉杆正位后再将铆钉枪扶正。铆钉成形后，铆钉枪还要略微倾斜地绕钉头旋转一周打击，迫使钉头周边与工件2表面接合紧密。但注意铆钉枪倾斜不得过大，以免凹头磕伤工件表面。

7. 铆接质量检验

目测检查表面质量。铆钉的表面缺陷主要有铆钉成形差、裂纹、工件表面磕伤等。用小锤轻轻敲击铆钉头，凭声音判断铆钉是否松动。用量具（尺、样板等）检查铆钉位置是否符合图样给定的尺寸。

【操作评价】

完成表4-13所示能力评价。

表4-13 能力评价（铆接）

内容		小组评价	教师评价
学习目标	评价项目		
应知应会	熟记铆接设备操作规程		
	熟记冷铆、热铆一般工艺过程		
专业能力	掌握铆接机的使用方法		
	技能训练达到技术要求		
素质能力	学习态度严谨，肯于钻研		
	具有团结合作的品质		
	听从指挥，具有沟通协调的能力		
	解决实际问题的能力		

任务二 螺纹连接

【任务描述】

通过学习，使学生熟悉螺栓、螺钉、螺柱种类、特点及作用，并能正确使用。

【任务分析】

螺纹紧固件的种类、规格繁多，但它们的形式、结构、尺寸都已经标准化，可以从相应的标准中查出。

【相关知识】

一、螺纹连接的特点

螺纹连接具有结构简单、紧固可靠、装拆迅速方便、经济等优点，所以应用极为广泛。

二、螺纹连接的种类

螺纹连接是利用螺纹零件构成的可拆卸的固定连接。常用的螺纹连接有螺栓连接、双头螺柱连接和螺钉连接三种形式。

【技能训练】

一、螺栓连接的装配方法

螺栓装配时，应根据被连接件的厚度和孔径，来确定螺栓、螺母和垫圈的规格及数量。一般螺杆长度应等于被连接件、螺母和垫圈三者厚度之和，外加 (1～2)d 的余量即可。

连接时，将螺栓穿过被连接件上的通孔，套上垫圈后用螺母旋紧。紧固时，为防止螺栓随螺母一起转动，应分别用扳手卡住螺栓头部和螺母，向反方向扳动，直至达到要求的紧固程度。

紧固时，必须对拧紧力矩加以控制，避免因拧紧力矩太大，出现螺栓拉长、断裂和被连接件变形等现象；拧紧力矩太小，不能保证被连接件在工作时的要求和可靠性。

二、双头螺柱的装配方法

由于双头螺柱没有头部，无法直接将其旋入端紧固，常采用双螺母对顶或螺钉与双头螺柱对顶的方法（图 4-121）。

(1) 用双螺母对顶的方法　先将两个螺母相互锁紧在双头螺栓上，然后用扳手扳动一个螺母，把双头螺柱托入螺孔中紧固［图 4-121(a)］。

(2) 用螺钉与双头螺柱对顶的方法　用螺钉来阻止长螺母和双头螺柱之间的相对运动，然后扳动长螺母，双头螺柱即可拧入螺孔中。松开螺母时，应先使螺钉回松［图 4-121(b)］。

(a) 双螺母对顶　　(b) 螺钉与双头螺柱对顶

图 4-121　双头螺柱的装配

三、螺纹连接防松动的措施

一般的螺纹连接，都具有自锁性能，在受静载荷和工作温度变化不大时，不会自行松脱。但在受冲击、振动或变载荷作用下及工作温度变化很大时，这种连接有可能自松。为了保证螺纹连接安全、可靠，避免松脱发生事故，必须采取有效的防松措施。

常用的防松措施有增大摩擦力和机械防松两类。

1. 增大摩擦力的防松措施

这种措施主要利用弹簧垫圈和双螺母两种方法（图 4-122）。这两种方法，都能使拧紧的螺纹之间产生不因外载荷而变化的轴向压力，因此始终有摩擦阻力防止连接松脱。但这种方法不十分可靠，所以多用于冲击和振动较小的场合。

2. 机械防松

(1) 开口销防松　将开口销穿过拧紧螺母上的槽和螺栓上的孔后，将尾端扳开，使螺母与螺栓不能相对转动［图 4-123(a)］，达到防松目的。这种防松措施，常用于有振动的高速机械。

(2) 止退垫圈防松　将止退垫圈内翅嵌入外螺纹零件端部的轴向槽内，拧紧圆螺母，再将垫圈的一外翅弯入螺母的一槽内，螺母即被锁住［图 4-123(b)］。这种垫圈常用于轴类螺纹连接的防松。

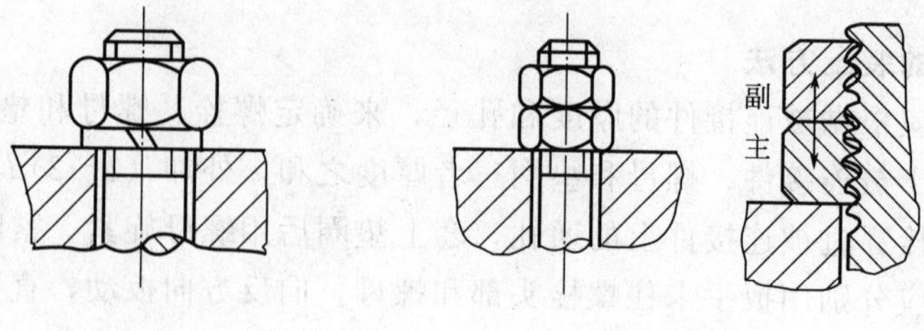

(a) 弹簧垫圈　　(b) 双螺母

图 4-122　增大摩擦力的防松措施

(3) 止动垫圈防松　螺母拧紧后，将止动垫圈上单耳或双耳折弯，分别与零件和螺母的边缘贴紧，防止螺母回松［图 4-123(c)］。它仅能用于连接位置有容纳弯耳的地方。

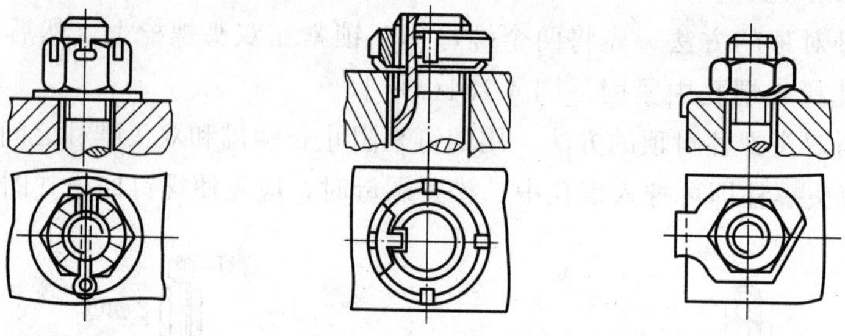

(a) 开口销防松　　(b) 止退垫圈防松　　(c) 止动垫圈防松

图 4-123　机械防松措施

模块五

维修电工基本技能训练

项目一　安全用电技术

任务一　了解电工基础知识

【任务描述】

通过学习，使学生熟悉电的产生、输送、配电、应用的过程，掌握直流电、交流电的基础知识。

【任务分析】

电工电子技术已经广泛应用于生产和生活的各个领域，机械加工、焊接等专业都与电息息相关，因此充分认识电工知识对机械加工、焊接等专业的学生来说具有一定的重要性。熟悉电路、掌握一定电工技术有助于帮助学生更好地理解、学习专业知识和生产实习。

【相关知识】

一、电路的组成和工作状态

1. 电路的组成

图 5-1 所示就是一个简单的电路，即用导线把电源、控制保护装置、用电器连接起来组成的电流回路。一般来说，一个简单的电路主要由四个部分组成：电源、用电器、控制保护装置、导线。

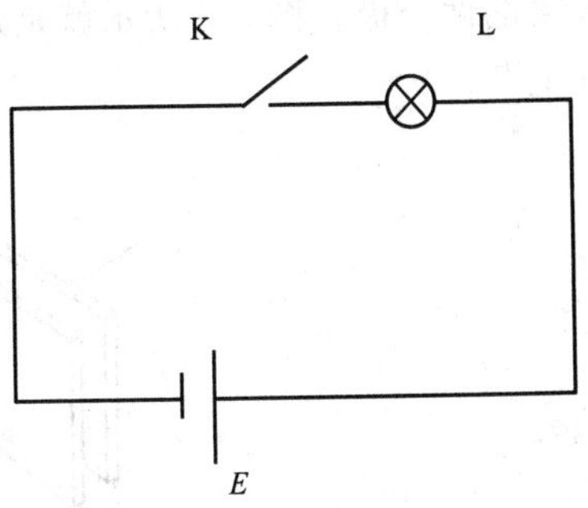

图 5-1　简单电路图

2. 电路的状态

电路通常具有三种工作状态。

① 通路（闭路）　电路各部分连接成闭合回路，电路中有电流通过。

② 断路（开路）　电路断开，电路中没有电流通过。

③ 短路　电路中的某些部分被导线直接相连，电流不经过负载只经过连接导线流回电源。

二、电路的常用物理量

1. 电流

电荷的定向移动形成电流，电流有大小也有方向，其方向、符号、单位如表5-1所示。根据电流方向、强弱是否可变，电流分为直流电和交流电。方向不随时间变化的电流称为直流电。

2. 电压

当电流流过负载时消耗电能，负载两端就会有一定的电压。电压有大小也有方向，其方向、符号、单位如表5-1所示。电路中直流电压的大小可以用直流电压表测量。

3. 电功和电功率

电路中电流所做的功称为电功，单位时间内电流所做的功叫电功率。电功和电功率的符号、单位等如表5-1所示。

表5-1 电路常用物理量

物理量	符号	单位及换算单位	方向
电流	I	A、kA、mA、μA $1kA=10^3A=10^6mA=10^9\mu A$	正电荷定向移动方向为电流方向
电压	U	kV、V、mV、μV $1kV=10^3V=10^6mV=10^9\mu V$	由高电位指向低电位
电功	W	J(焦耳)、kW·h(千瓦·时，俗称度) $1kW\cdot h=3.6\times10^6J$	
电功率	P	W、kW $1kW=10^3W$	

三、常见元器件

1. 电阻

导体对电流的阻碍作用称为电阻，利用电阻的这种特性制成的元件称为电阻器，简称电阻，符号如图5-2所示。它的主要用途是稳定和调节电路中的电流和电压。

图5-2 电阻图形符号

电阻用字母R表示，它的国际单位是欧姆，简称欧（Ω），实际应用单位还有kΩ（千欧）、MΩ（兆欧）。换算关系：

$$1M\Omega=10^3k\Omega=10^6\Omega$$

2. 电容器

任何两个相互靠近而又彼此绝缘的导体，都可以看成是一个电容器，这两个导体就是电容器的两个极。图5-3所示就是最简单的电容器——平行板电容器。电容器的基本作用是储存电荷。

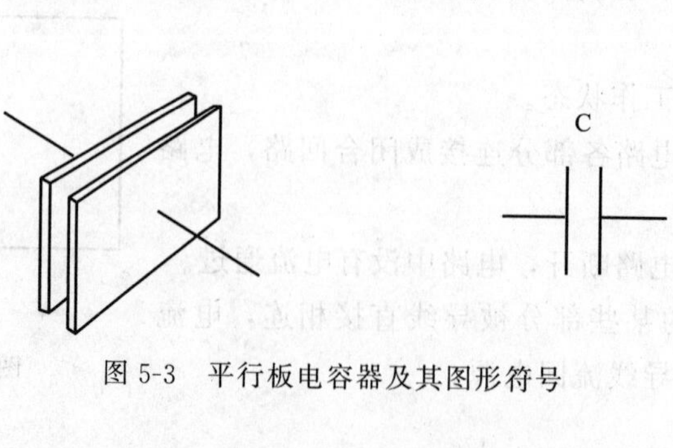

图5-3 平行板电容器及其图形符号

电容器储存电荷能力的大小叫电容，用字母 C 表示，单位法拉（F），F 是一个很大的单位，常用 μF（微法）和 pF（皮法）做单位。换算关系：

$$1F=10^6\mu F=10^{12}pF$$

3. 电感器

凡是产生电感作用的元件统称为电感器，一般的电感器由线圈构成，所以又称电感线圈。图 5-4 所示是电感器图形符号。不同的电感线圈通过相同的电流产生的自感电动势不同，表征电感器这种能力的物理量称为自感系数，简称电感，用字母 L 表示。电感的单位是 H（亨利），常用的还有 mH，μH，换算关系：

$$1H=10^3mH=10^6\mu H$$

电感器的用途很广，例如发电机、电动机、变压器和继电器等电气设备中的绕组就是各种各样的电感线圈。

图 5-4 电感器图形符号

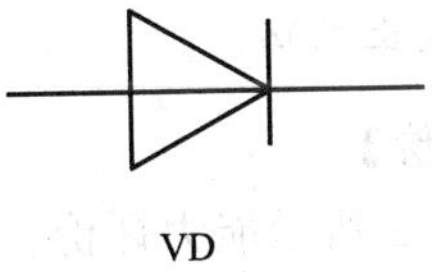

图 5-5 二极管图形符号

4. 二极管

(1) PN 结和二极管 在纯净的半导体硅和锗中掺入不同的微量元素后，就可以得到两种导电特性不同的半导体：以负电荷导电为主的 N 型半导体和以正电荷导电为主的 P 型半导体。将两者用特殊工艺结合在一起，在它们的交界处就形成一个很薄的区域，称为 PN 结。PN 结具有特殊的单向导电性。

由 PN 结的 P 区和 N 区各接出一条引线，再进行封装，就构成了一个二极管。P 区引出端称为正极（阳极），N 区引出端称为负极（阴极），二极管图形符号如图 5-5 所示。

(2) 二极管的伏安特性 图 5-6 所示是二极管的伏安特性曲线，由曲线可以看出二极管具有如下特性。

① 正向导通 锗二极管正向导通电压约为 0.3V，硅二极管正向导通电压约为 0.7V。

② 反向截止 二极管加反向电压，反向电流很小，即使反向电压增加，反向电流也基本不变。

③ 反向击穿 当反向电压增加到某一数值，反向电流急剧增大，这种现象称为二极管反向击穿，对应电压称为反向击穿电压。实际应用中，普通二极管所加反向电压不允许超过击穿电压，但稳压二极管是一种工作在反向击穿区的特殊二极管。二极管伏安特性曲线如图 5-6 所示。

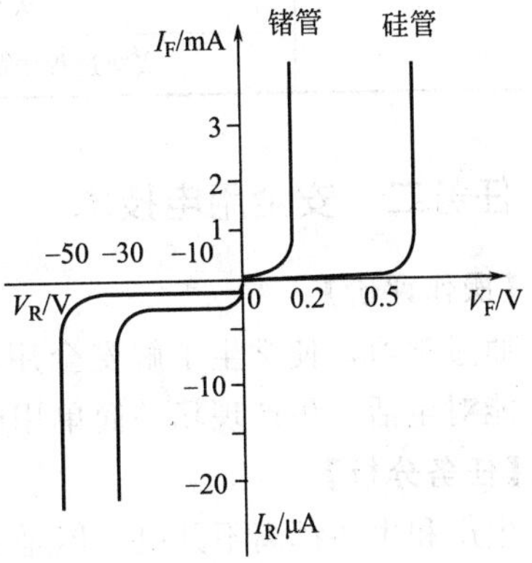

图 5-6 二极管伏安特性曲线

【技能训练】

一、实训目的

学会组装简单电路。

二、实训要求

① 利用所提供器件，完成简单电路的连接。

② 小组合作或独立完成实训任务。

三、实训器材

指示灯 2 只，开关 3 个，学生稳压电源，导线若干。

四、实训步骤

① 连接一个指示灯的简单电路，观察指示灯是否发光。

② 连接两个指示灯的串联电路，观察指示灯串联发光特点。

③ 连接两个指示灯的并联电路，观察指示灯并联发光特点。

想想练练

二极管的导电特性是什么？根据这个特性，怎样连接二极管导通电路？练习连接二极管导通电路和截止电路。

【操作评价】

完成表 5-2 所示能力评价。

表 5-2 能力评价（电工）

内容		小组评价	教师评价
学习目标	评价项目		
应知应会	能正确佩戴个人防护用品		
	了解电工基本知识		
专业能力	基本技能掌握程度		
素质能力	学习认真，态度端正		
	能相互指导帮助		
	服从与创新意识		
	实施过程中的问题及解决情况		

任务二 安全用电技术

【操作评价】

通过学习，使学生了解安全用电基本常识及电工实训场地的安全操作规程，并严格执行；能对生活、生产现场的简单用电安全操作。

【任务分析】

生产和生活都离不开电，但是如果使用不当，就会造成人身触电、设备损坏，甚至危及供电系统安全运行，导致大面积停电或引起火灾等事故。国家安全生产监督管理局《关于特种作业人员安全技术培训考核工作的意见》中明确规定：为确保电工的安全与健康，除加强个人防护外，还必须严格执行电工安全规程，最大限度地避免安全事故。

【相关知识】

一、电工实训场地安全操作规程

① 电工操作人员应思想集中，工作前应详细检查自己所用的工具是否安全可靠，穿戴好必需的防护用品，以防工作时发生意外。

② 电气线路在未经测电笔确定无电前，一律视为有电，不可用手触摸。

③ 线路维修要采取必要的措施，在开关手把上悬挂“有人工作，禁止合闸”的警告牌。

④ 使用测电工具时，要注意测试范围，禁止超出使用范围，电工人员一律使用电笔，只许在500V电压以下使用。

⑤ 工作中所有拆除的电线要处理好，带电线头要包好。

⑥ 所有导线及保险丝的容量大小必须合乎规定标准，选择的开关容量必须大于所控制设备的总容量。

⑦ 发生火灾时应立即切断电源，用四氯化碳灭火器或黄沙扑救。

⑧ 工作结束后要及时清扫现场，整理好所有材料、工具、仪表等，所有防护装置安装好。

二、安全用电常识

1. 常见的触电方式

触电的方式可分为三种：单相触电、两相触电和跨步电压触电。

（1）单相触电　单相触电是指人体触及一根带电导体或接触到漏电的电气设备外壳，此时人体承受的电压是220V（图5-7）。

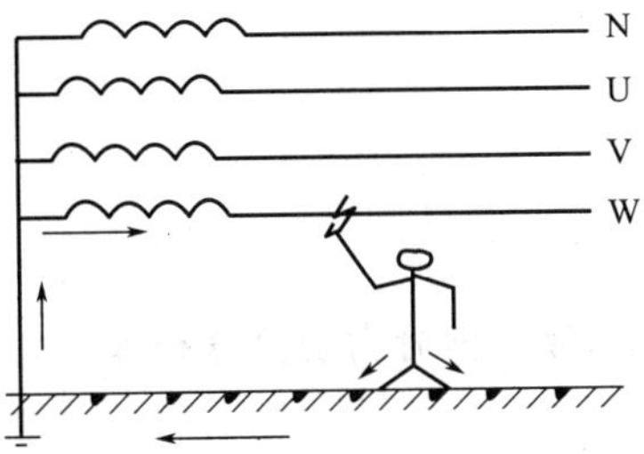

图5-7　单相触电

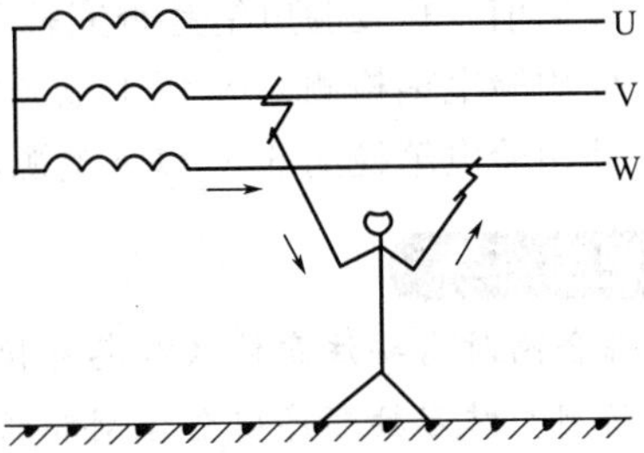

图5-8　两相触电

（2）两相触电　两相触电是指人体的两部分分别触及两相带电体。此时人体承受电压是380V（图5-8）。

（3）跨步电压触电　跨步电压触电是指在高压电网接地点或防雷接地点及高压相线熔断或绝缘破损处有电流流入接地点，当人体走近接地点附近时，两脚之间就有电位差，由此引起的触电事故（图5-9）。

2. 电流对人体的危害

触电事故表明，频率为50～100Hz的电流最危险，当通过人体的电流在30mA以上时，就会让人感到呼吸困难，肌肉痉挛，甚至发生死亡事故。所以一般认为30mA以下为安全电流，不高于36V为安全电压。

电流对人体的伤害可分为两种类型：电伤和电击。

电伤是电流的热效应、化学效应或机械效应对人体造成的局部伤害，如电灼伤、电烙印、皮肤金属化等。

电击是电流通过人体内部，破坏人的心脏、神经系统、肺部的正常工作造成的伤害。

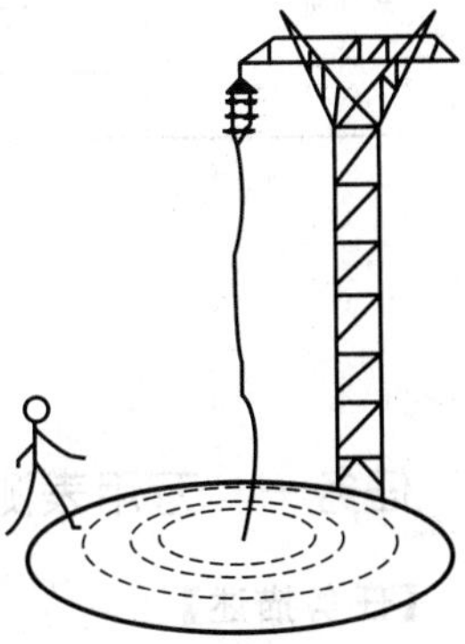

图5-9　跨步电压触电

3. 安全用电注意事项

① 不接触低压带电体。

② 不靠近高压带电体。

③ 防止绝缘破损，保持绝缘部分干燥。

④ 使用金属外壳的电器一定要接地，特别是水泵、冰箱、移动电动工具等。

⑤ 移动电气设备时必须先切断电源，并保护好导线。

⑥ 雷雨天远离高压电线杆、铁塔、避雷针的接地导线。

⑦ 电器要按规定接线，不得随便改动或私自修理家用电器设备。

⑧ 对设备维修要先切断电源，并在明显处放置“禁止合闸，有人工作”的警示牌。

【技能训练】

一、实训目的

学会使用验电笔。

二、实训要求

① 使用验电笔检测电源电压。

② 独立完成实训任务。

三、实训器材

验电笔，电源，变压器，导线若干。

四、实训步骤

① 使用前，检查验电笔是否完整无损。

② 使用验电笔检测 60V 以上电源电压，观察现象。

③ 使用验电笔检测 60V 以下电源电压，观察现象。

想想练练

电源合闸时需要注意什么？怎样按顺序安全合闸？电源断闸时需要注意什么？怎样按顺序安全断闸？练习按顺序安全合闸和断闸。

【操作评价】

完成表 5-3 所示能力评价。

表 5-3 能力评价（电工安规）

内容		小组评价	教师评价
学习目标	评价项目		
应知应会	掌握电工实训场地安全操作规程		
	掌握必要的安全用电常识		
专业能力	基本技能掌握程度		
素质能力	学习认真，态度端正		
	能相互指导帮助		
	服从与创新意识		
	实施过程中的问题及解决情况		

项目二 万用表的基本使用

任务一 万用表测量电压

【任务描述】

通过学习，使学生了解万用表的应用，掌握万用表各部分结构，会使用万用表测量交、直流电压。

【任务分析】

万用表是一种多功能、多量程的便携式电工电子仪表。一般的万用表可以测量直流电流、直流电压、交流电压和电阻等。有些万用表还可测量电容、电感、功率、晶体管共射极直流放大系数等。所以万用表是电子测试领域最基本的工具，也是一种使用广泛的测试仪器，充分熟练掌握万用表的使用方法是电子技术的最基本技能之一。

【相关知识】

一、万用表的分类

常见的万用表有指针式万用表和数字式万用表，如图 5-10 所示。指针式万用表是一表头为核心部件的多功能测量仪表，测量值由表头指针指示读取。数字式万用表的测量值由液晶显示屏直接以数字的形式显示，读取方便，有些还带有语音提示功能。与模拟式仪表相比，数字式仪表灵敏度高，精确度高，显示清晰，过载能力强，便于携带，使用也更方便简单。

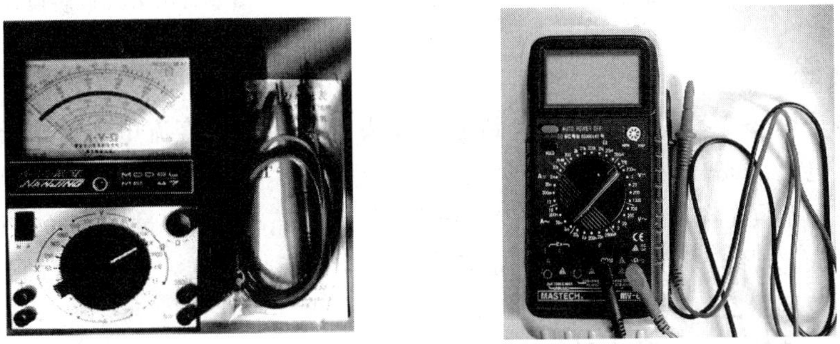

(a) (b)

图 5-10 万用表

二、万用表的结构

万用表的形式很多，但基本结构是类似的。指针式万用表的结构主要由表头、转换开关（又称选择开关）、测量线路等三部分组成。

1. 表头

(1) 指针式 万用表的表头是灵敏电流计。表头上的表盘印有多种符号、刻度线和数值。符号 A-V-Ω 表示这只电表是可以测量电流、电压和电阻的多用表。表盘上印有多条刻度线，其中右端标有“Ω”的是电阻刻度线，其右端为零，左端为∞，刻度值分布是不均匀的。符号“—”或“DC”表示直流，“～”或“AC”表示交流，“～”表示交流和直流共用的刻度线。刻度线下的几行数字是与选择开关的不同挡位相对应的刻度值，如图 5-11 所示。表头上还设有机械零位调整旋钮，用以矫正指针在左端零位。

(2) 数字式 数字万用表的表头一般由一只 A/D（模拟/数字）转换芯片＋外围元件＋液晶显示器组成，万用表的精度受表头的影响，万用表由于 A/D 芯片转换出来的数字，一般也称为 3½位数字万用表，4½位数字万用表等。最常用的芯片是 ICL7106（3 位半 LCD 手动量程经典芯片，后续版本为 7106A、7106B、7206、7240 等）、ICL7129（4 位半 LCD 手动量程经典芯片）、ICL7107（3 位半 LED 手动量程经典芯片）。

2. 转换开关

万用表的选择开关是一个多挡位的旋转开关，用来选择测量项目和量程。

一般的万用表测量项目包括："mA"——直流电流；"V（—）"——直流电压、"V（~）"——交流电压；"Ω"——电阻。每个测量项目又划分为几个不同的量程以供选择，如图 5-12 所示。

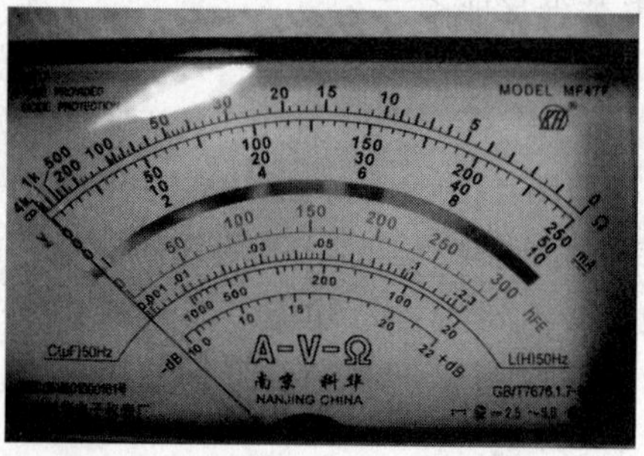

图 5-11 万用表表头

图 5-12 万用表转换开关

3. 测量线路

测量线路是用来把各种被测量转换到适合表头测量的微小直流电流的电路，它由电阻、半导体元件及电池组成。

它能将各种不同的被测量（如电流、电压、电阻等）、不同的量程，经过一系列的处理（如整流、分流、分压等），统一变成一定量限的微小直流电流送入表头进行测量。

三、万用表测量交、直流电压

测电压时，表笔必须并接在被测电路中，否则极易烧表。测直流电压时注意被测电量极性，正端接红笔，负端接黑笔。

测量 1000V 以下电压时，选至所需的直流电压挡或交流电压挡（注意区分交直流），红表笔接"＋"端，在第 2 圈刻度盘读数，刻度值按量程折算。

测量 1000～2500V 电压时，选至 1000V 直流电压挡或 1000V 交流电压挡，红表笔接"2500V"端。

测高电压时，不能在测量的同时换挡，如需换挡应先断开表笔，换挡后再测量，否则会使万用表毁坏。

【技能训练】

一、实训目的

熟悉万用表的结构，会用万用表测交、直流电压。

二、实训要求

① 会用万用表正确测量直流电压。

② 会用万用表正确测量交流电压。

三、实训器材

万用表，干电池，变压器，导线若干。

四、实训步骤

① 转换开关调至直流电压位置。

② 选择适当的量程。

③ 红表笔接电池正极，黑表笔接电池负极，测电池电压，读数。

④ 转换开关调至交流电压位置。

⑤ 选择适当的量程。

⑥ 分别测量变压器一次电压、二次电压，读数。

【操作评价】

完成表 5-4 所示能力评价。

表 5-4　能力评价（万用表测电压）

内　容		小组评价	教师评价
学习目标	评价项目		
应知应会	能正确佩戴个人防护用品		
	能正确使用万用表测量电压		
专业能力	基本技能掌握程度		
素质能力	学习认真，态度端正		
	能相互指导帮助		
	安全意识		
	服从与创新意识		
	实施过程中的问题及解决情况		

任务二　万用表测量电阻

【任务描述】

通过学习使学生能正确使用万用表测量电阻，并能根据所学相关知识判别元器件的好坏。

【任务分析】

电阻、二极管是电路中最常见的元器件，而二极管又是一种具有明显单向导电性或非线性伏安特性的半导体二极管器件。会使用万用表测量电阻，判别二极管管脚极性对掌握电工基本技能尤为重要。

【相关知识】

一、万用表测电阻

选挡与调零：测电阻时先选择合适的电阻挡，然后将表笔短接，如图 5-13 所示，调节“Ω”调零器使指针回 0（每次换挡都应重新进行调零）。

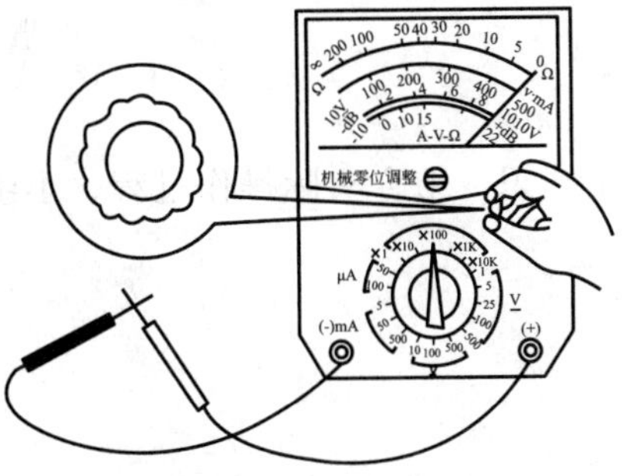

图 5-13　选挡与调零

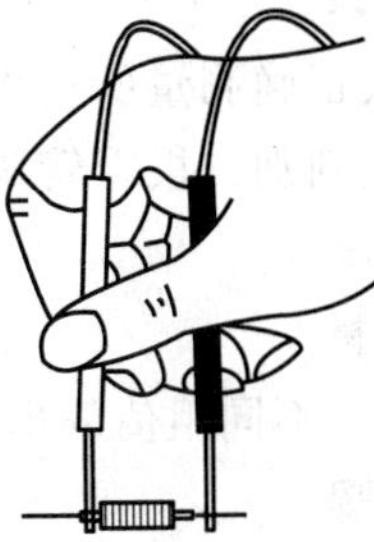

图 5-14　测量电阻值的方法

测量与读数：如图 5-14 所示，将表笔接电阻两端，进行读数。电阻值为电阻值刻度盘读数乘以当前选择电阻挡位倍数。

挡位：选择使指针指在满刻度的 1/3～2/3 间的挡位，以减小测量误差。

表笔极性：万用表中电池在测电阻时起作用，电池“+”与面板上“-”相连。利用万用表电阻挡判别二极管、整流元件正反向或仪器正负端时应注意表笔极性，电流从黑表笔流出，经外接元件从红表笔返回。

测量电路中电阻：必须断电测量。当不能确定被测电阻是否有并联电阻存在时，必须先使电阻一端与电路断开，如电路中有电容应先行放电，然后进行测量。

二、二极管管脚极性判别

挡位选择：测量时一般选 $R\times1\text{k}$ 挡或 $R\times100$ 挡，不要用 $R\times1$ 挡或 $R\times10\text{k}$ 挡。因为使用 $R\times1$ 挡时电流过大，易使二极管烧毁；而使用 $R\times10\text{k}$ 挡时电压太高，易使二极管击穿。

极性判断：用两表笔分别连接二极管两极，对两次测出的阻值进行比较，阻值较小时与黑表笔连接的管脚为二极管正极，因为在万用表的电阻测量电路中，红表笔端与表内电池负极连接，黑表笔端与表内电池正极连接。

【技能训练】

一、实训目的

① 学会用万用表测电阻阻值。

② 学会用万用表判别二极管管脚极性。

温馨提示

万用表使用时的注意事项包括以下几点。

① 在使用万用表之前，应先进行“机械调零”，即在没有被测电量时，使万用表指针指在零电压或零电流的位置上。

② 在使用万用表过程中，不能用手去接触表笔的金属部分，这样一方面可以保证测量的准确，另一方面也可以保证人身安全。

③ 在测量某一电量时，不能在测量的同时换挡，尤其是在测量高电压或大电流时，更应注意。否则，会使万用表毁坏。如需换挡，应先断开表笔，换挡后再去测量。

④ 万用表在使用时，必须水平放置，以免造成误差。同时，还要注意避免外界磁场对万用表的影响。

⑤ 万用表使用完毕，应将转换开关置于交流电压的最大挡。如果长期不使用，还应将万用表内部的电池取出来，以免电池腐蚀表内其他器件。

二、实训要求

① 用万用表正确测量所提供电阻的阻值。

② 用万用表判别二极管管脚极性，依照前面所学知识，结合实际操作过程、小组讨论完成。

三、实训器材

万用表 1 只，不同阻值的电阻 3 只。

四、实训步骤

① 选择适当的量程，并将欧姆调零。

② 测量电阻，读数。
③ 选择适当的量程。
④ 用两表笔分别连接二极管两极，对两次测出的阻值进行比较，判别管脚极性。

【操作评价】

完成表 5-5 所示能力评价。

表 5-5 能力评价（万用表测电阻）

内容		小组评价	教师评价
学习目标	评价项目		
应知应会	万用表测量电阻的方法		
	万用表判别二极管管脚的方法		
专业能力	基本技能掌握程度		
素质能力	学习认真,态度端正		
	能相互指导帮助		
	服从与创新意识		
	实施过程中的问题及解决情况		

项目三 电烙铁的使用

【任务描述】

通过学习，使学生了解电烙铁的规格分类，学会选用电烙铁，掌握电烙铁焊接方法。

【任务分析】

电烙铁是电子制作和电器维修的必备工具，主要用途是焊接元件及导线。电烙铁焊接技术是机电维修工最基本的操作技能。

【相关知识】

一、相关定义

1. 焊接

通过加热或加压，或两者兼用，也可能用填充材料，使工件达到原子结合的一种加工方法。

2. 锡焊

锡焊是利用熔点低的金属焊料加热熔化后，渗入并充填金属件连接处间隙的焊接方法；因焊料常为锡基合金，故名锡焊。

3. 焊料

锡丝是锡焊中的一种产品，用于接合金属和金属的合金，锡丝可分为有铅锡丝和无铅锡丝两种。

二、电烙铁的种类

1. 外热式电烙铁

外热式电烙铁由烙铁头、烙铁芯、外壳、木柄、电源引线、插头等部分组成。由于烙铁头安装在烙铁芯里面，故称为外热式电烙铁。

烙铁芯是电烙铁的关键部件，它是将电热丝平行地绕制在一根空心瓷管上构成，中间的云母片绝缘，并引出两根导线与220V交流电源连接。

外热式电烙铁的规格很多，常用的有25W、45W、75W、100W等，功率越大烙铁头的温度也就越高。烙铁芯的功率规格不同，其内阻也不同。25W烙铁的阻值约为2kΩ，45W烙铁的阻值约为1kΩ，75W烙铁的阻值约为0.6kΩ，100W烙铁的阻值约为0.5kΩ。

烙铁头是用紫铜材料制成的，它的作用是储存热量和传导热量，它的温度必须比被焊接的温度高很多。烙铁的温度与烙铁头的体积、形状、长短等都有一定的关系。当烙铁头的体积比较大时，则保持时间就长些。另外，为适应不同焊接物的要求，烙铁头的形状有所不同，常见的有锥形、凿形、圆斜面形等。

2. 内热式电烙铁

由手柄、连接杆、弹簧夹、烙铁芯、烙铁头组成。由于烙铁芯安装在烙铁头里面，因而发热快，热利用率高，因此，称为内热式电烙铁。

内热式电烙铁的常用规格为20W、50W等几种。由于它的热效率高，20W内热式电烙铁就相当于40W左右的外热式电烙铁。内热式电烙铁的后端是空心的，用于套接在连接杆上，并且用弹簧夹固定，当需要更换烙铁头时，必须先将弹簧夹退出，同时用钳子夹住烙铁头的前端，慢慢地拔出，切记不能用力过猛，以免损坏连接杆。

内热式电烙铁的烙铁芯是用比较细的镍铬电阻丝绕在瓷管上制成的，其电阻为2.5kΩ左右（20W），烙铁的温度一般可达350℃左右。由于内热式电烙铁有升温快、重量轻、耗电省、体积小、热效率高的特点，因而得到了普通的应用。

3. 恒温电烙铁

由于恒温电烙铁头内，装有带磁铁式的温度控制器，控制通电时间而实现温控，即给电烙铁通电时，烙铁的温度上升，当达到预定的温度时，因强磁体传感器达到了居里点而磁性消失，从而使磁芯触点断开，这时便停止向电烙铁供电；当温度低于强磁体传感器的居里点时，强磁体便恢复磁性，并吸动磁芯开关中的永久磁铁，使控制开关的触点接通，继续向电烙铁供电。如此循环往复，便达到了控制温度的目的。

4. 吸锡电烙铁

吸锡电烙铁是将活塞式吸锡器与电烙铁融为一体的拆焊工具。它具有使用方便、灵活、适用范围宽等特点。这种吸锡电烙铁的不足之处是：每次只能对一个焊点进行拆焊。

5. 调温式电烙铁

调温式电烙铁附加有一个功率控制器，使用时可以改变供电的输入功率，可调温度范围为100～400℃。调温式电烙铁的最大功率是60W，配用的烙铁头为铜镀铁烙铁头（俗称长寿头）。

6. 双温式电烙铁

双温式电烙铁为手枪式结构，在电烙铁手柄上附有一个功率转换开关。开关分两位：一位是20W；另一位是80W。只要转换开关的位置即可改变电烙铁的发热量。

三、电烙铁的选用

电烙铁的种类及规格有很多，而且被焊工件的大小又有所不同，因而合理地选用电烙铁的功率及种类，对提高焊接质量和效率有直接的关系。选用电烙铁时，可以从以下几个方面进行考虑。

① 焊接集成电路、晶体管及受热易损元器件时，应选20W内热式或25W的外热式电烙铁。

② 焊接导线及同轴电缆时，应先用 45～75W 外热式电烙铁，或 50W 内热式电烙铁。

③ 焊接较大的元器件时，如行输出变压器的引线脚、大电解电容器的引线脚、金属底盘接地焊片等，应选用 100W 以上的电烙铁。

四、焊锡丝和助焊剂

1. 铅焊锡

常用 Sn63Pb37，成分为 63%Sn/37%Pb，熔点低，约为 183℃，焊接面光亮，抗氧化性、湿润性好；对人体有害，不环保。

2. 无铅焊锡

常用 Sn96.5Ag3.0Cu0.5，成分为 96.5%Sn/3.0%Ag/0.5%Cu，熔点高，为 217～221℃，环保。

3. 助焊剂

常用松香、助焊剂、焊锡膏。电子线路的焊接通常选用松香作为助焊剂。

五、电烙铁的使用方法

1. 电烙铁的握法

电烙铁有 3 种握法，如图 5-15 所示。

① 反握法　就是用五指把电烙铁的柄握在掌内。此法适用于大功率电烙铁，焊接散热量较大的被焊件。

② 正握法　此法使用的电烙铁也比较大，且多为弯形烙铁头。

③ 握笔法　此法适用于小功率的电烙铁，焊接散热量小的被焊件，如焊接收音机、电视机的印制电路板及其维修等。

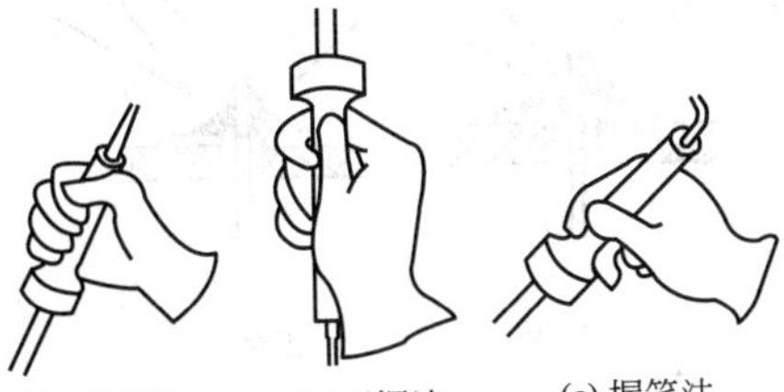

图 5-15　电烙铁的握法

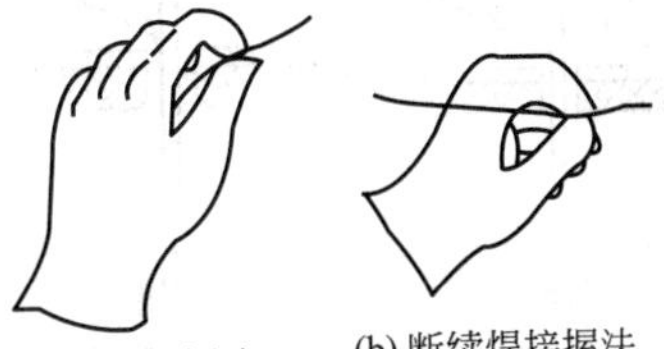

图 5-16　焊锡的握法

2. 焊锡的握法

焊锡有两种握法，如图 5-16 所示。

① 连续焊接握法［图 5-16(a)］　适用于大焊件或焊锡需求量大的焊件，可不间断地为焊接件提供焊锡。

② 断续焊接握法［图 5-16(b)］　适用于小焊件间断供锡。

3. 焊接前准备

① 新电烙铁使用前必须先对烙铁头进行处理才能正常使用，在使用前先给烙铁头镀上一层焊锡。接通电源，当烙铁头温度升至能熔焊锡时，将松香涂在烙铁头上，等松香冒烟后再涂上一层焊锡，重复两到三次，使烙铁头的刃面部挂一层锡便可使用了。

② 作业前烙铁头上有氧化物、灰尘等污物时应用清洁海绵擦拭。

③ 操作前必须戴静电手环或静电手套。

技巧：海绵里水量过多的时候，烙铁温度会急剧下降影响焊接；水量过少的时，无法完全清除烙铁头上的污物。

4. 电烙铁的使用方法

① 选用合适的焊锡，应选用焊接电子元件用的低熔点焊锡丝。

② 助焊剂，用25％的松香溶解在75％的酒精（重量比）中作为助焊剂。

③ 电烙铁使用前要上锡，具体方法是：将电烙铁烧热，待刚刚能熔化焊锡时，涂上助焊剂，再用焊锡均匀地涂在烙铁头上，使烙铁头均匀地吃上一层锡。

④ 焊接方法，把焊盘和元件的引脚用细砂纸打磨干净，涂上助焊剂。用烙铁头蘸取适量焊锡，接触焊点，待焊点上的焊锡全部熔化并浸没元件引线头后，电烙铁头沿着元器件的引脚轻轻往上一提离开焊点。

⑤ 焊接时间不宜过长，否则容易烫坏元件，必要时可用镊子夹住管脚帮助散热。

⑥ 焊点应呈正弦波峰形状，表面应光亮圆滑，无锡刺，锡量适中。

⑦ 焊接完成后，要用酒精把线路板上残余的助焊剂清洗干净，以防炭化后的助焊剂影响电路正常工作。

⑧ 集成电路应最后焊接，电烙铁要可靠接地，或断电后利用余热焊接。或者使用集成电路专用插座，焊好插座后再把集成电路插上去。

⑨ 电烙铁应放在烙铁架上。

5. 焊接步骤

焊接步骤如图5-17所示。

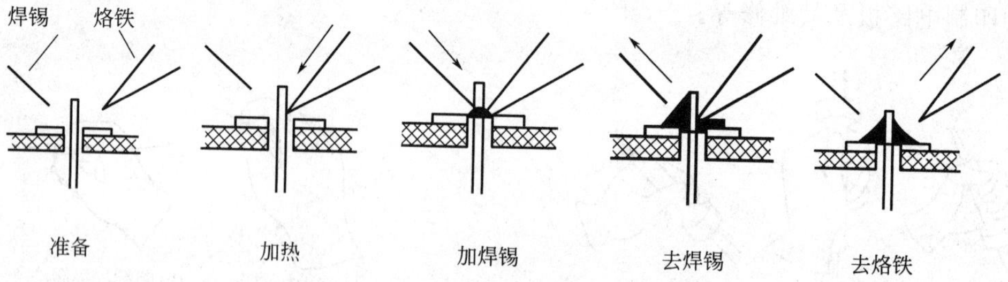

图5-17　焊接步骤

① 准备　左手拿焊锡，右手握烙铁，准备。要求烙铁头干净，无焊渣、污物、氧化物等，并在烙铁头上镀一层焊锡。

② 加热　将烙铁头的刃口与印制电路板成45°，同时加热被焊接面（焊盘）和元器件的引线，加热时间大约是3s；加热时间不宜过长，否则就会因烙铁高温氧化覆铜板，影响焊接质量。

③ 加焊锡　加热后保持烙铁头的角度不变，将焊锡从烙铁头对面接触被焊件的引线和焊盘，看到焊锡熔化并开始向四周湿润后，转到第④步（去焊锡）。

④ 去焊锡　看到锡丝熔化并开始向四周扩散，达到一定量后，将焊锡沿放入时的方向移开。然后看到锡丝充分熔化并浸润被焊接的引线和焊盘时，再将右手拿的电烙铁顺势沿着元器件的引线向上移开。焊锡凝固前，被焊物不可晃动，否则易造成虚焊，从而影响焊接质量。去焊锡时应沿焊锡放入时的方向移开（与焊接面成45°）。

⑤ 去烙铁　焊锡浸润焊盘和焊件的施焊部位以后，沿烙铁放入时的方向移开烙铁。

注意：去烙铁时应沿烙铁放入时的方向移开（与焊接面成 45°）。

6. 焊接安全常识

① 电烙铁金属外壳必须接地。

② 使用中的电烙铁不可搁置在木板上，要搁置在金属丝制成的搁架上。

③ 不可用烧死（焊头因氧化不吃锡）的烙铁焊头焊接，以免烧坏焊件。

④ 不准甩动使用中的电烙铁，以免锡珠溅出伤人。

【技能训练】

一、实训目的

学会正确使用电烙铁。

二、实训要求

① 焊接点必须焊牢，具有一定的机械强度，每一个焊接点都是被焊料包围的接点。

② 焊接点的锡液必须充分渗透，其接触电阻要小。

③ 焊接点表面光滑并有光泽，焊接点的大小均匀。

三、实训器材

电烙铁，烙铁架，印制电路板，铜丝若干米，焊锡丝，松香，垫木。

四、实训步骤

① 清除铜线表面氧化层。

② 铜线上镀锡。

③ 将铜丝弯插或直插在印制电路板上。

④ 焊接。

温馨提示

焊接注意事项如下。

① 焊接时，烙铁头长期处于高温状态，又接触焊剂等弱酸性物质，其表面很容易氧化并沾上一层黑色杂质。这些杂质形成隔热层，妨碍了烙铁头与焊件之间的热传导。因此，要注意随时清除烙铁头上的杂质。

② 加热时，让焊件上需要焊锡浸润的各部分均匀受热，而不是仅仅加热焊件的一部分。

③ 加热要靠焊锡桥，就是靠烙铁头上保留少量的焊锡作为加热时烙铁头与焊件之间传热的桥梁。但保留量不可过多，以免造成焊点误连。

④ 烙铁的撤离要及时，而且撤离时的角度的方向与焊点有关。

⑤ 在焊锡凝固之前不能动，切勿使焊件移动或受到振动，特别是用镊子夹住焊件时，一定要等焊锡凝固后再移走镊子，否则极易造成虚焊。

⑥ 焊锡用量要适中，过大不但浪费材料，还容易造成不易察觉的短路故障。过少会造成焊接不牢固，极容易造成导线脱落。

⑦ 不要用烙铁头作为运载焊料的工具，在调试、维修工作中，不得不用烙铁时，动作要迅速敏捷，防止氧化造成劣质焊点。

⑧ 焊剂量要适中。

【操作评价】

完成表 5-6 所示能力评价。

表 5-6 能力评价（个人安全防护）

内容		小组评价	教师评价
学习目标	评价项目		
应知应会	准备、焊接等操作技能		
	个人安全防护		
专业能力	基本技能掌握程度		
素质能力	学习认真，态度端正		
	能相互指导帮助		
	服从与创新意识		
	安全意识		
	实施过程中的问题及解决情况		

项目四　声控楼道灯的组装

【任务描述】

通过学习，使学生熟悉 555 型集成时基电路结构、工作原理及其特点，了解其基本应用。同时运用前期学习的知识和技能完成声控楼道灯的组装。

【任务分析】

在前期的金工实训过程中，学生基本了解了电的基础知识，掌握了常见电工仪表的使用及电烙铁的焊接技能，为了让学生整合所学知识和技能，选择声控楼道灯的组装进行综合实训。学生完成实训任务，不仅能将所学的电工电子理论知识和实训技能良好地结合，也能为自己的金工实训学习留下一个满意的成果。

【相关知识】

一、555 时基电路

1. 简介

555 集成时基电路又称为集成定时器，外形如图 5-18 所示，是一种数字、模拟混合型的中规模集成电路，应用十分广泛，只要在其外部接上适当的阻容元件，就可以方便地构成施密特触发器等脉冲信号的产生和变换电路及其他应用电路。目前，已广泛应用于工业控制、定时、仿声、电子乐器等诸多领域。

图 5-18　555 集成时基电路

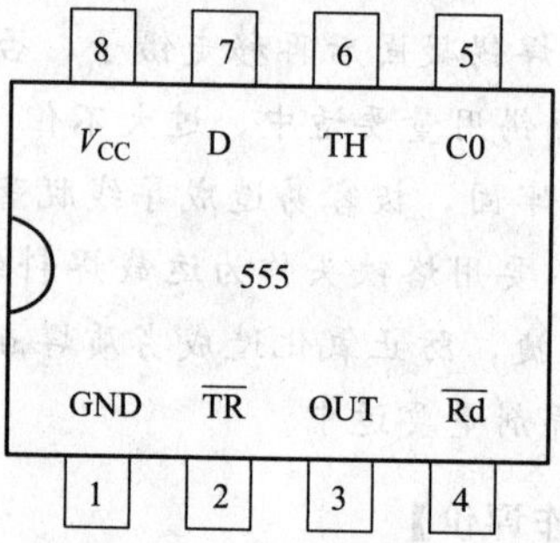

图 5-19　引脚排列

双列直插式封装的 555 时基电路的引脚共有 8 个，其芯片及引脚排列如图 5-19 所示，各引脚名称如下：1—接地端，2—低电平触发端，3—输出端，4—低电平有效清零端，5—电压控制端，6—高电平触发端，7—放电端，8—正电源端。

2. 555 时基电路的功能

555 时基电路的功能如表 5-7 所示。

表 5-7　时基电路功能

$\overline{TR}$触发	TH 阈值	$\overline{Rd}$复位	D 放电端	OUT 输出
$>\frac{1}{3}V_{CC}$	$>\frac{2}{3}V_{CC}$	H	导通	L
$>\frac{1}{3}V_{CC}$	$<\frac{2}{3}V_{CC}$	H	原状态	
$<\frac{1}{3}V_{CC}$		H	截止	H
		L	导通	L

二、色标法读电阻

色标法读电阻就是用不同颜色的色环来表示电阻器的阻值和误差，常见的有四色环和五色环电阻两种，如图 5-20 所示。

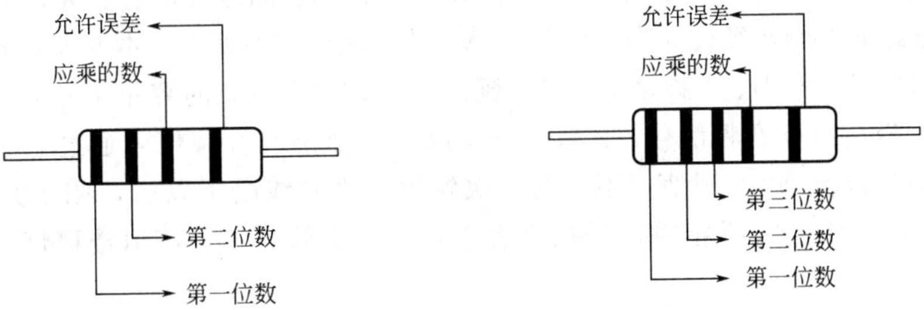

图 5-20　四色环和五色环电阻

其中相距较近的几条色环为阻值标注，距前几条色环较远的一条为误差标注。色环代表含义如表 5-8 所示。

表 5-8　色环含义

颜色	棕	红	橙	黄	绿	蓝	紫	灰	白	黑
数码	1	2	3	4	5	6	7	8	9	0

读阻值时先找出误差色环，再给色环排序，然后依四色环电阻前两环数值乘以第三环的 10 颜色次幂，五色环电阻前三环数值乘以第四环的 10 颜色次幂的读数方法读阻值。

三、电子元件的焊接方法

1. 电子分立元件的插焊方法

① 清除元件焊脚处的氧化层，并搪锡。

② 安装元件的电路板，如果表面并没有镀银，或镀银后已发黑的，要在清除表面氧化层后，涂上松香酒精溶液，以防继续氧化。

③ 直脚插入焊接工艺过程　在确认元件各焊脚所对应的位置后，插入孔内，剪去多余

部分，然后下焊。每次下焊时间不超过 2s。

弯脚插入焊接工艺过程　在确认元件各焊脚所对应的位置后，插入孔内，剪去多余部分，再弯曲 90°（略带弧形），然后下焊。每次下焊时间不超过 2s。

2. 电子分立元件焊接注意事项。

① 选用 25W 的电烙铁，焊头要锉得稍尖。焊接时，焊头的含锡量要适当，以满足一个焊点的需要为度。

② 焊接时，将含有锡液的焊头先沾一些松香，对准焊点，迅速下焊。当锡液在焊点四周充分熔开后，快速向上提起焊点。焊接完毕用棉纱蘸适量的纯酒精清除干净焊接处残留的焊剂。

3. 集成块的焊接方法

集成块的焊接方法除掌握分立元件的焊接方法，还应掌握以下几点。

① 工作台必须覆盖有可靠接地线的金属薄板；所使用的电烙铁应可靠的接地。

② 集成块不可与台面经常摩擦。

③ 集成块焊接需要弯曲时不可用力过猛。

④ 焊接时要防止落锡过多。

四、声控楼道灯的工作原理

1. 工作原理

BMI 话筒把声音信号变成电信号，经过 C1 到 V1、V2 晶体三极管放大，放大后的音频信号到 555 电路的 2 脚，经过 3 脚输出 V4、V5 放大振动灯泡发光，本 555 集成电路在本电路中接成延时电路，6 脚、7 脚接 RC 路，延时时间取决于 C3 的容量大小，V3 晶体管的作用是倒相，当话筒有音频信号，2 脚被触发以后，如再有音频信号通过它就从 V4 的集电极倒相流到基极传到 C5 到地。不让它再次触发，当光线暗了以后，RL1 光敏电阻阻值变大，8 脚得到电压，内部导通，拍拍手有声音，灯泡就亮了。模拟楼道灯采用 6V 电压（图 5-21）。

2. 工作原理图

声控楼道灯的工作原理如图 5-21 所示。

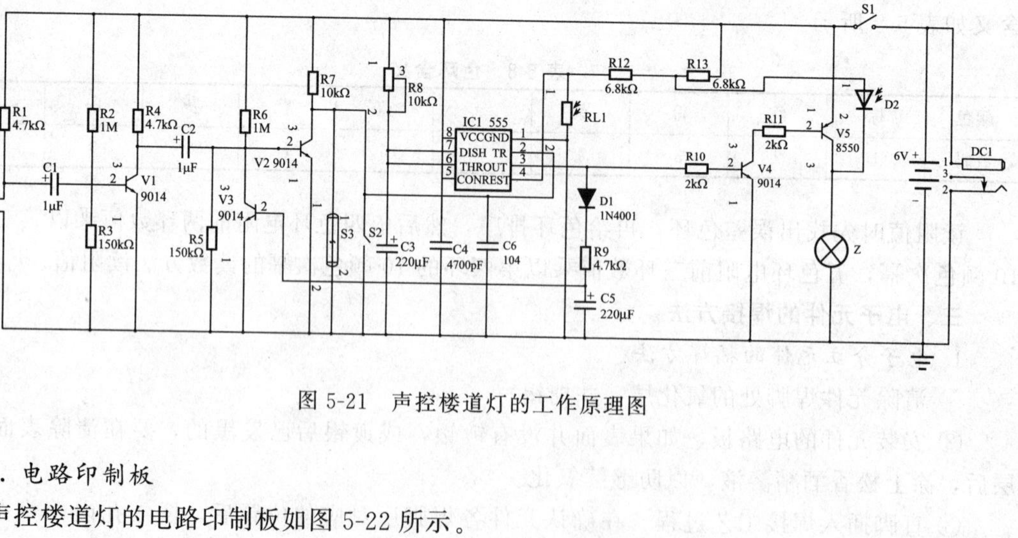

图 5-21　声控楼道灯的工作原理图

3. 电路印制板

声控楼道灯的电路印制板如图 5-22 所示。

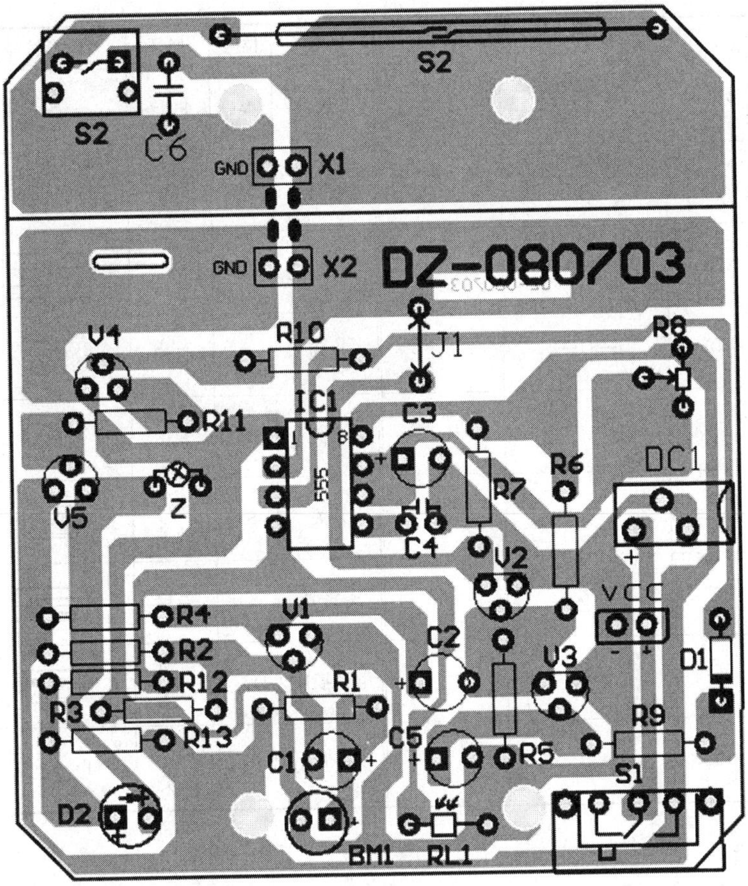

图 5-22　电路印制板

五、材料清单

材料清单如表 5-9 所示。

表 5-9　材料清单

名称	位号	型号	图形符号	备注	名称	位号	型号	图形符号	备注
电阻器	R1	4.7k			电阻器	R9	4.7k		
电阻器	R2	1M			电阻器	R10	2k		
电阻器	R3	150k			电阻器	R11	2k		
电阻器	R4	4.7k			电阻器	R12	6.8k		
电阻器	R5	150k			电阻器	R13	6.8k		
电阻器	R6	1M			光敏电阻	RL1			光敏电阻
电阻器	R7	10k			电容器	C1	1μF		
可调电阻	R8	10k		（可调电阻）	电容器	C2	1μF		

续表

名称	位号	型号	图形符号	备注	名称	位号	型号	图形符号	备注
电容器	C3	220μF	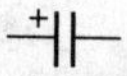		三极管	V4	9014	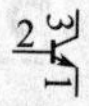	
电容器	C4	4700PF	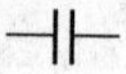		三极管	V5	8550	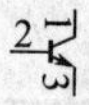	
电容器	C5	220μF	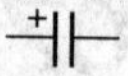		集成块	IC1	LM555		
电容器	C6	104	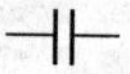		灯泡	Z	灯泡		
二极管	D1	1N4001			话筒	BM1	专用		
发光二极管	D2	发光管		红色	开关	S2	按键开关		
三极管	V1	9014	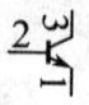		干簧管	S3	专用		
三极管	V2	9014	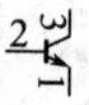		电源插座	DC1	电源插座		
三极管	V3	9014			直拨开关	S1	直拨开关	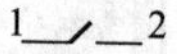	

【技能训练】

一、实训目的

熟练运用所学知识和技能完成声控楼道灯的组装。

二、实训要求

① 能正确使用万用表判别元件好坏。

② 能根据电路图在印制板插电子元件。

③ 正确使用电烙铁，焊点合格。

④ 小组合作或独立完成实训任务。

三、实训器材

万用表 1 块，电烙铁 1 个，声控灯组件 1 套，焊锡丝，松香，钳子。

四、实训步骤

① 整理组件，检查是否缺失。

② 用万用表判别各电子元件的好坏。

③ 运用色环法读出各电阻阻值，做好标记。

④ 按照电路原理图在电路印制板上安插元件。

⑤ 焊接。

⑥ 组装。

【操作评价】

完成表 5-10 所示能力评价。

表 5-10　能力评价（元器件）

内　容		小组评价	教师评价
学习目标	评价项目		
应知应会	正确识别元器件		
	熟读电路印制板		
	正确安插元件、焊接元件		
专业能力	基本技能掌握程度		
素质能力	学习认真，态度端正		
	能相互指导帮助		
	服从与创新意识		
	实施过程中的问题及解决情况		

参 考 文 献

[1] 沈辉，何安平．焊工实训．北京：机械工业出版社，2012.

[2] 陈倩倩．焊接实训指导．哈尔滨：哈尔滨工程大学出版社，2007.

[3] 劳动和社会保障部教材办公室．钳工工艺学．第 4 版．北京：中国劳动社会保障出版社，2005.

[4] 孟广斌．冷作工工艺学．第 3 版．北京：中国劳动社会保障出版社，2005.

[5] 边萌．初级维修电工技术．北京：机械工业出版社，2000.

[6] 彭德荫．车工工艺与技能训练．北京：中国劳动社会保障出版社，2010.

[7] 王公安．车工工艺学．北京：中国劳动社会保障出版社，2005.

[8] 薛峰．车工工艺与技能训练．北京：机械工业出版社，2012.